ro
ro
ro

Wozu brauchen wir im täglichen Leben Mathematik? Tatsächlich würde unsere moderne Welt ohne Mathematik auseinanderfallen, denn sie begegnet uns überall: wenn wir ein Selfie machen, einen Film gucken, ChatGPT nutzen oder eine Niere spenden, aber auch, wenn im Supermarkt Regale aufgefüllt werden, ein Fall vor Gericht verhandelt wird oder eine Partei aus politischen Minderheiten Mehrheiten macht. Dennoch glänzt die Mathematik in unserer Welt meist durch Abwesenheit, weil Berechnungen heutzutage fast überall maschinell – «unsichtbar» – erfolgen. Ian Stewart holt sie zurück ins Rampenlicht und zeigt die oft verblüffende Präsenz der Mathematik in zahlreichen Aspekten unseres Alltags.

Ian Stewart, geboren 1945, ist der beliebteste Mathematik-Professor Großbritanniens. Seit Jahrzehnten bemüht er sich erfolgreich, seine Wissenschaft zu popularisieren. Er studierte Mathematik in Cambridge und promovierte an der Universität Warwick. Dort ist er heute Professor für Mathematik und Direktor des Mathematics Awareness Centre. Seit 2001 ist Stewart zudem Mitglied der Royal Society. Er lebt mit seiner Familie in Coventry.

Ian Stewart

Die Welt als Zahl

Wie Mathematik unseren Alltag prägt

Aus dem Englischen
von Monika Niehaus und Bernd Schuh

Rowohlt Taschenbuch Verlag

Die englische Originalausgabe erschien 2021 unter dem Titel «What's the Use? The Unreasonable Effectiveness of Mathematics» bei Profile Books, London.

Deutsche Erstausgabe
Veröffentlicht im Rowohlt Taschenbuch Verlag, Hamburg, März 2024

Redaktion Bernd Gottwald

Covergestaltung zero-media.net, München, nach dem Original von Profile Books
Coverabbildung Harry Haysom
Innengestaltung Daniel Sauthoff
Satz Crimson Pro bei Pinkuin Satz und Datentechnik, Berlin
Druck und Bindung GGP Media GmbH, Pößneck
ISBN 978-3-499-00930-3

Die Rowohlt Verlage haben sich zu einer nachhaltigen Buchproduktion verpflichtet. Gemeinsam mit unseren Partnern und Lieferanten setzen wir uns für eine klimaneutrale Buchproduktion ein, die den Erwerb von Klimazertifikaten zur Kompensation des CO_2-Ausstoßes einschließt. Weitere Informationen finden Sie unter www.klimaneutralerverlag.de

FSC www.fsc.org
MIX
Papier | Fördert gute Waldnutzung
FSC® C014496

Inhalt

KAPITEL 1

Verblüffende Nützlichkeit

Die Sprache der Mathematik erweist sich als über alle Maßen effektiv, ein wunderbares Geschenk, das wir weder verstehen noch verdienen. Wir sollten dafür dankbar sein und hoffen, dass sie auch bei zukünftigen Forschungen ihre Gültigkeit behält und dass sie sich – in Freud und in Leid, zu unserem Vergnügen wie vielleicht auch zu unserer Verwirrung – auf viele Wissenszweige ausdehnt.

Eugene Wigner, The Unreasonable Effectiveness of Mathematics in the Natural Sciences

Wozu ist Mathematik gut?

Was tut sie für *uns*, in unserem Alltag?

Vor nicht allzu langer Zeit gab es auf diese Fragen einfache Antworten. Der Normalbürger nutzte ständig die Grundrechenarten, und sei es nur, dass es darum ging, die Rechnung nach dem Einkauf zu überprüfen. Zimmerleute mussten etwas von elementarer Geometrie verstehen. Landvermesser und Navigatoren brauchten darüber hinaus Trigonometrie. Ingenieure mussten Differential- und Integralrechnung beherrschen.

Heute ist es ganz anders. Die Supermarktkasse addiert die Rechnungsposten, berücksichtigt Rabatte, fügt die Mehrwertsteuer hinzu. Wir hören das Piepen, wenn der Laser die Strichcodes scannt, und solange das Piepen mit den Waren zusammenpasst, gehen wir davon aus, dass die elektronischen Helfer wissen, was sie tun. Viele Berufe erfordern noch immer solide mathematische Kenntnisse, doch selbst in diesen Fällen haben wir den größten Teil der Mathematik an elektronische Geräte mit eingebauten Algorithmen ausgelagert.

Mein Thema glänzt durch Abwesenheit. Der Elefant ist nicht einmal im Raum.

Es wäre leicht, daraus den Schluss zu ziehen, Mathematik sei aus der Zeit gefallen und überflüssig, aber das wäre ein Irrtum. Ohne Mathematik würde unsere heutige Welt auseinanderfallen. Um das zu beweisen, werde ich Ihnen Anwendungen in der Politik, in der Juristerei, bei Nierentransplantationen, der Logistik von Supermärkten, bei Spezialeffekten in Filmen und bei der Herstellung von Druckfedern zeigen. Wir werden sehen, in welcher Weise Mathematik eine wesentliche Rolle für medizinische Scanner, Digitalfotografie, Glasfaser-Breitband-Technologie und Satellitennavigation spielt. Wie sie uns hilft, die Auswirkungen des Klimawandels vorherzusagen und uns vor Terroristen und Internet-Hackern schützen kann.

Bemerkenswerterweise basieren viele dieser Anwendungen auf einer Mathematik, die aus völlig anderen Gründen entwickelt wurde – manchmal nur, weil jemand voller Begeisterung seiner Neugier folgte. Bei meiner Recherche für dieses Buch war ich immer wieder überrascht, wenn ich auf Anwendungen meines Fachs in Gebieten stieß, von denen ich niemals geträumt hätte, dass sie überhaupt existieren. Oft fand ich sie in Feldern, von denen ich nicht angenommen hätte, sie wären von praktischem Nutzen, wie raumfüllende Kurven, Quaternionen und Topologie.

Mathematik ist ein grenzenloses, äußerst kreatives System von Ideen und Methoden. Sie steckt dicht unter der Oberfläche der innovativen Technologien, die das 21. Jahrhundert so grundlegend von allen früheren Zeitaltern unterscheiden – Videospiele, internationaler Luftreiseverkehr, Satellitenkommunikation, Computer, das Internet, Mobiltelefone.[1] Kratzen Sie an einem iPhone, und Sie werden auf das helle Glitzern der Mathematik stoßen.

Bitte nehmen Sie das nicht wörtlich ...

* * *

Manche Menschen nehmen an, Computer mit ihren beinahe wundersamen Fähigkeiten seien dabei, Mathematiker, ja sogar die Mathematik selbst, überflüssig zu machen. Aber Computer ersetzen Mathematiker ebenso wenig, wie Mikroskope Biologen ersetzen. Computer verändern die Art und Weise, in der wir Mathematik *betreiben*, doch größtenteils entlasten sie uns nur von den mühsamen Anteilen. Sie verschaffen uns mehr Zeit zum Denken, sie helfen uns bei der Suche nach Mustern, und sie geben uns ein mächtiges neues Instrument an die Hand, um rascher und effizienter zu arbeiten.

Die Allgegenwart preisgünstiger, leistungsstarker Computer ist der Hauptgrund dafür, dass Mathematik immer wichtiger wird. Ihre allgemeine Verfügbarkeit hat neue Möglichkeiten eröffnet, Mathematik auf Alltagsprobleme anzuwenden. Methoden, die früher undenkbar waren, weil sie zu viel Rechenarbeit erfordern, sind inzwischen Routine geworden. Die größten Mathematiker der Papier-und-Bleistift-Ära hätten sich bei Methoden, die eine Milliarde Berechnungen erfordern, verzweifelt die Haare gerauft. Inzwischen setzen wir solche Methoden routinemäßig ein, denn wir verfügen über eine Technologie, die diese Berechnungen in Sekundenbruchteilen durchführen kann.

Mathematiker stehen zusammen mit zahllosen anderen Berufen, wie ich betonen möchte, seit Langem bei der Computerrevolution an vorderster Front. Denken Sie nur an George Boole, den Pionier der symbolischen Logik, die die Basis unserer heutigen Computerarchitektur bildet. Denken Sie an Alan Turing und seine universelle Turing-Maschine, ein mathematisches System, das alles berechnen kann, was sich berechnen lässt. Denken Sie an Muhammad al-Chwārizmī, latinisiert Algorismi, dessen Algebra-Text aus dem Jahr 820 n. Chr. die Bedeutung systematischer Berechnungsverfahren betont, die inzwischen nach ihm benannt sind: *Algorithmen*.

Die meisten Algorithmen, die Computern ihre beeindruckenden Fähigkeiten verleihen, stehen fest auf dem Boden der Mathematik. Viele der verwendeten Techniken sind dem existierenden Vorrat an mathematischen Ideen «gebrauchsfertig» entnommen worden, so wie Googles PageRank-Algorithmus, der quantifiziert, wie wichtig eine Webseite ist, und eine Multimilliarden-Dollar-Industrie begründet hat. Selbst der pfiffigste Deep-Learning-Algorithmus in der künstlichen Intelligenz (KI) verwendet geprüfte mathematische Konzepte, wie Matrizen und gewichtete Graphen. Eine so prosaische Aufgabe, wie ein Dokument nach einer bestimmten Folge von Buchstaben zu durchsuchen, erfordert ein mathematisches Konzept, das als endlicher Automat oder Zustandsmaschine bezeichnet wird; zumindest bei einer häufig verwendeten Suchmethode ist das so.

Die Rolle, die die Mathematik bei diesen aufregenden Entwicklungen spielt, fällt nur allzu häufig unter den Tisch. Wenn die Medien daher das nächste Mal irgendeine wunderbare neue Eigenschaft von Computern anpreisen, denken Sie daran, dass dahinter eine Menge Mathematik steckt *und* darüber hinaus eine Menge Ingenieurskunst, Physik, Chemie und Psychologie. Ohne die Unterstützung dieses Trupps verborgener Helfer wäre der digitale Superstar nicht in der Lage, derart im Rampenlicht zu stehen und mit seinen Fähigkeiten zu glänzen.

* * *

Die Bedeutung der Mathematik in unserer heutigen Welt wird leicht unterschätzt, weil fast alles, was sie leistet, im Verborgenen geschieht. Wenn man eine Straße in einer Großstadt entlangschlendert, wird man von Werbung überflutet, die die Bedeutung von Banken, Gemüseläden, Supermärkten, Modegeschäften, Autowerkstätten, Rechtsanwälten, Schnellrestaurants, Wohltätigkeitsorganisationen und Tausenden anderer Aktivitäten und Professionen unterstreicht. Man findet jedoch keine Messingplakette, die dem Kunden die Dienste eines beratenden Mathematikers anbietet. Supermärkte verkaufen keine Mathematik in Dosen.

Wenn man allerdings etwas tiefer schürft, wird die Bedeutung der Mathematik rasch deutlich. Die Gleichungen der Aerodynamik sind entscheidend wichtig für den Flugzeugbau. Navigation basiert auf Trigonometrie. Wir benutzen Trigonometrie heute anders als in den Tagen von Christoph Kolumbus, denn wir bauen die Mathematik direkt in elektronische Geräte ein, statt Feder, Tinte und Navigationstabellen zu verwenden, doch die zugrunde liegenden Prinzipien sind praktisch dieselben geblieben. Die Entwicklung neuer Arzneimittel stützt sich auf Statistik, um sicherzustellen, dass die Medikamente sicher und wirksam sind. Satellitenkommunikation basiert auf einem tiefgreifenden Verständnis der Dynamik von Umlaufbahnen. Wettervorhersagen erfordern die Lösung von Gleichungen, die Wind, Luftfeuchtigkeit, Temperatur und die Wechselbeziehungen all dieser Parameter beschreiben. Es gibt zahllose weitere Beispiele. Wir bemerken nicht, wie viel Mathematik dahintersteckt, weil wir dieses Wissen gar nicht benötigen, um von den Ergebnissen zu profitieren.

Was macht Mathematik für ein breites Spektrum menschlicher Aktivitäten so nützlich?

Diese Frage ist nicht neu. Im Jahr 1959 hielt der Physiker Eugene Wigner an der New York University einen denkwürdigen Vortrag mit dem Titel «The Unreasonable Effectiveness of Mathematics in the Natural Sciences».[2] Wigner konzentrierte sich auf die Naturwissenschaften, doch das, was er sagte, hätte auch auf die erstaunliche Leistungsbreite der Mathematik in Landwirtschaft, Politik, Sport und einer Vielzahl anderer Gebiete gepasst. Wigner selbst hoffte, diese Wirksamkeit würde sich auf «auf ein breites Spektrum des Lernens» erstrecken. Das war ganz sicher der Fall.

Das Schlüsselwort in diesem Titel erregt Aufmerksamkeit, weil es überraschend ist: *unreasonable*, gemeinhin übersetzt mit *unvernünftig*. Die meisten Anwendungen von Mathematik sind höchst vernünftig, sobald man einmal herausgefunden hat, welche Methoden für die Lösung eines wichtigen Problems oder der Erfindung eines nützlichen Hilfsmittels eine Rolle spielen. So ist es beispielsweise außerordentlich vernünftig, dass Ingenieure beim Bau von Flugzeugen die Gleichungen der Aerodynamik benutzen. Dazu wurde die Aerodynamik schließlich entwickelt. Ein Großteil der Mathematik, die bei der Wettervorhersage eingesetzt wird, wurde mit dem Gedanken an dieses Ziel im Hinterkopf geschaffen. Anstoß für die Statistik war die Entdeckung großräumiger Muster in Daten über das menschliche Verhalten. Um Gleitsichtbrillen zu entwickeln, bedarf es sehr viel Mathematik, doch der größte Teil wurde mit Blick auf die Optik entwickelt.

Die Fähigkeit der Mathematik, schwierige Probleme zu lösen, wird im Wigner'schen Sinne *unvernünftig*, oder besser *unplausibel*, wenn zwischen der ursprünglichen Motivation zur Entwicklung der Mathematik und ihrer späteren Anwendung keine derartige Verbindung existiert. Wigner begann seinen Vortrag mit einer Story, die ich hier leicht ausgeschmückt wiedergebe.

Zwei frühere Klassenkameraden treffen sich. Einer, ein Statistiker, der an Bevölkerungstrends arbeitet, zeigt seinem Schulfreund einen seiner Forschungsartikel, der mit einer Standardformel der Statistik, der Normalverteilung oder «Glockenkurve», beginnt.[3] Er erklärt ihm verschiedene Symbole – dies hier ist die Populationsgröße, das da der Durchschnitt der Stichprobe – und führt aus, wie sich die Formel verwenden lässt, um die Größe der Population abzuleiten, ohne einzelne Individuen zu zählen. Sein Gegenüber hegt den Verdacht, sein Freund mache Witze, ist sich aber nicht völlig sicher, daher fragt er nach weiteren Symbolen. Schließlich stößt er auf eines, das so aussieht: π.

«Was ist das? Sieht irgendwie vertraut aus.»

«Ja, das ist Pi – das Verhältnis vom Umfang des Kreises zu seinem Durchmesser.»

«Jetzt weiß ich, dass du mich aufziehst!», antwortet sein

Freund. «Was in aller Welt sollte ein Kreis mit der Populationsgröße zu tun haben?»

Der erste Punkt bei dieser Geschichte ist, dass die Skepsis des Freundes durchaus vernünftig war. Schließlich geht es in dem einen Fall um Geometrie, in dem anderen um Menschen. Der zweite Punkt ist, dass es trotz des gesunden Menschenverstands eine Verbindung gibt. Die Glockenkurve basiert auf einer Formel, in der π vorkommt. Dabei handelt es sich nicht lediglich um eine bequeme Näherung, sondern tatsächlich um das gute alte π. Aus welchem Grund diese Zahl im Kontext der Glockenkurve auftaucht, ist selbst für Mathematiker alles andere als intuitiv einsichtig, und man benötigt fortgeschrittene Infinitesimalrechnung, um zu verstehen, wie sie da hineinkommt, geschweige denn, warum.

Lassen Sie mich Ihnen eine andere Geschichte über π erzählen. Vor einigen Jahren ließen wir das Bad im Parterre renovieren. Spencer, ein erstaunlich vielseitiger Handwerker, der das Bad neu kacheln sollte, fand heraus, dass ich populäre Bücher über Mathematik schreibe. «Ich habe da ein Mathematikproblem für Sie», eröffnete er mir. «Ich soll einen kreisrunden Boden fliesen und muss die Fläche wissen, um zu berechnen, wie viele Kacheln ich brauche. Da gibt es eine Formel, die sie uns beigebracht haben ...»

«Pi r^2», antwortete ich.

«Genau, das ist sie!» Also erinnerte ich ihn daran, wie man die Formel benutzt. Er zog glücklich mit der Antwort auf sein Fliesenproblem, einem signierten Exemplar eines meiner Bücher und der Erkenntnis von dannen, dass die Mathematik, die er in der Schule gelernt hatte, entgegen dem, was er bislang geglaubt hatte, für seine gegenwärtige Tätigkeit durchaus von Nutzen war.

Der Unterschied zwischen den beiden Geschichten ist deutlich. In der zweiten Story taucht π auf, weil es von vornherein eingeführt wurde, um genau diese Art von Problem zu lösen. Es ist eine einfache, direkte Geschichte über die Nützlichkeit von Mathematik. In der ersten Geschichte taucht π ebenfalls auf und löst das Problem, doch seine Präsenz ist eine Überraschung. Es ist eine Geschichte über verblüffende und auf den ersten Blick unplausible Nützlichkeit: eine Anwendung einer mathematischen Idee auf ein Gebiet, das sich völlig von den Ursprüngen der Idee unterscheidet.

* * *

In diesem Buch werde ich nicht viel über vernünftige Anwendungen meines Fachs schreiben. Sie sind wertvoll, sie sind interessant, sie gehören ebenso zur mathematischen Landschaft wie alles andere, sie sind ebenso wichtig – aber sie lassen uns nicht erstaunt die Augenbrauen hochziehen und «Wow!» rufen. Zudem können sie diejenigen, die das Sagen haben, zu der Vorstellung verleiten, der einzige Weg, Fortschritte in der Mathematik zu machen, bestehe darin, Probleme auszuwählen und dann die Mathematiker dazu zu bringen, Lösungsmethoden zu entwickeln. An einer solchen zielorientierten Suche ist nichts auszusetzen, doch es ist, als kämpfe man mit einem auf den Rücken gebundenen Arm. Die Geschichte hat immer wieder den Wert des zweiten Arms gezeigt, die erstaunliche Bandbreite der menschlichen Fantasie. Was der Mathematik ihre Macht gibt, ist die Kombination dieser beiden Denkansätze. Jeder ergänzt den anderen.

Beispielsweise beschäftigte sich der große Mathematiker Leonhard Euler 1736 mit einem kuriosen kleinen Rätsel, bei dem es um Leute ging, die verschiedene Brücken überquerten. Er wusste, dass es interessant war, denn es erforderte offenbar eine neue Art von Geometrie, die die üblichen Vorstellungen von Längen und Winkeln über den Haufen warf. Er konnte jedoch nicht ahnen, dass das Thema, das er damals aus der Taufe hob, im 21. Jahrhundert dazu beitragen würde, mehr Patienten mit einem Nierentransplantat zu versorgen. Zum einen wären Nierentransplantationen damals als reine Fiktion erschienen, zum anderen hätte, selbst wenn das nicht so gewesen wäre, jede Verbindung mit dem Rätsel geradezu lachhaft gewirkt.

Und wer hätte sich vorstellen können, dass die Entdeckung raumfüllender Kurven – Kurven, die durch jeden Punkt einer quadratischen Fläche laufen – «Essen auf Rädern» helfen könnte, seine Lieferrouten zu planen? Sicherlich nicht die Mathematiker, die solche Fragen in den 1890er-Jahren untersuchten und sich dafür interessierten, wie sich so esoterische Konzepte wie «Kontinuität» und «Dimension» definieren ließen – und die schließlich herausfanden, dass lang gehegte mathematische Überzeugungen falsch sein können. Viele ihrer Kollegen taten das ganze Unterfangen als irregeleitet und destruktiv ab. Schließlich mussten jedoch alle erkennen, dass es nichts nützt, in Wunschdenken zu verharren und vorzugeben, alles sei in Ordnung, wenn das Gegenteil der Fall ist.

Nicht nur die Mathematik der Vergangenheit wird in dieser Weise genutzt. Die Nierentransplantationsmethoden basieren auf zahlreichen modernen Erweiterungen von Eulers ursprünglicher Erkenntnis, darunter leistungsstarke Algorithmen zur kombinatorischen Optimierung – eine Methode, die beste Wahl unter einer großen Fülle von Möglichkeiten zu treffen. Zu den zahllosen mathematischen Techniken, die

Animatoren in der Filmbranche benutzen, zählen viele, deren Ursprung lediglich ein Jahrzehnt oder weniger zurückreichen. Ein Beispiel ist der «Formenraum» (*shape space*), ein unendlichdimensionaler Raum von Kurven, die als gleich betrachtet werden, wenn sie sich nur durch einen Wechsel des Koordinatensystems unterscheiden. Sie werden dazu verwendet, Animationssequenzen glatter und damit natürlicher erscheinen zu lassen. Die persistente Homologie, eine andere, erst kürzlich erfolgte Entwicklung, entstand, weil reine Mathematiker komplexe topologische Invarianten berechnen wollten, die multidimensionale Löcher in geometrischen Formen zählen. Ihre Methode erwies sich auch als effiziente Möglichkeit sicherzustellen, dass Sensornetze eine vollständige Abdeckung liefern, wenn sie Gebäude oder Militärbasen vor Terroristen oder anderen Kriminellen schützen. Abstrakte Konzepte aus der algebraischen Geometrie – Isogenie-Graphen von supersingulären Kurven – können Kommunikationen über das Internet gegen den Angriff von Quantencomputern sichern. Diese Entwicklungen sind so neu, dass sie gegenwärtig erst in rudimentärer Form existieren, doch wenn sie ihrem Anspruch gerecht werden, können sie schon bald die heutigen Kryptosysteme obsolet machen.

Die Mathematik bringt solche Überraschungen keineswegs nur vereinzelt hervor, sondern so etwas kommt erstaunlich oft vor. Diese Überraschungen sind nach Ansicht vieler Mathematiker die interessantesten Verwendungsmöglichkeiten des Fachs und die wichtigste Rechtfertigung dafür, Mathematik tatsächlich als seriöses Fach zu betrachten statt lediglich als Trickkiste, in der für jedes Problem der richtige Trick steckt.

Wigner fuhr fort, dass «der enorme Nutzen der Mathematik in den Naturwissenschaften ans Mysteriöse grenzt und … es keine rationale Erklärung dafür gibt». Es stimmt natürlich, dass die Mathematik ursprünglich aus der Behandlung physikalischer Probleme erwuchs, doch Wigner wunderte sich nicht über den Nutzen der Mathematik auf Gebieten, für die sie entwickelt worden war. Was ihn verblüffte, war ihre Effizienz auf scheinbar nicht damit verwandten Gebieten. Die Infinitesimalrechnung entwickelte sich aus Isaac Newtons Erforschung der Planetenbewegungen, daher ist es kaum überraschend, dass sie zum Verständnis der Planetenbahnen beiträgt. Überraschend ist es hingegen, wenn die Infinitesimalrechnung uns statistische Schätzungen menschlicher Populationen ermöglicht, wie in Wigners kleiner Geschichte, wenn sie eine Veränderung der Fischfangzahlen in der Adria im Ersten Weltkrieg[4] erklären kann, wenn sie die Optionskurse im Finanzsektor lenkt, Ingenieuren hilft, Verkehrsflugzeuge zu entwerfen, und eine entscheidende Rolle bei der Telekommunikation spielt. Denn die Infinitesimalrechnung wurde für keines dieser Einsatzgebiete entwickelt.

Wigner hatte recht. Die Art und Weise, wie Mathematik immer wieder uneingeladen in der Physik und in anderen Gebieten menschlicher Aktivität auftaucht, ist wirklich rätselhaft. Ein Lösungsvorschlag besteht darin anzunehmen, dass das Universum «aus Mathematik besteht» und Menschen diese grundlegende Zutat lediglich ans Licht bringen. Ich will über diese These an dieser Stelle nicht diskutieren, doch wenn diese Erklärung korrekt ist, dann ersetzt sie ein Rätsel durch ein noch grundsätzlicheres: Warum besteht das Universum aus Mathematik?

* * *

Auf einer pragmatischen Ebene kann man argumentieren, dass die Mathematik einige Eigenschaften aufweist, die dazu beitragen, dass sie im Wigner'schen Sinne unplausibel nützlich ist. Zu diesen Eigenschaften gehören, da stimme ich zu, ihre zahlreichen Verbindungen zu den Naturwissenschaften, die sich in unserer Welt als umwälzende Technologien manifestieren. Viele der großen mathematischen Neuerungen sind in der Tat aus wissenschaftlichen Untersuchungen erwachsen. Andere wurzeln in menschlichen Anliegen. Zahlen wurden erfunden, um die Buchführung zu erleichtern (wie viele Schafe besitze ich?). Geometrie bedeutet so viel wie «Erdvermessung» und stand in enger Beziehung zu Landbesteuerung und im Alten Ägypten zum Bau der Pyramiden. Die Trigonometrie erwuchs aus Astronomie, Navigation und Landkartenherstellung.

Das allein ist jedoch keine befriedigende Antwort. Viele andere große mathematische Innovationen waren nicht die Folge wissenschaftlicher Untersuchungen oder menschlicher Bedürfnisse. Primzahlen, komplexe Zahlen, abstrakte Algebra, Topologie – die primäre Motivation für diese Entdeckungen bzw. Erfindungen war menschliche Neugier und ein Gefühl für Muster. Das ist ein zweiter Grund, warum Mathematik so effizient ist: Mathematiker suchen nach Mustern und enthüllen grundlegende Strukturen. Sie suchen nach Schönheit – nicht Schönheit der Form, sondern der Logik. Als Newton versuchte, die Bewegung der Planeten zu verstehen, fand er die Lösung, als er wie ein Mathematiker dachte und nach tiefer liegenden Gesetzmäßigkeiten hinter den astronomischen Rohdaten suchte. Dabei entdeckte er das Gravitationsgesetz.[5] Viele der größten mathematischen Ideen hatten überhaupt keinen Bezug zur realen Welt. Pierre de Fermat, ein im 17. Jahrhundert lebender Rechtsgelehrter, der Mathematik zum Vergnügen betrieb, machte grundlegende Entdeckungen in der Zahlentheorie: Er stieß auf tief liegende Muster im Verhalten natürlicher Zahlen. Es sollte drei Jahrhunderte dauern, bis seine Arbeit auf diesem Gebiet praktische Anwendung fand, doch ohne sie wären Geschäftsvorgänge, die das Internet antreiben, heutzutage unmöglich.

Ein anderes Merkmal der Mathematik, das seit Ende des 19. Jahrhunderts zunehmend offensichtlich wird, ist ihre Allgemeingültigkeit. Unterschiedliche mathematische Strukturen weisen viele gemeinsame Merkmale auf. Die Regeln der elementaren Algebra sind dieselben wie diejenigen der Arithmetik. Unterschiedliche Formen der Geometrie (euklidisch, projektiv, nichteuklidisch, sogar Topologie) sind alle eng miteinander verknüpft. Diese verborgene Einheit lässt sich offenlegen, indem man von Anfang an mit allgemeinen Strukturen arbeitet, die spezifischen Regeln gehorchen. Wenn man die Allgemeingültigkeiten versteht, werden alle speziellen Beispiele klar. Das spart eine Menge Arbeit, die sonst vergeudet würde, indem man im Grunde dasselbe viele Male in einer etwas anderen Sprache wiederholt. Dieses Verfahren hat jedoch auch eine Schattenseite: Es hat die Tendenz, das Fach abstrakter zu machen. Statt von vertrauten Dingen wie Zahlen zu sprechen, müssen sich die Verallgemeinerungen auf alles beziehen, das denselben Regeln wie Zahlen gehorcht und Namen trägt wie «Noetherscher Ring», «Tensorkategorie» oder «topologischer Vektorraum». Wenn diese Art Abstraktion ins Extrem getrieben wird, kann es schwer werden zu verstehen, was die Verallgemeinerungen sind, geschweige denn, wie man sie nutzen kann. Dennoch sind sie so nützlich, dass unsere moderne Welt ohne sie nicht funktionieren würde. Sie möchten gern Netflix schauen? Jemand muss die Mathematik dafür erarbeiten. Das ist keineswegs Zauberei, fühlt sich allerdings so an.

Ein viertes Merkmal der Mathematik, das für diese Diskussion von großer Bedeutung ist, ist ihre Übertragbarkeit. Sie ist eine Konsequenz der Allgemeingültigkeit und der Grund dafür, dass Abstraktion nötig ist. Ganz gleich, um welches Problem es sich handelt, besitzt ein mathematisches Konzept oder eine mathematische Methode ein Niveau der Allgemeingültigkeit, das oft erlaubt, sie auf ganz verschiedene Probleme anzuwenden. Jedes Problem, das entsprechend umformuliert werden kann, ist dann einfach zu lösen. Die einfachste und effizienteste Art, übertragbare Mathematik zu schaffen, besteht darin, Übertragbarkeit von Anfang an einzubauen, indem man die Allgemeingültigkeit deutlich macht.

In den letzten zweitausend Jahren hat die Mathematik ihre Inspiration aus drei Hauptquellen geschöpft: dem Walten der Natur, dem menschlichen Handeln und der Neigung des menschlichen Gehirns, nach Mustern zu suchen. Auf diesen drei Säulen ruht das ganze Fach. Das Wunderbare daran ist, dass Mathematik trotz der vielfältigen Hintergründe ein einziges Ganzes ist. Jeder Zweig des Fachs, ganz gleich, welchen Ursprung und welches Ziel er hat, ist inzwischen eng mit jedem anderen Zweig verknüpft – und die Verbindungen werden zunehmend stärker und vielfältiger.

Das verweist auf einen fünften Grund, warum Mathematik auf so unerwartete Weise so nützlich ist: ihre Einheit. Und damit einher geht ein sechster Grund, für den ich im Lauf des Buches zahlreiche Beispiele liefern werde: ihre Vielfalt.

Realität, Schönheit, Allgemeingültigkeit, Übertragbarkeit, Einheit, Vielfalt – zusammen führen sie zu Nützlichkeit.

So einfach ist das.

KAPITEL 2

Wie sich Politiker ihre Wähler aussuchen

Ankh-Morpork hat viele Regierungsformen ausprobiert und sich schließlich für die Art von Demokratie entschieden, die als Ein Bürger, Eine Stimme bekannt ist. Der Patrizier war Der Bürger. Er hatte Die Stimme.

Terry Pratchett, Gevatter Tod

Den alten Griechen verdankt die Welt viele Dinge – Lyrik, Drama, Bildhauerei, Philosophie und Logik. Ihnen verdanken wir auch Geometrie und Demokratie, die enger miteinander verknüpft sind, als irgendjemand vermutet hätte, am wenigsten die Griechen selbst. Zweifellos verkörperte das politische System im alten Athen eine sehr eingeschränkte Form der Demokratie; nur freie Männer durften wählen, weder Frauen noch Sklaven. Doch selbst unter diesen Umständen war die attische Demokratie in einem Zeitalter, das von Herrschern in Erbfolge, Diktatoren und Tyrannen dominiert wurde, ein echter Fortschritt. Das galt auch für die griechische Geometrie, bei der Euklid von Alexandria die Bedeutung klar und präzise definierter Grundannahmen betonte, von denen sich alles Weitere in logischer und systematischer Weise ableiten ließ.

Wie in aller Welt lässt sich Mathematik auf Politik anwenden? In der Politik geht es um zwischenmenschliche Beziehungen, Übereinkünfte und Verpflichtungen, in der Mathematik hingegen um kalte, abstrakte Logik. In politischen Kreisen triumphiert Rhetorik über Logik, und die wertfreien Berechnungen der Mathematik scheinen vom politischen Hickhack meilenweit entfernt. Aber eine demokratische Politik muss Regeln folgen, und Regeln haben Konsequenzen, die man bei ihrer Einführung nicht immer vorhersehen kann. Euklids Pionierwerk der Geometrie, seine berühmten Elemente, setzte einen Standard, was das Ableiten von Konsequenzen aus Regeln anging. Tatsächlich ist das keine schlechte Definition für die Mathematik insgesamt. Nach nur 2500 Jahren beginnt die Mathematik jedenfalls, die politische Welt zu infiltrieren.

Eines der kuriosen Merkmale der Demokratie ist, dass Politiker, die behaupten, eifrige Verfechter der Idee zu sein, Entscheidungen sollten vom «Volk» getroffen werden, immer wieder große Mühen in Kauf nehmen, um sicherzustellen, dass genau dies nicht passiert. Diese Neigung lässt sich direkt bis zur ersten Demokratie im alten Griechenland zurückverfolgen, wo nur erwachsene männliche Athener – ungefähr ein Drittel der erwachsenen Bevölkerung – das Recht hatten zu wählen. Von dem Augenblick an, an dem die Idee geboren wurde, Führer zu wählen und eine politische Richtung via Volksabstimmung festzulegen, kam auch die noch weit attraktivere Idee auf, den ganzen Prozess zu unterlaufen, indem man kontrolliert, wer wählen darf und wie viel eine Stimme wert ist. Das ist selbst dann recht einfach, wenn jeder Wähler eine einzige Stimme hat, denn die Wirksamkeit einer Stimme hängt vom Kontext ab, in dem sie abgegeben wird, und diesen Kontext kann man beeinflussen. Wie Wayne Dawkins, Professor für

Journalismus, feinsinnig bemerkte, führt das dazu, dass Politiker sich ihre Wähler aussuchen statt die Wähler ihre Politiker.[6]

An dieser Stelle kommt die Mathematik ins Spiel. Nicht in der Hitze der politischen Debatte, sondern in der Struktur der Diskussionsregeln und bei dem Kontext, in dem sie gelten. Die mathemaische Analyse lässt sich in beide Richtungen anwenden. Einerseits kann sie neue, abgefeimte Methoden aufzeigen, um Wählerstimmen zu manipulieren. Andererseits kann sie aber auch einen Schweinwerfer auf solche Praktiken richten und klare Beweise für derartige Manipulationen liefern, wodurch sich solches Tun manchmal verhindern lässt.

Die Mathematik sagt uns zudem, dass jedes demokratische System zwangsläufig Elemente eines Kompromisses enthalten muss. Man kann nicht alles verwirklichen, was man möchte, wie wünschenswert es auch sein mag, denn diese Wunschlisten sind oft voller Widersprüche.

* * *

Am 26. März 1812 prägte die *Boston Gazette* einen neuen Begriff: *gerrymandering*. Ursprünglich *Gerry-mander* geschrieben, handelt es sich um einen Begriff, den Lewis Carroll später als «Kofferwort» bezeichnete, das durch das Zusammenfügen zweiter Standardworte entsteht. «Mander» war das Ende, der Schwanz von «Salamander», und «Gerry» war das Ende von Elbridge Gerry, dem Gouverneur von Massachusetts. Wir wissen nicht genau, wer als Erster auf die Idee kam, die beiden Schwänze zusammenzufügen, doch Indizien sprechen nach Meinung vieler Historikern dafür, dass es einer der Redakteure der Zeitung war, Nathan Hale, Benjamin Russell oder John Russell. Ursprünglich wurde «Gerry» mit einem harten G wie in «Gary» ausgesprochen, doch «gerrymander» hat ein weiches G, wie in «Jerry».

Was hatte Elbridge Gerry getan, dass sein Nachname mit dem Schwanz eines Lurchs kombiniert wurde, dem Tier, das der mittelalterlichen Legende nach im Feuer hauste?

Er hatte eine Wahl manipuliert.

Genauer gesagt, war Gerry verantwortlich für einen Gesetzentwurf, der die Wahlbezirksgrenzen für die Senatswahlen in Massachusetts neu festlegte. Distriktierung, wie dieses Verfahren genannt wird, führt natürlich zu Grenzen; es ist seit Langem in den meisten Demokratien gang und gäbe. Der offenkundige Grund ist Praktikabilität: Entscheidungen lassen sich nur schwer herbeiführen, wenn die ganze Bevölkerung über jeden Vorschlag abstimmen muss. (Die Schweiz kommt dem nahe: Bis zu vier Mal im Jahr wählt der Bundesrat Vorschläge aus, die den Bürgern des Landes zur Abstimmung vorgelegt werden; im Grunde handelt es sich um eine Reihe von Referenden. Andererseits dürfen Frauen erst seit 1971 ebenfalls abstimmen, im Kanton Appenzell Innerrhoden sogar erst seit 1990.) Die althergebrachte Lösung besteht darin, dass die Wähler eine viel kleinere Zahl von Repräsentanten bestimmen, die an ihrer Stelle die Entscheidungen treffen. Eine der faireren Methoden ist die Proportional- oder Verhältniswahl: Die Anzahl der Vertreter einer bestimmten politischen Partei ist der Anzahl der Stimmen proportional, die auf diese Partei entfallen. Häufiger kommt es vor, dass die Bevölkerung in Wahlkreise eingeteilt wird und jeder Wahlkreis eine Reihe *von* Vertretern wählt, die grob der Anzahl von Wählern in diesem Bezirk proportional ist.

So wählt jeder Staat bei der US-amerikanischen Präsidentschaftswahl beispielsweise eine festgelegte Anzahl von Wahlmännern und -frauen (Electors) – das Wahlmännergremium (Electoral College). Jedes Mitglied dieses Wahlausschusses hat eine Stimme, und die einfache Mehrheit dieser Stimmen entscheidet, wer Präsident wird. Das System stammt noch aus der Zeit, als die einzige Möglichkeit, eine Botschaft aus dem amerikanischen Hinterland in die Machtzentren zu befördern, darin bestand, einen Brief per reitendem Boten auf dem Pferderücken oder via Postkutsche zu befördern. Fernzüge und der Telegraf kamen erst später. In jenen Tagen dauerte es zu lange, die Stimmen einer großen Zahl von Wählern auszuzählen.[7] Dieses System legte die Macht jedoch in die Hände der Mitglieder des Wahlausschusses. Bei den britischen Parlamentswahlen ist das Land in (vorwiegend geografische) Wahlbezirke eingeteilt, von denen jeder ein Mitglied des Parlaments (MP) wählt. Dann bildet die Partei (oder in einer Koalition die Parteien) mit den meisten MPs die Regierung und wählt einen ihrer MPs mittels verschiedener Verfahren zum Premierminister.

Darüber hinaus gibt es einen verborgenen Grund, demokratische Entscheidungen nur von einer kleinen Zahl von Auserwählten vornehmen zu lassen: Das macht es leichter, das Votum zu manipulieren. Alle solche Systeme haben angeborene Schwachstellen, die oft zu seltsamen Ergebnissen führen, und gelegentlich können sie dazu missbraucht werden, sich über den Willen des Volkes hinwegzusetzen. In mehreren US-amerikanischen Präsidentschaftswahlen in jüngerer Zeit war die Zahl der Stimmen, die für den unterlegenen Kandidaten abgegeben wurde, höher als die Zahl der Stimmen für den Sieger. Zugegeben, die gegenwärtige Methode zur Bestimmung des Präsidenten ist nicht von der Anzahl der direkten Stimmen *(Popular Vote)* abhängig, doch in der Ära moderner Kommu-

Abb. 1 Der Gerry-mander, vermutlich 1812 gezeichnet von Elkanah Tisdale.

nikationsmittel ist der einzige Grund, nicht zu einem faireren System überzugehen, dass eine ganze Menge mächtiger Leute das System so bevorzugt, wie es ist.

Das grundlegende Problem hier sind die «verschwendeten Stimmen». In jedem Bundesstaat benötigt der Kandidat eine Stimme mehr als die Hälfte der Gesamtstimmen (oder eine halbe Stimme, wenn die Gesamtzahl ungerade ist), um zu gewinnen; sämtliche zusätzliche Stimmen über diese Schwelle hinaus machten keinen Unterschied für das, was auf der Ebene des Wahlausschusses geschieht. So erhielt Donald Trump 2016 im Wahlausschuss 304 Stimmen, Hilary Clinton hingegen nur 227, doch was die direkten Stimmen betraf, lag Clinton mit 2,87 Millionen Stimmen vor Trump. Daher wurde Trump zum fünften US-Präsidenten gewählt, obwohl er bei den direkten Stimmen unterlegen war.

Die Grenzen der amerikanischen Bundesstaaten sind im Wesentlichen unverrückbar und daher kein Thema für Distriktierung. Bei anderen Wahlen können die Grenzen der Bezirke bzw. Wahlkreise – gewöhnlich von der Partei, die gerade an der Macht ist – neu zugeschnitten werden, und ein heimtückischer Missstand wird sichtbar. Die machthabende Partei kann nämlich die Grenzen so legen, dass eine ungewöhnlich große Anzahl Stimmen für die gegnerische Partei verloren geht: Stichwort für Elbridge Gerry und die Senatswahl. Als sich die Wähler in Massachusetts die Karte der Wahlkreise anschauten, sahen die meisten Bezirke ganz normal aus. Einer jedoch nicht. Er vereinte zwölf Landkreise vom Westen bis zum Norden des Bundesstaates zu einer einzigen weitläufigen, mäandernden Region. Den politischen Cartoonisten der Karikatur, die kurz darauf in der *Boston Gazette* erschien – wahrscheinlich war es der Zeichner, Designer und Graveur Elkanah Tisdale – erinnerte dieser Distrikt stark an einen Salamander.

Gerry gehörte der Demokratisch-republikanischen Partei an, die im Wettstreit mit den Föderalisten lag. Bei der Wahl 1812 gewannen die Föderalisten das Repräsentantenhaus und den Gouverneursposten im Staat, und Gerry verlor sein Amt. Sein Neuzuschnitt der Wahlkreise für den Senat funktionierte jedoch bestens, und dort blieb seine Partei mit komfortablem Vorsprung an der Macht.

***

Die Mathematik des Gerrymandering beginnt damit sich anzuschauen, wie die Leute dabei vorgehen. Es gibt prinzipiell zwei Möglichkeiten: Packing und Cracking. Beim Packing werden die Stimmen der eigenen Unterstützer möglichst gleichmäßig verteilt, doch so, dass der eigenen Seite in möglichst vielen Wahlkreisen eine kleine, aber entscheidende Mehrheit bleibt, während man dem Gegner den Rest überlässt. Pech gehabt, Opposition. Beim Cracking werden die oppositionellen Stimmen auf möglichst viele Wahlkreise aufgeteilt, sodass die Opposition möglichst viele Wahlkreise verliert. Durch ein Verhältniswahlrecht, bei dem die Zahl der Repräsentanten der Gesamtzahl der Stimmen, die eine jede Partei auf sich vereint hat, proportional ist (oder dem so nahe kommt, wie angesichts der Zahlen möglich), lassen sich diese Tricks vermeiden, und es ist fairer. Nicht überraschend macht die amerikanische Verfassung die Verhältniswahl illegal, denn dort ist festgelegt, dass Wahlbezirke nur einen einzigen Repräsentanten haben dürfen. 2011 gab es in Großbritannien ein Referendum über eine andere Alternative, die sogenannte übertragbare Einzelstimmgebung, aber die Bevölkerung lehnte diese Veränderung ab. In Großbritannien hat es niemals eine Abstimmung über das Verhältniswahlrecht gegeben.

Hier ein konstruiertes Beispiel mit einer sehr einfachen Geografie und Wählerverteilung, das zeigen soll, wie Packing und Cracking funktionieren.

Im Staat Jerimandia konkurrieren zwei politische Parteien,

Hell und Dunkel, um die Macht. Es gibt fünfzig Regionen, die in fünf Wahlbezirke unterteilt werden sollen. Bei den letzten Wahlen hat Hell eine Mehrheit in zwanzig dieser Wahlbezirke errungen, alle im Norden, Dunkel hingegen in den dreißig südlichen Regionen (Abb. 2, oben links). Die Hell-Regierung, die bei der letzten Wahl gerade so eben ins Amt gerutscht war, hat die Wahlkreise im Staat neu zugeschnitten, indem sie in drei der Bezirke mehr ihrer Anhänger gepackt hat (oben rechts), sodass sie drei Wahlkreise gewinnt, Dunkel hingegen nur zwei. Daraufhin klagt Dunkel vor Gericht gegen diesen Neuzuschnitt, und zwar mit dem Argument, dass die Formen der Wahlkreise offensichtlich auf Gerrymandering hindeuten; auf diese Weise gelingt es der Partei, die Kontrolle über den Neuzuschnitt für die nächste Wahl zu bekommen, und sie setzt Cracking (unten links) ein, um sicherzustellen, dass sie alle fünf Wahlbezirke gewinnt.

Wenn die Wahlkreise aus zehn der kleinen quadratischen Regionen bestehen müssen, ist das beste Ergebnis, das Hell durch Packing erzielen kann, drei Wahlkreise von fünf. Hell muss sechs von zehn Regionen gewinnen, um einen Wahlkreis zu erobern, und die Partei kontrolliert zwanzig Regionen; das gibt ihr drei Sechser plus einem Zweier, der vergeudet ist. Das beste Ergebnis, das Dunkel durch Cracking erzielen kann, ist der Gewinn aller fünf Wahlkreise. Bei einem Verhältniswahlrecht würde Hell zwei Wahlkreise, Dunkel hingegen drei Wahlkreise gewinnen, wie in Abbildung 2 unten rechts dargestellt. (In der Praxis wird eine proportionale Repräsentation nicht durch Distriktierung erreicht.)

* * *

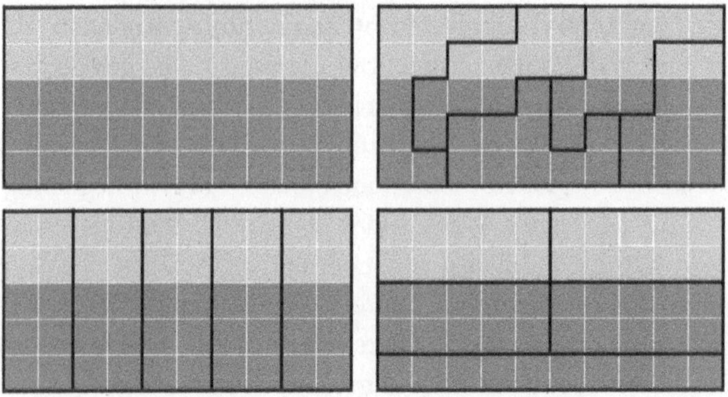

Abb. 2 Unterteilung von Jerimandia. **Oben links:** Fünfzig Regionen sollen in fünf Distrikte mit jeweils zehn Einheiten unterteilt werden. Es ist bekannt, dass die Wähler entsprechend der Schattierung die Hell- bzw. die Dunkel-Partei bevorzugen. **Oben rechts:** Durch Packing gelingt es Hell, drei Wahlkreise zu erobern, während für Dunkel nur zwei bleiben. **Unten links:** Durch Cracking gewinnt Dunkel alle fünf Wahlkreise. **Unten rechts:** Diese Anordnung würde zu einer proportionalen Repräsentation führen.

Länder, die von Diktatoren oder Beinahe-Diktatoren beherrscht werden, führen gewöhnlich Wahlen durch, um der Welt zu zeigen, wie demokratisch sie doch sind. Diese Wahlen sind in der Regel manipuliert, und selbst wenn juristische Anfechtungen erlaubt sind, führen diese nie zum Erfolg, weil die Gerichtsentscheidungen ebenfalls manipuliert sind. In anderen Ländern ist es nicht nur möglich, gegen sämtliche Neuzuschnitte von Wahlkreisen zu klagen, sondern es besteht auch die Chance zu gewinnen, da das Gericht weitgehend unabhängig von der Regierungspartei urteilt. Ausgenommen sind natürlich Ernennungen von Richtern auf Basis von Parteiinteressen.

In solchen Fällen ist das Hauptproblem, dem sich die Richter gegenübersehen, kein politisches. Es besteht darin, objektive Methoden zu finden, um festzustellen, ob es zu Gerrymandering gekommen ist. Für jeden «Experten», der sich die Karte anschaut und erklärt, es läge eine Wahlkreismanipulation vor, lässt sich ein anderer finden, der zum entgegengesetzten Urteil kommt.

Hier ist eindeutig die Mathematik gefragt. Formeln oder Algorithmen können quantifizieren, ob Bezirksgrenzen in einem klar definierten Sinne vernünftig und fair sind oder künstlich und tendenziös. Die Entwicklung dieser Formeln oder Algorithmen ist, in sich gesehen, kein objektiver Prozess, doch wenn man sich einmal über die Vorgehensweise geeinigt hat (was teilweise ein politischer Prozess ist), wissen alle Betroffenen, was gilt, und ihre Resultate können unabhängig verifiziert werden. Das liefert dem Gericht eine logische Basis für seine Entscheidungen.

Hat man die hinterlistigen Methoden erst einmal verstanden, die Politiker einsetzen können, um einen parteiischen Neuzuschnitt von Wahlkreisen in die Wege zu leiten, kann man mathematische Größen oder Regeln entwickeln, um solche Manipulationen zu entdecken. Keine derartige Regel ist perfekt – tatsächlich lässt sich beweisen, dass so etwas unmöglich ist, worauf ich zurückkommen werde, sobald wir das nötige Hintergrundwissen haben, um richtig einzuschätzen, was es uns sagt. Gegenwärtig sind fünf unterschiedliche Ansatzformen in Gebrauch:

- Man stößt auf eigenartig geformte Wahlkreise.
- Man findet Ungleichgewichte im Verhältnis von Sitzen und Stimmen.

- Man quantifiziert, wie viele verschwendete Stimmen eine gegebene Einteilung produziert, und vergleicht dies mit dem, was gesetzlich als noch akzeptabel angesehen wird.
- Man betrachtet alle möglichen Wahlkarten, schätzt das wahrscheinliche Ergebnis in Bezug auf Sitze anhand der vorliegenden Wählerdaten ab und schaut, ob die vorgeschlagene Karte ein statistischer Ausreißer ist.
- Man setzt Protokolle auf, die sicherstellen, dass die schließlich getroffene Entscheidung fair ist, als fair angesehen wird und von beiden Parteien als fair akzeptiert ist.

Der fünfte Punkt ist der überraschendste, und das Überraschende ist, dass er tatsächlich erfüllt werden kann. Wir wollen uns die einzelnen Punkte einen nach dem anderen vornehmen und uns die Überraschung bis zuletzt aufheben.

***

Zunächst schauen wir auf eigenartige Formen. Bereits 1787 schrieb James Madison in *The Federalist Papers*, dass «die natürliche Grenze der Demokratie diejenige Entfernung von dem Zentralpunkt ist, die den am weitesten entfernt wohnenden Bürgern gerade noch erlaubt, sich so oft dort zu versammeln, wie es ihre öffentlichen Funktionen verlangen». Wörtlich genommen, heißt das: Madison schlug vor, Wahlkreise annährend kreisförmig zu gestalten und nicht so groß, dass die Reisezeit, um von der Peripherie ins Zentrum zu gelangen, unsinnig lang wird.

Stellen Sie sich zum Beispiel vor, dass sich die Hauptunterstützung für eine politische Partei in Küstenregionen konzentriert. Wenn man all diese Wähler in einem einzigen Wahlkreis vereint, führt dies zu einer langen, dünnen, gewundenen Form, die sich längs der Küste zieht – vollkommen unnatürlich im Vergleich zu all den anderen hübschen, kompakten, vernünftigen Wahlkreisen. Es würde schwerfallen, nicht zu dem Schluss zu kommen, dass da etwas Zweifelhaftes dahintersteckt, mit dem sichergestellt werden soll, dass eine Menge Stimmen für die Partei verschwendet sind. Wahlkreise, bei denen Gerrymandering im Spiel ist, verraten ihren parteiischen Zuschnitt häufig durch ihre seltsame Form, wie es auch bei dem ursprünglichen Wahlkreis der Fall war, dem diese Art der Manipulation ihren Namen verdankt.

Die juristische Zunft kann bis in alle Ewigkeit darüber diskutieren, was eine seltsame Form ist. Daher schlugen die Rechtsanwälte Daniel Polsby und Robert Popper 1991 einen Weg vor, der es erlaubt zu quantifizieren, wie seltsam eine Form ist; heute spricht man vom Polsby-Popper-Maß.[8] Dieser Wert wird berechnet als

> 4π mal Fläche des Bezirks / Quadrat des Umfangs des Bezirks.

Jeder, der etwas Gefühl für Mathematik hat, schaut sofort auf den Faktor 4π. Genauso, wie sich Wigners Freund wunderte, wie Populationen etwas mit Kreisen zu tun haben können, können wir fragen, was Kreise mit politischer Distriktierung zu tun haben. Die Antwort ist erfrischend einfach und direkt: Der Kreis ist die kompakteste mögliche Region.

Diese Tatsache hat eine lange Vorgeschichte. Antiken griechischen und römischen Quellen zufolge, vor allem Vergils

Epos *Aeneis* und Gnaeus Pompeius Trogus' *Historiae Philippicae*, wurde der Stadtstaat Karthago von Königin Dido gegründet. Trogus' historischer Bericht wurde von Junianus Justinus im 3. Jahrhundert n. Chr. zusammengefasst und erzählt eine eindrucksvolle Legende: Dido und ihr Bruder Pygmalion waren die gemeinsamen Erben eines namenlosen tyrischen Königs. Als der König starb, verlangte die Bevölkerung, Pygmalion sollte trotz seiner Jugend Alleinregent werden. Dido heiratete ihren Onkel Acerbas, der Gerüchten zufolge über einen großen geheimen Schatz verfügte, den Pygmalion sich aneignen wollte; daher ermordete er Acerbas. Dido gab vor, den angeblichen Goldschatz ins Meer zu werfen, warf aber nur Sandsäcke hinein. Da sie eine kluge Frau war und Pygmalions Zorn fürchtete, floh sie zuerst nach Zypern und später dann an die nordafrikanische Küste. Dort bat sie den Berberkönig Iarbas um ein kleines Stück Land, wo sie sich eine Weile ausruhen könne, und der König sagte ihr so viel Land zu, wie sie mit einer Ochsenhaut umspannen könne. Daraufhin zerschnitt Dido die Haut in sehr feine Streifen und legte einen Kreis um einen nahe gelegenen Hügel, der bis heute Byrsa («Haut») genannt wird. Aus dieser Ansiedlung wurde die Stadt Karthago, und als Karthago reich wurde, erklärte Iarbas Dido, sie müsse ihn heiraten, oder die Stadt werde zerstört werden. Daraufhin stapelte Dido zahlreiche Menschenopfer auf einem großen Scheiterhaufen auf und gab vor, dies zu Ehren ihres ersten Ehemanns zu tun, um sich auf ihre Ehe mit Iarbas vorzubereiten. Dann erklomm sie den Scheiterhaufen und erklärte, dass sie, statt sich Iarbas' Wünschen zu beugen, lieber zu ihrem ersten Gatten gehen wolle, und tötete sich mit einem Schwert.

Wir wissen nicht, ob Dido tatsächlich existiert hat, doch Pygmalion ist eine historische Figur, und einige Quellen erwähnen Dido ebenso wie ihn. Daher lohnt es sich nicht, sich über die historische Genauigkeit der Legende den Kopf zu zerbrechen. Sei es, wie es will – in der historischen Legende versteckt sich ein mathematischer Kern: Dido benutzte die Haut, um den Hügel einzukreisen. Warum ein Kreis? Weil – so behaupten Mathematiker – sie wusste, dass bei einem gegebenen Umfang ein Kreis die größte Fläche umfasst.[9] Diese Tatsache, die den eindrucksvollen Namen «isoperimetrische Ungleichung» trägt, war im alten Griechenland bereits empirisch bekannt, wurde aber erst 1879 mathematisch streng bewiesen, als der Mathematiker Karl Weierstraß eine Lücke in fünf verschiedenen Beweisen füllte, die von dem Mathematiker Jakob Steiner, der sich vor allem mit Geometrie beschäftigte, veröffentlicht worden waren. Wenn es eine optimale Form gibt, bewies Steiner, muss es der Kreis sein, doch es gelang ihm nicht zu zeigen, dass eine optimale Form existiert.[10]

Die isoperimetrische Ungleichung besagt, dass

> das Quadrat des Umfangs größer oder gleich 4π mal der umschlossenen Fläche ist.

Das gilt für jede Form in der Ebene, die gutartig genug ist, einen Umfang und eine Fläche zu haben. Überdies ist die Konstante 4π bestmöglich – sie kann nicht vergrößert werden –, und «größer oder gleich» wird nur dann zu einer Gleichung, wenn die Form ein Kreis ist.[11] Die isometrische Ungleichung ließ Polsby und Popper vermuten, dass die Größe, die ich als Polsby-Popper(PP)-Maß bezeichnet habe, eine effiziente Möglichkeit darstellt, um zu messen, wie rund eine Form ist. Beispielsweise beträgt der Wert für die folgenden Formen:

Kreis: PP-Maß = 1
Quadrat: PP-Maß = 0,78
Gleichseitiges Dreieck: PP-Maß = 0,6

Der Wert des Gerry-manders liegt bei 0,25.

Das PP-Maß weist jedoch ernste Mängel auf. Manchmal sind seltsame Formen aufgrund der lokalen Geografie, wie Flüsse, Seen, Wälder und die Form der Küstenlinie, unvermeidbar. Überdies kann ein Wahlbezirk hübsch kompakt, aber dennoch klar manipuliert sein. Ein Grenzziehungsplan 2011 für die Wahl des Parlaments in Pennsylvania war sehr verzerrt und künstlich, daher entwickelten die Republikaner im Landtag Vorschläge für einen Neuzuschnitt. Der Entwurf für die Wahlbezirke waren den fünf Punkten zufolge, die der Supreme Court festgelegt hatte, sehr kompakt, doch wie eine mathematische Analyse der Wählerverteilungen in diesen Regionen enthüllte, war die Grenzziehung höchst parteiisch und würde die Wahlergebnisse verzerren.

Selbst der Maßstab, in dem eine Landkarte gezeichnet ist, kann zu Problemen führen. Der Hauptpunkt hier ist fraktale Geometrie. Ein Fraktal ist eine geometrische Form mit detaillierten Strukturen in allen Vergrößerungsstufen. Viele natürliche Formen sehen wie Fraktale aus – jedenfalls ähneln sie Fraktalen weit mehr als Euklids Dreiecken und Kreisen. Küstenlinien und Wolken lassen sich sehr effizient als Fraktale darstellen, die ihre komplexe Struktur einfangen. Der Begriff wurde 1975 von Benoit Mandelbrot geprägt, der das ganze Gebiet der fraktalen Geometrie begründete und vorantrieb. Küstenlinien und Flüsse sind außerordentlich stark gewundene fraktale Kurven, und die gemessene Länge hängt davon ab, wie fein die Skala ist, die man zur Messung benutzt. Technisch gesehen, ist die Länge einer fraktalen Kurve praktisch unendlich, was in unsere alltägliche Realität übersetzt so viel heißt wie «die gemessene Länge wächst ohne Grenze, je genauer man hinschaut». Daher können Anwälte bis zum Sankt-Nimmerleinstag über die Messung des Umfangs streiten, erst recht darüber, ob der Wahlkreis durch Gerrymandering entstand.

* * *

Da die Seltsamkeit einer Form so schwer fassbar ist, wollen wir es mit einem direkteren Maß versuchen. Passen die Stimmergebnisse zu dem statistischen Stimmverhalten der Wählerschaft?

Wenn es zehn Sitze zu verteilen gibt und sich die Stimmen 60 zu 40 aufteilen, könnte man erwarten, dass der einen Partei 6 Sitze zufallen, der andern 4. Wenn eine Partei alle Sitze gewinnt, könnte man Gerrymandering vermuten. Aber die Sache ist nicht so einfach. Diese Art von Ergebnissen tritt bei einem Mehrheitswahlsystem häufig auf. Bei der schottischen Parlamentswahl 2019 erhielt die Konservative Partei 44 Prozent der Stimmen, gewann aber 365 von 650 Sitzen, was 56 Prozent der Sitze entspricht. Die Labour-Partei erhielt 32 Prozent der Stimmen und 31 Prozent der Sitze. Die schottischen Nationalisten kamen mit 4 Prozent der Stimmen auf 7 Prozent der Sitze (allerdings ist das ein Spezialfall, denn die Wählerbasis dieser Partei liegt ausschließlich in Schottland). Die Liberaldemokraten gewannen 12 Prozent der Stimmen und 2 Prozent der Sitze. Der größte Teil dieser Diskrepanzen resultierte aus regionalen Wahlmustern, nicht aus seltsam gezogenen Grenzen. Wenn bei einer Zwei-Parteien-Wahl, bei der es um eine Person geht, beispielsweise um den Präsidenten, eine einfache Mehrheit genügt, dann sichern 50 Prozent der Stimmen (plus eine Stimme) 100 Prozent des Amtes.

Hier ein US-amerikanisches Beispiel: In Massachusetts haben sich die Republikaner seit 2000 in Bundes- und Präsidentenwahlen insgesamt mehr als ein Drittel aller Stimmen gesichert. Einen Sitz im Repräsentantenhaus des Staates haben die Republikaner jedoch das letzte Mal 1994 gewonnen. Gerrymandering? Wahrscheinlich nicht. Wenn das eine Drittel republikanischer Wähler ziemlich gleichmäßig über den Staat verteilt lebt, dann bleibt der Anteil republikanischer Wähler in jedem Wahlkreis in etwa ein Drittel – es sei denn, man entwirft geradezu lachhafte Grenzen, die sich um einzelne Häuser einzelner Bürger herum- bzw. zwischen ihnen hindurchschlängeln. Die Demokraten werden demnach das Ganze gewinnen. Und genau das ist passiert.

Bei einer tatsächlich erfolgten Wahl haben Mathematiker gezeigt, dass diese Art Effekt unvermeidbar sein kann, ganz gleich, wie die Grenzen gezogen werden – zumindest ohne einzelne Städte aufzuteilen. Im Jahr 2006 trat Kenneth Chase bei der Wahl zum US-Senat gegen Edward Kennedy an; damals war Massachusetts für die Kongresswahl in neun Bezirke eingeteilt. Chase holte 30 Prozent aller Stimmen, verlor aber in allen neun Wahlbezirken. Wie Computeranalysen zeigten, gab es keine Möglichkeit, die Wahlkreise so zuzuschneiden, dass es für einen Sieg von Chase gereicht hätte, selbst wenn man diese Wahlkreise unregelmäßig über den Staat verteilt hätte. Chase-Wähler waren einfach ziemlich gleichmäßig in den meisten Städten verteilt; man hätte ihm durch Gerrymandering keinen Sieg zuschieben können, ganz gleich, mit welcher Grenzziehung auch immer.

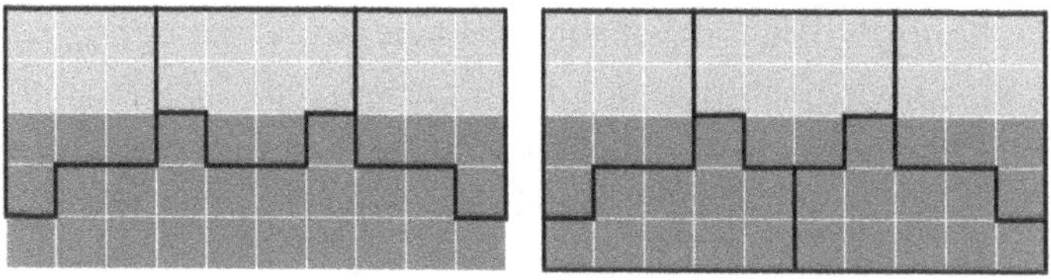

Abb. 3 Links: Vorschlag von Hell, der Dunkel zwei Bezirke zu definieren übrig lässt. **Rechts:** Die kompakteste Wahl, die Dunkel treffen kann.

Zurück in Jerimandia, wo Dunkel alle fünf Wahlbezirke gewann: Dort erhob Hell gegen diesen speziellen Neuzuschnitt mit der Begründung Einspruch, die rechteckigen Bezirke seien zu lang und dünn; Dunkel hätte also offensichtlich zu Cracking Zuflucht genommen. Das Gericht entschied, die Bezirke müssten kompakter werden. Hell schlug drei kompakte Bezirke vor und bot Dunkel großzügig an zu entscheiden, wie das, was noch übrig war, geteilt werden sollte. Dunkel erhob erneut Einspruch, denn dieser Zuschnitt gab Hell drei Bezirke und Dunkel nur zwei, obgleich Dunkel mehr Wählerstimmen gesammelt hatte.

Diese Unterteilung legt zwei weitere Missstände beim Einsatz von Kompaktheit zur Aufdeckung von Gerrymandering offen. Obwohl die Aufteilung zweifellos kompakt ist, erhält Hell – nach dieser Einteilung – drei Fünftel der Bezirke bei nur zwei Fünftel der Wählerstimmen. Zudem gibt es keine Möglichkeit, das, was übrig geblieben ist, in zwei kompakte Bezirke zu unterteilen. Die Geografie von Jerimandia macht es schwer, Kompaktheit und Fairness unter einen Hut zu bringen.

* * *

Da Kompaktheit offenbar auch nicht die ideale Lösung ist, was können wir noch tun, um einen parteiischen Neuzuschnitt offenzulegen? Das Wahlergebnis sagt uns nicht nur etwas über das Resultat einer Wahl, sondern auch, wie das Ergebnis ausgesehen hätte, wenn die auf jede Partei entfallenen Stimmen um einen bestimmten Betrag verschoben würden. Angenommen, die Anzahl der Stimmen in einem bestimmten Bezirk beträgt 6000 für Dunkel und 4000 für Hell, dann gewinnt Dunkel. Wären 500 Wähler von Dunkel zu Hell gewandert, hätte Dunkel noch immer gewonnen, doch wenn 1001 Wähler von Dunkel zu Hell übergelaufen wären, hätte Dunkel verloren. Wenn Dunkel hingegen 5500 Stimmen bekommen hätte und Hell 4500, hätte es nur 501 Überläufer gebraucht, um das Ergebnis umzukehren. Kurz, die Stimmzahlen in einem Bezirk sagen uns nicht nur, wer gewinnt: Sie sagen uns darüber hinaus auch, wie knapp das Ergebnis war.

Wir können diese Berechnung für jeden Wahlbezirk durchführen und die Ergebnisse zusammenfassen, um zu sehen, wie die Zahl der gewonnenen Sitze mit der Verschiebung der Stimmen variiert und eine Sitze-Stimmen-Kurve erhalten. (Tatsächlich handelt es sich um ein Polygon mit einer Menge gerader Kanten, doch aus Bequemlichkeit glättet man es.) Abbildung 4 zeigt, wie eine Kurve bei einer Wahl in etwa aussehen sollte, bei der die Bezirke *nicht* manipuliert wurden. Vor allem sollte die Kurve die 50-Prozent-Schwelle der Sitze bei einem Anteil von 50 Prozent der Stimmen schneiden, und sie sollte auf beiden Seiten des Punktes symmetrisch sein, wenn sie um 180° gedreht wird.

Die Abbildung rechts zeigt die Sitze-Stimmen-Kurve für eine Karte, die für die Kongresswahlen in Pennsylvania benutzt wurde, mit den demokratischen Stimmen auf der waagerechten Achse. Die Demokraten hätten rund 57 Prozent der Stimmen gewinnen müssen, um sich 50 Prozent der Sitze zu sichern. Diese Karte wurde später durch das Parlament des Bundesstaates für ungültig erklärt.

In mehreren Fällen wies der Supreme Court, das Oberste Gericht der Vereinigten Staaten, Vorwürfe wegen Gerrymandering zurück, die auf Berechnungen dieser Art basierten, ebenso Anträge, die auf der mangelnden Kompaktheit von Wahlkreisen fußten. Im Fall *LULAC v. Perry 2006* verfügte es, dass ein kleiner Teil der Bezirksgrenzen in Texas neu zugeschnitten werden musste, weil ein Bezirk anders zugeschnitten worden war, als es der Voting Rights Act verlangte. Obwohl der Supreme Court parteiisches Gerrymandering zu einem Verstoß gegen die Verfassung erklärt hat, haben die Richter bislang noch keine komplette Wahlkreiskarte zurückgewiesen.

Ein Hauptargument, das das Gericht für diese negative Entscheidung anführte, war, dass Methoden wie die Sitze-Stim-

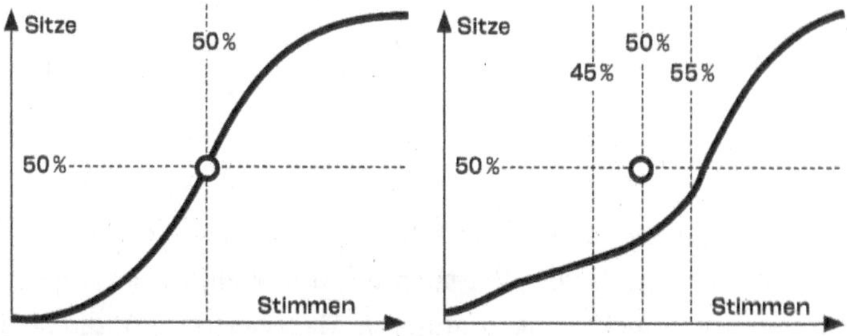

Abb. 4 Aufgetragen sind Sitze gegen Wählerstimmen. Die waagerechte Achse zeigt den Prozentsatz der Stimmen für eine Partei und reicht von 30 Prozent bis 70 Prozent. Die senkrechte Achse zeigt den Prozentsatz der Sitze, die mit diesem Prozentsatz an Stimmen gewonnen worden wären.

men-Kurve auf Hypothesen beruhen – was die Wähler unter verschiedenen Umständen getan *hätten*. Das ergibt vielleicht für Anwälte einen Sinn, mathematisch ist es jedoch Unsinn, denn die Kurve leitet sich mittels eines genau definierten Verfahrens aus tatsächlichen Wahldaten ab. Die Übernahme von Stimmen aus diesen Daten zur Berechnung der Kurve ist unabhängig davon, was irgendein Wähler in Wirklichkeit getan hätte. Es ist, als schaue man sich ein Basketball-Ergebnis von 101:97 an und käme zu dem Schluss, das Spiel müsse eng gewesen sein, während ein Ergebnis von 120:45 heißt, dass dies nicht der Fall war. Man macht keine Vorhersagen darüber, was einzelne Spieler getan hätten, wenn sie besser oder schlechter gespielt hätten. Daher können wir dies zu der langen und unrühmlichen Liste hinzufügen, die von der Unfähigkeit des Gesetzes und von Juristen zeugt, grundlegende mathematische Sachverhalte zu begreifen oder gar zu würdigen. Die angeblich hypothetische Natur dieses völlig sachgerechten Algorithmus lieferte natürlich die perfekte Entschuldigung dafür, nicht die ganze Karte von Texas für illegal zu erklären.

***

Die beste Weise, fragwürdige juristische Entscheidungen anzupacken, besteht nicht darin zu versuchen, Richter mathematisch besser zu bilden. Also sahen sich diejenigen, die mathematische Methoden suchten, um Wahlkreismanipulationen aufzudecken, nach anderen Messwerten um, die sich nicht aus fadenscheinigen Gründen angreifen ließen. Gerrymandering zwingt die Anhänger einer Partei, einen großen Teil ihrer Stimmen zu verschwenden. Sobald der eigene Kandidat eine Mehrheit hat, haben zusätzliche Stimmen keinen Einfluss auf das Ergebnis. Daher besteht eine Möglichkeit, die Fairness oder Unfairness einer Grenzziehung zu quantifizieren, darin zu verlangen, dass beide Parteien in etwa dieselbe Anzahl an Stimmen vergeuden. Im Jahr 2015 definierten Nicholas Stephanopoulos und Eric McGhee eine Methode, um vergeudete Stimmen zu messen, die sogenannte Effizienzlücke.[12] Im Fall *Gill v. Whitford 2016* erklärte ein Gericht in Wisconsin die Karte zur Wahl des Parlaments dieses Bundesstaates für illegal, und die Effizienzlücke spielte bei dieser Entscheidung eine wesentliche Rolle. Um zu sehen, wie man diese Effizienzlücke berechnet, wollen wir uns aus Gründen der Einfachheit auf Wahlen mit nur zwei Kandidaten beschränken.

Es gibt zwei Hauptmöglichkeiten, seine Stimme zu vergeuden. Eine Stimme für den Verlierer ist verschwendet, weil man genauso gut gar nicht zur Wahl hätte gehen können. Zusätzliche Stimmen für den Sieger, nachdem er 50 Prozent erreicht hat, sind aus demselben Grund verschwendet. Diese Aussagen sind von dem aktuellen Ergebnis abhängig und werden in der Rückschau angewandt: Man kann nicht wissen, ob die eigene Stimme vergeudet wäre, bevor man das Ergebnis kennt. In der Parlamentswahl 2020 in Großbritannien erhielt der Labour-Kandidat in meinem Wahlbezirk 19 544 Stimmen, der Kandidat der Konservativen hingegen 19 143 Stimmen. Labour gewann den Bezirk mit 401 Stimmen Vorsprung von insgesamt 38 687 Stimmen, die für beide Parteien abgegeben wurden. Wenn irgendein einzelner Labour-Wähler sich entschieden hätte, nicht zur Wahl zu gehen, hätte die Mehrheit noch immer 400 Stimmen betragen. Doch wenn etwas mehr als 1 Prozent der Labour-Wähler zu Hause geblieben wäre, hätte der konservative Kandidat gewonnen.

Der Definition von verschwendeten Stimmen zufolge vergeudeten die konservativen Wähler insgesamt 19 143 Stimmen, die Labour-Wähler hingegen 200 Stimmen. Die Effizienzlücke misst das Ausmaß, in dem eine Partei gezwungen ist, mehr Stimmen zu verschwenden als die andere. In diesem Fall sieht die Rechnung so aus:

Anzahl der verschwendeten konservativen Stimmen
minus
Anzahl der verschwendeten Labour-Stimmen
geteilt durch
die Gesamtzahl der Stimmen

Das heißt: (19 143 – 200)/38 687, was 49 Prozent ergibt.

Das ist nur ein einziger Wahlkreis. Die Idee ist, die Effizienzlücke für alle Wahlkreise zusammen zu berechnen und den Gesetzgeber dazu zu bringen, eine juristische Zielmarke zu setzen. Die Effizienzlücke liegt stets zwischen –50 Prozent und +50 Prozent, und eine Lücke von null ist fair. Denn dann verschwenden beide Parteien dieselbe Anzahl an Stimmen, daher kamen Stephanopolous und McGhee zu dem Schluss, dass eine Effizienzlücke von mehr als 8 Prozent nach oben bzw. nach unten ein Hinweis auf Gerrymandering ist.

Auch dieses Maß weist jedoch Mängel auf. Wenn das Ergebnis eng ist, ist eine große Effizienzlücke unvermeidlich, denn einige wenige Stimmen können es von fast +50 Prozent nach fast –50 Prozent umschlagen lassen. Mein Wahlkreis war trotz der Effizienzlücke von +49 Prozent nicht manipuliert. Wenn nur 201 Labour-Wähler stattdessen konservativ gewählt hätten, wären es stattdessen –49 Prozent gewesen. Wenn eine Partei bloß Glück hat und sämtliche Wahlkreise gewinnt, sieht es so aus, als sei das durch Gerrymandering geschehen;

demografische Faktoren können die Zahlen verzerren. Im Fall *Gill v. Whitford* wies die Verteidigung korrekterweise auf diese Mängel hin, doch die Klägerpartei argumentierte erfolgreich, dass diese Einwände im vorliegenden Fall nicht zuträfen. Als allgemeine Kommentare sind diese Einwände jedoch höchst plausibel.

Im Jahr 2015 entdeckten Mira Bernstein und Moon Duchinq[13] weitere Mängel bei der Effizienzlücke, und 2018 schlug Jeffrey Barton eine Verbesserung vor, um diese Mängel zu beheben.[14] Stellen Sie sich zum Beispiel vor, es gebe acht Wahlkreise, und in jedem Wahlkreis erhält Hell 90 Stimmen, Dunkel hingegen die verbleibenden 10. Hell verschwendet 40 × 8 = 320 Stimmen, Dunkel hingegen 10 × 8 = 80, also beträgt die Effizienzlücke (320 – 80)/800 = 0,3 = 30 %. Wenn wir dem Vorschlag einer 8-Prozent-Schwelle folgen, spricht die Größe der Effizienzlücke für ein parteiisches Vorgehen zulasten von Hell. Aber Hell hat alle acht Sitze gewonnen!

Ein zweites Szenario enthüllt ein weiteres Problem. Nehmen wir nun an, Hell gewinnt drei Wahlkreise mit 51 zu 49, während Dunkel zwei Kreise mit 51 zu 49 erobert. Nun verschwendet Hell 1 + 1 + 1 + 49 + 49 = 101 Stimmen, Dunkel hingegen 49 + 49 + 49 + 1 + 1 = 149 Stimmen. Die Effizienzlücke beträgt (101 – 149)/500 = –0,096 = –9,6 %, was für eine Tendenz zulasten von Dunkel spricht. Dunkel ist jedoch die Minderheitspartei und sollte nicht erwarten, mehr als zwei Sitze zu gewinnen, wie es der Fall war. Würde man Dunkel einen weiteren Sitz zusprechen, so würde man der Minderheitspartei eine Mehrheit der Sitze geben.

Barton führt beide Probleme auf den Gebrauch von verschwendeten Rohstimmen zurück. Bei jeder Wahl sind zusätz-

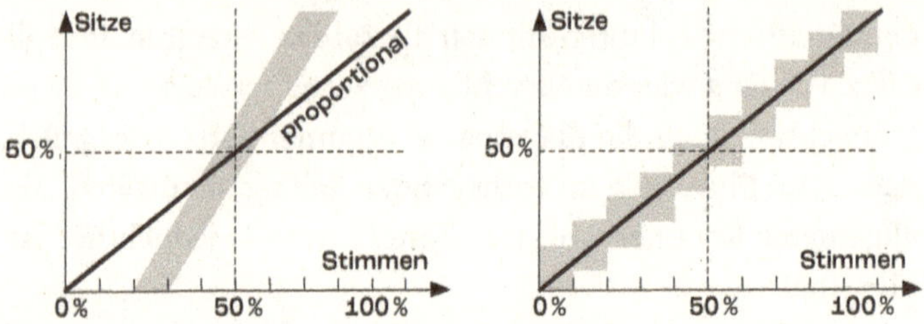

Abb. 5 Links: Sitze-Stimmen-Diagramm, das eine proportionale Repräsentation (fette Linie) und den Bereich zeigt, in dem die Effizienzlücke als fair angesehen wird (schattiert). **Rechts:** Entsprechendes Diagramm für die modifizierte Effizienzlücke: Der schattierte Bereich umgibt die Diagonale.

liche Stimmen für den Sieger verschwendet, ganz gleich, wie man die Grenzen zieht. Er ersetzt «verschwendete Stimmen» durch «*unnötig* verschwendete Stimmen», berechnete den Anteil an Stimmen für jede Partei, die zwangsläufig verschwendet werden, und zog sie von der vorherigen Definition verschwendeter Stimmen ab. Bei der ursprünglichen Definition ist der Sitze-Stimmen-Graph ein schmaler Streifen rund um die Linie, die sich von 25 Prozent der Stimmen unten bis zu 75 Prozent der Stimmen oben zieht, wie in der Abbildung links. Zum Vergleich zeigt die Diagonale den idealen Graphen für eine proportionale Repräsentation. Die beiden fallen nur dann zusammen, wenn die Stimmen sich annähernd 50:50 aufteilen. Im Fall unnötig verschwendeter Stimmen ist der korrespondierende Graph rechts abgebildet. Er umgibt die Diagonale eng, was viel vernünftiger ist.

* * *

Eine andere Methode, um Gerrymandering zu entdecken, besteht darin, alternative Karten zu berücksichtigen und die wahrscheinlichen Ergebnisse zu vergleichen, wobei man Daten über wahrscheinliche Stimmabgabemuster aus der gesamten distriktierten Region benutzt, um die es geht. Wenn die von Dunkel vorgelegten Karten der Partei 70 Prozent der Sitze geben, die meisten alternativen Karten aber nur 45 Prozent, dann liegt es nahe, an Manipulation zu denken.

Das Hauptproblem bei dieser Idee ist, dass es selbst für eine realistische Zahl von Wahlkreisen und Unterabteilungen unmöglich ist, alle denkbaren Karten aufzulisten. Das führt zu einer kombinatorischen Explosion, und die Zahlen steigen extrem schnell an. Überdies müssen alle in Betracht gezogenen Karten gesetzeskonform sein, was Randbedingungen mit sich bringt, die mathematisch nicht umzusetzen sein können. Zufällig haben Mathematiker schon vor langer Zeit eine Möglichkeit gefunden, diese kombinatorische Explosion zu umgehen: das Markow-Chain-Monte-Carlo-Verfahren, kurz MCMC. Statt sich jede nur mögliche Karte anzuschauen, schafft MCMC eine Zufallsstichprobe von Karten, die ausreichend groß ist, um präzise Schätzungen zu erlauben. Das Verfahren ähnelt der Art und Weise, wie Wahlforscher bei Meinungsumfragen die Wahlabsichten der Bevölkerung einschätzen, indem sie eine relativ kleine Zufallsstichprobe befragen.

Das Markow-Chain-Monte-Carlo-Verfahren geht auf das Manhattan-Projekt zum Bau einer Atombombe im Zweiten Weltkrieg zurück. Der Mathematiker Stanislaw Ulam, der an dem Projekt mitarbeitete, war krank gewesen und erholte sich gerade wieder. Um sich die Zeit zu vertreiben, legte er Patiencen. Da er sich fragte, wie groß seine Erfolgsaussichten wohl waren, versuchte er abzuschätzen, wie viele Anordnungen der Karten im Kartenspiel die Patience aufgehen lassen würden, und erkannte rasch, dass dieser Ansatz hoffnungslos war. Stattdessen legte er eine Menge Patiencen und zählte, wie oft er gewann, die Partie also aufging. Dann erkannte er, dass er einen ähnlichen Trick bei den physikalischen Gleichungen anwenden konnte, die für das Manhattan-Projekt gelöst werden mussten.

Markow-Ketten, benannt nach dem russischen Mathematiker Andrey Markow, sind Verallgemeinerungen des Random oder Drunkard's Walk (sinngemäß «zufällige Irrfahrt»). Jemand hat in der Kneipe des Guten ein wenig zu viel getan und stolpert über den Bürgersteig und macht zufällig ein paar Schritte nach vorn oder zurück. Wie weit ist er nach einer gegebenen Anzahl Schritte durchschnittlich gekommen? (Antwort: Im Durchschnitt entspricht die zurückgelegte Strecke in etwa der Quadratwurzel der Anzahl der Schritte.) Markow stellte sich einen ähnlichen Prozess vor, bei dem der Bürgersteig durch ein Netzwerk ersetzt wird und Übergängen über die Kanten Wahrscheinlichkeiten zugeordnet werden. Eine Schlüsselfrage ist: Wie groß ist die Wahrscheinlichkeit, sich nach sehr langem Herumwandern an irgendeiner bestimmten Stelle zu befinden? Markow-Ketten bilden viele Probleme der realen Welt ab, bei denen Folgen von Ereignissen auftreten, deren Wahrscheinlichkeiten von aktuellen Umständen abhängen.

MCMC ist das, was man erhält, wenn man die beiden Verfahren kombiniert und die Monte-Carlo-Methoden benutzt, um aus der erforderlichen Liste von Wahrscheinlichkeiten Stichproben zu ziehen. Im Jahr 2009 schätzte der Statistiker Persi Diaconis, dass rund 15 Prozent aller statistischen Analysen in den Naturwissenschaften, im Ingenieurswesen und im Geschäftsleben auf MCMC beruhen; daher erscheint es plausibel, einer derart leistungsstarke, etablierte und nützliche Methode auf Gerrymandering anzuwenden. Man benutzt Random Walks à la Markow zum Zuschneiden von Wahlkreiskarten, zieht daraus Stichproben nach dem Monte-Carlo-Verfahren und – *bingo!* – hat man eine statistische Methode, mit der sich bewerten lässt, wie typisch eine vorgeschlagene Karte ist. Es gibt einige weitere raffinierte mathematische Tricks, die diese Methoden unterstützen und als Ergodentheorie bekannt sind; diese Theorie garantiert, dass ausreichend lange Random Walks zu statistisch aussagefähigen Stichproben führen.

Mathematiker haben kürzlich vor Gericht als Sachverständige zum Thema MCMC ausgesagt. In North Carolina verglich Jonathan Mattingly MCMC-Schätzungen der plausiblen Spannbreite von Größen wie gewonnenen Sitzen, um deutlich zu machen, dass der gewählte Plan ein extremer statistischer Ausreißer war, was dafürsprach, dass er parteiisch war. In Pennsylvania setzte Wesley Pegden statistische Methoden ein, um zu berechnen, wie unwahrscheinlich es wäre, dass ein politisch neutraler Plan schlechtere Resultate ergibt als von einem Random Walk produzierte Pläne, und um die Wahrscheinlichkeit abzuschätzen, dass ein solches Ergebnis allein dem Zufall geschuldet ist. In beiden Fällen folgten die Richter der mathematischen Beweisführung.

* * *

Mathematisches Verständnis von Gerrymandering ist eine zweischneidige Sache. Es kann Wählern und Gerichten helfen zu erkennen, was da passiert, aber es kann auch effektiveres Wissen zur Wahlkreismanipulation beisteuern. Es trägt dazu bei, Leute anzuhalten, sich innerhalb des Gesetzes zu bewegen, aber ihnen auch zu helfen, es zu brechen oder, vielleicht noch schlimmer, es zu verbiegen. Wann immer technische Vorschriften erlassen werden, um irgendeine Form von Missbrauch zu unterbinden, versuchen Leute, das System auszutricksen, und durchforsten die neuen Vorschriften nach Schlupflöchern. Der große Vorteil eines mathematischen Ansatzes ist, dass er die Regel offenlegt, nach denen er vorgeht. Er zeigt überdies eine völlig neue Möglichkeit auf. Statt fruchtlose Versuche zu unternehmen, konkurrierende politische Parteien dazu zu bringen, sich zu einigen, was fair ist, und ihnen damit Gelegenheit zu geben, das System zu manipulieren und das System via Gerichte zu kontrollieren, ist es unter Umständen besser, sie *die Sache ausfechten* zu lassen. Nicht in einem offenen Wettbewerb, wo Macht und Geld riesige Wettbewerbsvorteile mit sich bringen, sondern innerhalb eines strukturierten Rahmens, der sicherstellt, dass das Ergebnis nicht nur fair ist und als fair angesehen wird, sondern die beteiligten Parteien auch nicht darum herumkommen zu akzeptieren, dass es tatsächlich fair ist.

Das mag ziemlich schwierig erscheinen, doch ein ganzes Gebiet der Mathematik, das sich dieser Idee widmet, hat in neuerer Zeit einen großen Aufschwung genommen; die Theorie des fairen Teilens. Und sie zeigt uns, dass sorgfältig strukturierte Rahmenbedingungen für Verhandlungen etwas erreichen können, was zunächst unmöglich erschien.

Das klassische Beispiel, aus dem sich alles andere ergibt, sind zwei Kinder, die sich um einen Kuchen streiten. Das Problem ist, diesen Kuchen zwischen ihnen beiden zu teilen, indem man einem Protokoll – einem Satz von im Voraus festgelegten Regeln – folgt, das besagt, was wahrscheinlich fair ist. Die klassische Lösung ist: «Ich schneide, du wählst.» Alice wird aufgefordert, den Kuchen so zu schneiden, dass die beiden Stücke ihrer Meinung nach gleichwertig sind. Dann ist Bob an der Reihe und wählt eines der beiden Stücke. Bob kann keine Einwände erheben, denn er hat die Wahl. Er hätte ja das andere Stück wählen können. Auch Alice sollte keine Einwände erheben: Wenn sie meint, Bob habe das größere Stück gewählt, hätte sie den Kuchen anders zerlegen sollen. Wenn sie sich nicht entscheiden können, wer den ersten Schritt macht, können sie eine Münze werfen, doch das ist eigentlich nicht nötig.

Da die menschliche Natur so ist, wie sie ist, können wir nicht sicher sein, dass die beiden Kinder dies nach der Teilung ebenso sehen. Als ich diese Methode in einem Artikel erwähnte, schrieb mir ein Leser, er habe sie bei seinen Kindern ausprobiert, und Alice habe sich prompt beklagt, dass Bob das größere Stück erhalten habe. Als ihr Vater darauf hinwies, dass dies ihr Fehler sei, weil sie den Kuchen schlecht zerteilt habe, kam das bei der Tochter gar nicht gut an – in ihren Augen war es, als schiebe man dem Opfer die Schuld zu –, daher tauschte ihr Vater die beiden Teile aus. Das Ergebnis war, dass sie jammerte: «Bobs Stück ist *noch immer* größer als meins!» Diese Art Protokoll sollte jedoch Politiker zufriedenstellen oder zumindest zum Schweigen bringen, und es sollte sicherlich vor Gericht Bestand haben. Der Richter muss nur überprüfen, ob das Protokoll korrekt eingehalten wurde.

Der entscheidende Punkt bei dieser Art Protokoll ist, dass wir nicht etwa versuchen, Alice' und Bobs gegenseitige Konkurrenz zu eliminieren, sondern sie ganz im Gegenteil *benutzen*, um zu einem fairen Abkommen zu gelangen. Wir fordern sie nicht auf, fair zu spielen, zu kooperieren, und legen ihnen auch keine künstliche juristische Definition vor, was «fair» denn bedeutet. Sollen sie doch *gegeneinander* antreten und sich an die Regeln halten. Natürlich müssen Alice und Bob zuvor übereinkommen, nach diesen Regeln zu spielen, doch irgendeine Art von Übereinkunft müssen sie treffen, und die Regeln sind ganz offensichtlich fair; daher droht ihnen bei Nichtzustimmung wahrscheinlich kurzer Prozess.

Ein wichtiges Merkmal von «ich teile, du wählst» ist, dass die Methode keine externe Bewertung erfordert, wie viel ein Stück Kuchen wert ist. Was den Wert angeht, verwendet die Methode die eigenen subjektiven Einschätzungen der Spieler. Sie müssen lediglich *nach ihren eigenen Kriterien* zufrieden sein, dass ihr Anteil fair ist. Vor allem müssen sie sich nicht über den Wert von irgendetwas einigen. Tatsächlich ist faires Teilen einfacher, wenn sie sich uneins sind. Eine möchte gern die Kirsche, der andere den Zuckerguss, der Rest ist niemandem wichtig: Job erledigt.

Als Mathematiker und Sozialwissenschaftler begannen, Probleme dieser Art ernst zu nehmen, stießen sie auf bemerkenswerte verborgene Tiefen. Der erste Schritt gelang mit der Überlegung, wie drei Personen einen Kuchen teilen sollten. Die einfachste Antwort ist nicht nur wirklich schwierig zu finden, sondern es kommt überdies eine zusätzliche Schwierigkeit hinzu. Alice, Bob und Charly können darin übereinstimmen, dass das Ergebnis in dem Sinne fair ist, dass sie nach eigener Einschätzung mindestens ein Drittel des Kuchens erhalten haben, doch Alice kann Bob noch immer beneiden, weil sie glaubt, Bobs Stück sei größer als ihres. In Alice' Augen muss Charlys Stück dies kompensieren, weil es kleiner als das ihrige ist, doch das ist kein Widerspruch, denn Bob und Charly können unterschiedlicher Meinung sein, was den Wert ihres Stückes *für sie* angeht. Daher ist es plausibel, nach einem Verfahren zu suchen, das nicht nur fair, sondern auch frei von Neid ist. Das lässt sich tatsächlichen erreichen.[15]

In den 1990er-Jahren kam es zu großen Fortschritten unseres Verständnisses für faires und neidfreies Teilen; den Anfang machte ein neidfreies Protokoll für das Teilen zwischen vier Personen, das von Steven Brams und Alan Taylor entwickelt wurde.[16] Der Kuchen ist natürlich nur eine Metapher für etwas Wertvolles, das sich teilen lässt. Die Theorie beschäftigt sich mit Objekten, die so fein unterteilt werden können, wie wir uns wünschen (Kuchen), oder die eigenständige (diskrete) Einheiten bilden (Bücher, Schmuck). Daher lässt sie sich auf Probleme des fairen Teilens in der realen Welt anwenden, und Brams und Taylor erklärten, wie sich solche Methoden nutzen lassen, um Auseinandersetzungen bei Scheidungsvereinbarungen zu klären. Ihr Adjusted-Winner-Protokoll (Algorithmus) hat drei Hauptvorteile: Es ist gerecht, neidfrei und effizient (oder Pareto-optimal). Das heißt, jede Partei hat das Gefühl, dass ihr Anteil mindestens so groß wie der durchschnittliche Anteil ist; die Parteien haben nicht den Wunsch, ihren Anteil gegen den einer anderen Partei einzutauschen, und es gibt keine andere Teilung, die mindestens so gut für alle und besser für einen Einzelnen ist.

Bei Scheidungsverhandlungen könnte es zum Beispiel so ablaufen: Nachdem sie viele Jahre zusammengelebt und kryptische Nachrichten ausgetauscht haben, haben Alice und Bob genug voneinander und entschließen sich zu einer Scheidung. Jeder von ihnen erhält 100 Punkte, die sie aufteilen, indem sie jedem Objekt eine gewisse Anzahl von Punkten zuordnen – dem Haus, dem Fernseher, der Katze. Anfangs erhält derjenige die Objekte, der ihnen die meisten Punkte zuordnete. Das ist effizient, gewöhnlich aber weder fair noch neidfrei, daher geht das Protokoll zur nächsten Stufe über. Wenn beide Punktwerte identisch sind, ist jeder zufrieden und die Teilung endet. Wenn das nicht der Fall ist, nehmen wir an, dass Alice' Anteil, an ihren Punkten gemessen, größer als Bobs Anteil ist, an seinen Punkten gemessen. Nun werden Objekte von Alice (der *Gewinnerin*) an Bob (den *Verlierer*) übergeben, und zwar in einer Reihenfolge, die sicherstellt, dass beide Punktwerte auf den gleichen Stand kommen. Da beide Bewertungen und die Objekte diskret sind, muss vielleicht eins der Objekte unterteilt werden, doch das Protokoll besagt implizit, dass dies bei höchstens einem einzigen Objekt der Fall sein wird – höchstwahrscheinlich dem Haus, das verkauft und der Erlös dann geteilt werden wird, jedoch nicht, falls Bob Apple-Aktien erworben hat, bevor sie an der Börse in die Höhe schossen.

Das Adjusted-Winner-Protokoll erfüllt drei wichtige Bedingungen für faires Teilen. Es hat eine Fairness-Garantie: Es ist nachweislich gerecht, neidfrei und effizient. Zudem funktioniert es durch multilaterale Bewertung: Die Vorlieben der Beteiligten werden berücksichtigt, und die Werte ihrer Anteile werden entsprechend ihren eigenen Bewertungen berechnet. Und schließlich ist es fair im Hinblick auf die Vorgehensweise: Beide Parteien können die Fairness-Garantie verstehen und verifizieren, ganz gleich, wie die endgültige Lösung aussieht, und falls notwendig, kann ein Gericht entscheiden, ob die Lösung fair ist.

* * *

Im Jahr 2009 stellten Zeph Landau, Oneil Reid und Ilona Yershov die These auf, ein ähnlicher Ansatz könne das Problem des Gerrymandering lösen.[17] Ein Protokoll, das jede Partei davon abhält, Wahlkreise zu ihrem eigenen Vorteil zuzuschneiden, hält den Gerry-mander in seinem amphibischen Spuren. Diese Methode vermeidet jede Überlegung über die Form der Karte und gibt vorgeblich unvoreingenommenen Außenstehenden nicht die Macht, Karten von oben anzuordnen. Stattdessen wird die Karte so zugeschnitten, dass konkurrierende Interessen einander ausbalancieren.

Noch besser ist, dass diese Methoden um zusätzliche Faktoren erweitert werden können, wie geografischen Zusammenhang und Kompaktheit. Wenn ein außenstehendes Gremium wie eine Wahlkommission erforderlich ist, um die endgültige Entscheidung zu treffen, können ihr die Ergebnisse des Entscheidungsspiels als Teil der Indizien vorgelegt werden, auf die sie ihr Urteil stützen kann. Niemand behauptet, solche Methoden könnten in der wirklichen Welt jede Spur von Einseitigkeit eliminieren, doch sie funktionieren deutlich besser als die existierenden Methoden und mindern deutlich die Versuchung, mit unverschämt unfairen Praktiken zu arbeiten.

Das Protokoll, das zu kompliziert ist, um es im Detail zu beschreiben, beinhaltet einen unabhängigen Agenten, der einen Vorschlag macht, wie man den Bundesstaat aufteilen sollte. Dann erhalten die Parteien die Möglichkeit, die Vorgabe des Agenten zu verändern, indem sie einen Teil der Karte neu aufteilen, vorausgesetzt, die andere Partei erhält das Recht, das andere Stück zu unterteilen. Alternativ können die Parteien eine ähnliche Option mit umgekehrten Rollen wählen: Das ist eine Version von «ich teile, du wählst» mit einer komplizierteren Reihe von Schnitten. Landau, Reid und Yershov belegen, dass ihr Protokoll aus der Sicht beider Parteien fair ist. Im Wesentlichen spielen die beiden Parteien ein Spiel gegeneinander. Das Spiel ist jedoch so angelegt, dass es auf ein Patt hinausläuft, wobei jede Partei überzeugt ist, so viel wie möglich für ihre Seite herausgeholt zu haben. Wenn nicht, hätte sie besser spielen sollen.

Ariel Procaccia und Wesley Pegden verbesserten 2017 dieses Protokoll, indem sie den unabhängigen Agenten herausnahmen, sodass alles von den beiden konkurrierenden Parteien entschieden wird. Kurz umrissen bedeutet das, dass eine politische Partei die Karte des Bundesstaates in die gesetzlich vorgeschriebene Anzahl von Wahlkreisen einteilt, wobei jeder Wahlkreis möglichst in etwa die gleiche Anzahl von Wählern enthalten sollte. Dann «friert» die zweite Partei einen Wahlkreis ein, sodass dieser nicht mehr verändert werden kann, und verändert die übrigen Wahlkreise nach eigenem Gusto. Dann wählt die erste Partei einen zweiten Wahlkreis auf dieser neuen Karte, friert ihn ein und schneidet den Rest neu zu. Die Parteien wechseln sich beim Einfrieren und Neuzuschneiden so lange ab, bis alles eingefroren ist. Das ist dann die endgültige Karte, die zur Distriktierung dient. Wenn es beispielsweise 20 Wahlkreise gibt, durchläuft dieser Prozess 19 Zyklen. Pegden, Procaccia und Dingli Yu, ein zu Besuch weilender Student der Computerwissenschaften, bewiesen mathematisch, dass dieses Protokoll dem ersten Spieler keinen Vorteil verleiht und kein Spieler bestimmte Wählerpopulationen im selben Wahlkreis konzentrieren kann, wenn der andere Spieler dies nicht will.

* * *

Die Mathematik des Wählens ist inzwischen ein intensiv untersuchtes Thema, und Gerrymandering ist dabei nur *ein*

Aspekt. Viel Arbeit ist in die Erforschung verschiedener Wahlsysteme geflossen – Mehrheitswahlrecht, übertragbare Einzelstimmgebung, Verhältniswahlrecht und so weiter. Eines der allgemeinen Themen, die sich bei dieser Forschung herauskristallisieren, ist Widersprüchlichkeit: Wenn man eine kurze Liste von Eigenschaften niederschreibt, die in jedem vernünftigen demokratischen System wünschenswert sind, kann es vorkommen, dass sich diese Erfordernisse unter gewissen Umständen gegenseitig ausschließen.

Urahn aller dieser Forschungen ist Arrows Unmöglichkeitstheorem, das der Ökonom Kenneth Arrow 1950 veröffentlichte und in seinem Buch *Social Choice and Individual Values* (etwa: Soziale Wahl und individuelle Werte) ein Jahr später erläuterte. Arrow betrachtete ein abgestuftes Wahlsystem, in dem jeder Wähler einer Reihe von Optionen einen Zahlenwert zuordnet: 1 für die erste Präferenz, 2 für die nächste, und so weiter. Er nannte drei Kriterien für die Fairness eines solchen Wahlsystems:

- Wenn *jeder* Wähler eine bestimmte Alternative einer anderen vorzieht, dann gilt das auch für die Gruppe.
- Wenn kein Wähler seine Präferenz zwischen zwei bestimmten Optionen verändert, dann gilt das auch für die Gruppe, selbst wenn sich Präferenzen zwischen anderen Optionen ändern.
- Es gibt keinen Diktator, der stets bestimmen kann, welche Option die Gruppe vorzieht.

Das ist alles sehr wünschenswert, doch wie Arrow anschließend beweist, logisch widersprüchlich. Das heißt nicht, dass ein solches System zwangsläufig unfair ist, sondern nur, dass das Ergebnis unter gewissen Umständen der Intuition zuwiderläuft.

Gerrymandering weist seine eigenen Abkömmlinge von Arrows Theorem auf. Einer von ihnen, veröffentlicht von Boris Alexeev und Dustin Mixon[18] im Jahr 2018, legt drei Prinzipien für faires Distriktieren fest:

- *Eine Person, eine Stimme*: Jeder Wahlkreis umfasst annähernd die gleiche Anzahl von Wählern.
- *Polsby-Popper-Kompaktheit*: Alle Wahlkreise haben ein Polsby-Popper-Maß, das größer ist als ein gesetzlich festgelegter Wert.
- *Beschränkte Effizienzlücke*: ein stärker technisch geprägter Begriff. Grob gesagt: Wenn die Populationen zweier beliebiger Wahlkreise höchstens einen bestimmten, festen Anteil der Gesamtbevölkerung dieser Wahlkreise ausmachen, dann beträgt die Effizienzlücke weniger als 50 Prozent.

Dann beweisen sie, dass kein Distriktierungssystem diese drei Kriterien immer erfüllen kann.

Eine Demokratie kann niemals perfekt sein. Tatsächlich ist es erstaunlich, dass sie überhaupt funktioniert, wenn man bedenkt, dass sie darauf abzielt, dass sich Millionen von Menschen, die alle ihre eigene Meinung haben, über eine wichtige Sache einigen, die sie alle betrifft. Diktaturen haben es so viel einfacher. *Ein* Diktator, *eine* Stimme.

KAPITEL 3

Lasst die Taube den Bus fahren!

Zum einen könnte der Busfahrer Sorge gehabt haben, dass die Taube den Bus nicht sicher lenken könnte. Zum anderen hatte der Fahrer vielleicht Sorge, die Taube wäre nicht in der Lage, eine Route zu wählen, auf der sie alle über die Stadt verstreuten Passagiere effizient aufnehmen würde.

Brett Gibson, Matthew Wilkinson und Debbie Kelly, Animal Cognition

Mo Willems zeichnete seit seinem dritten Lebensjahr Cartoons. Aus Sorge, das Lob der Erwachsenen wäre nicht ehrlich, fing er an, lustige Geschichten zu schreiben. Unehrliches Lachen, fand er, wäre leichter zu erkennen. Im Jahr 1993 trat er dem Autoren- und Animationsteam der legendären Sesamstraßen-Sendung bei und gewann in zehn Jahren sechs Emmy-Awards. Seine TV-Zeichentrickserie für Kinder, *Sheep in the Big City*, drehte sich um Sheep, das Schaf, dessen idyllisches Landleben aus den Fugen gerät, als General Specifics geheime Militärorganisation es für ihre schafbetriebene Strahlenkanone einsetzen will. Willems' erster Ausflug ins Kinderbuch griff das Tierthema mit *Don't let the Pigeon Drive the Bus!* (Lasst die Taube nicht den Bus fahren!) erneut auf. Der Hauptcharakter – offensichtlich eine Taube – zieht alle Register, um die Leser davon zu überzeugen, dass es erlaubt sein sollte, sie einen Bus fahren zu lassen, wenn der menschliche Fahrer plötzlich ausfällt.

Willems' Buch zeitigte 2012 unbeabsichtigte wissenschaftliche Folgen, als die absolut respektable Fachzeitschrift *Animal Cognition* eine absolut respektable Arbeit der absolut respektablen Forscher Brett Gibson, Matthew Wilkinson und Debbie Kelly veröffentlichte. Sie wiesen experimentell nach, dass Tauben nahezu optimale Lösungen für vereinfachte Versionen eines berühmten mathematischen Kuriosums finden können: das Problem des Handlungsreisenden. Der Titel der Arbeit lautete: «Let the pigeon drive the bus: pigeons can plan future routes in a room» (Lassen Sie die Taube den Bus fahren: Tauben können Flugrouten in geschlossenen Räumen im Voraus planen).[19]

Da soll mal einer sagen, Wissenschaftler hätten keinen Humor. Oder dass hübsche Überschriften nicht öffentlichkeitswirksam sind.

Das Problem des Handlungsreisenden ist nicht einfach ein Kuriosum. Es ist ein sehr wichtiges Beispiel für eine ganze Klasse von Problemen von enormer praktischer Bedeutung, die sogenannte kombinatorische Optimierung. Mathematiker verpacken tief liegende und wichtige Fragen gern in scheinbare Trivialitäten. So hat der US-Kongress sich abfällig über die Fördermittel für die Knotentheorie geäußert, ohne zu ahnen, dass dieser Zweig der Mathematik ein zentrales Feld der niederdimensionalen Topologie mit Anwendungen in Genetik (speziell bei der DNS-Struktur) und Quantentheorie ist. Grundlegende Techniken der Topologie beruhen auf dem Satz vom gekämmten Igel (englisch: *hairy ball theorem*) und dem Einschnürungssatz (englisch: *ham sandwich theorem*, also Schinkensandwich-Theorem), also scheinen wir die abschätzige Ablehnung wohl herauszufordern, aber es liegt nicht nur an uns. Ich habe nichts gegen Unwissenheit – das kann jedem passieren –, aber warum fragt man nicht einfach nach?[20]

Jedenfalls liegt diesem Kapitel eine wichtige Belanglosigkeit zugrunde, die ihren Ursprung in einem Servicebuch für – Sie haben es schon geahnt – Handlungsreisende hat, Haustürverkäufer. Ich kann mich noch an sie erinnern, Sie vielleicht nicht. Häufig waren es Staubsaugervertreter. Wie jedem umsichtigen Geschäftsmann war es dem deutschen Handlungsreisenden im Jahr 1832 (und damals handelte es sich mit Sicherheit um einen Mann) ein Anliegen, seine Zeit effizient zu nutzen und Kosten einzusparen. Zum Glück gab es eine hilfreiche Anleitung: *Der Handlungsreisende – wie er sein soll und was er zu thun hat, um Aufträge zu erhalten und eines glücklichen Erfolgs in seinen Geschäften gewiss zu sein – von einem alten Commis-Voyageur*. Dieser bejahrte umherwandernde Verkäufer wies auf Folgendes hin:

«Das Geschäft bringt den Handlungsreisenden jetzt hierhin, dann dorthin, und es können keine geeigneten Reiserouten für alle auftretenden Fälle angegeben werden. Aber manchmal, durch eine passende Auswahl und Gestaltung der Tour, kann so viel Zeit gespart werden, dass wir nicht darauf verzichten sollten, einige Regeln anzugeben ... Im Wesentlichen kommt es darauf an, so viele Orte wie möglich aufzusuchen, ohne dabei einen mehrfach aufzusuchen.»

Die Anleitung stellte keine Mathematik zur Lösung dieses Problems bereit, wohl aber enthielt sie Beispiele für fünf angeblich optimale Reiserouten durch Deutschland (von denen eine durch die Schweiz führte). Die meisten waren kleinere Touren, die denselben Ort zweimal aufsuchen, was absolut praktisch ist, wenn man in einem Gasthaus nächtigt und am nächsten Tag in der Umgebung unterwegs ist. Bei einer Route gab es jedoch keine Mehrfachbesuche. Eine zeitgemäße Lösung desselben Problems zeigt, dass die Anleitung ziemlich gut ist, siehe Abbildung 6.

Auf dem Beispiel des Handlungsreisendenproblems, nach dem englischen *Traveling Salesman Problem*, bzw. neuerdings zur Vermeidung von Sexismus *Traveling Salesperson Problem* auch TSP genannt, gründet sich ein mathematisches Forschungsfeld, die kombinatorische Optimierung. Was so viel bedeutet wie: Man treffe die beste Wahl unter einer Fülle von Möglichkeiten, die viel zu zahlreich sind, um sie einzeln aufzulisten. Merkwürdigerweise scheint das Akronym TSP bis 1984 in keiner Veröffentlichung über dieses Problem benutzt worden zu sein, obwohl es beim informellen Austausch unter Mathematikern schon viel länger in Gebrauch war.

Gemessen an seinen sehr praktischen Ursprüngen hat das TSP die Mathematik in wirklich tiefe Wasser geführt, einschließlich des Millenniumpreis-Problems «P ≠ NP?», dessen Millionen-Dollar-Preisgeld immer noch auf einen Anspruchsteller wartet.

Bei diesem Problem geht es, technisch präzise gesprochen, darum: Falls man einen Lösungsvorschlag – eine Vermutung, wenn man so will – für ein gegebenes Problem effizient *verifizieren* (seine Richtigkeit nachweisen) kann, kann man dann auch die Lösung auf effiziente Weise *finden*? Viele Mathematiker und Informatiker glauben, dass die Antwort «nein» lautet: Klar geht die Überprüfung einer Vermutung viel schneller als

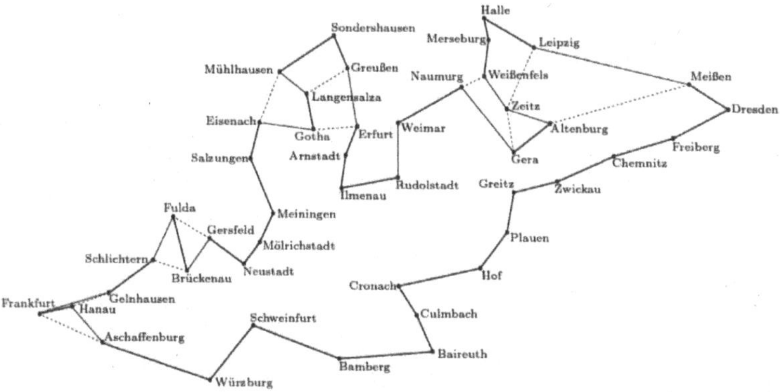

Abb. 6 Durchgehende (fette und dünne) Linien: Reise (1285 km) durch 45 deutsche Städte aus der Anleitung von 1832. Fette durchgezogene und gestrichelte Linien zeigen die kürzeste Tour (1248 km), wie moderne Methoden sie finden.

die Suche nach der richtigen Antwort. Zeigt Ihnen jemand ein 500-Teile-Puzzle, reicht in der Regel ein kurzer Blick darauf, um festzustellen, ob es richtig zusammengesetzt ist – das Puzzle erst einmal zusammenzusetzen, ist aber eine völlig andere Aufgabe. Leider liefern Puzzles keine Antwort: Sie sind lediglich nützliche Metaphern, aber als Beweistechnik funktionieren sie nicht. Kurz, derzeit kann niemand verifizieren oder falsifizieren, dass P von NP verschieden ist, weswegen die Lösung auch eine hübsche Million Dollar einbringt.[21] Ich werde später noch auf P ≠ NP zurückkommen, aber lassen Sie uns erst einen Blick auf die frühen Lösungsfortschritte für TSP werfen.

* * *

Die Ära der Handelsvertreter (und ihrer weniger sexistischen Variante) ist längst Geschichte. Im Zeitalter des Internet schicken Firmen niemand mehr mit Musterkoffern von Stadt zu Stadt, um ihre Waren zu verkaufen. Sie stellen ihre Produkte ins Netz. Wie gewohnt hat dieser Strategiewechsel aber nicht das TSP überflüssig gemacht. Mit dem exponentiellen Wachstum des Online-Verkaufs wird der Bedarf an Methoden, Routen und Fahrpläne für Paketdienste, Supermarktlieferungen oder Pizzadienste zusammenzustellen, immer wichtiger.

Auch die Beweglichkeit der Mathematik kommt hier ins Spiel. Anwendungen von TSP sind nicht auf Fahrten inner- oder außerhalb von Städten beschränkt. An einer Wand unseres Wohnzimmers hängt ein großes, quadratisches, schwarzes Tuch, das mit einem eleganten blauen Spiralmuster bestickt ist, welches auf den berühmten Fibonacci-Zahlen beruht, die durch Pailletten hervorgehoben sind. Der Designer nennt es die Fibonacci-Pailletten. Es wurde auf einer computergesteuerten Maschine hergestellt, die alles bis zur Größe einer Tagesdecke sticken kann. Die Nadel, die die Fäden vernäht, gleitet an einem Stab entlang, und der Stab kann sich senkrecht zu seiner Länge bewegen. Durch die Kombination der beiden Bewegungen kann die Nadel beliebig verschoben werden. Aus praktischen Gründen (Zeitverschwendung, Beanspruchung der Maschine, Lärm) will man die Nadel nicht wild herumspringen lassen, weswegen der gesamte Weg der Nadel minimiert wird. Das ist ein ziemlich typisches TSP. Die Vorfahren solcher Maschinen gehen auf die Anfänge der Computergrafik und ein Gerät namens XY-Plotter zurück, der einen Stift auf die gleiche Weise bewegte.

Ähnliche Themen gibt es in der Wissenschaft zuhauf. Es ist lange her, dass Astronomen über eigene Teleskope verfügten oder sie mit wenigen Kollegen teilten. Man konnte Teleskope leicht auf neue schwere Himmelskörper ausrichten; so ließ sich einfach improvisieren. Seit die Teleskope für die Astronomie so riesig und ruinös teuer geworden sind und online angesteuert werden können, ist das nicht mehr so. Die Teleskope auf ein neues Objekt auszurichten, braucht viel Zeit, während der sie nicht für Beobachtungen genutzt werden können. Besucht man die Ziele in der falschen Reihenfolge, ist schnell eine Menge Zeit verschwendet, um das Teleskop auf den neuen Punkt und wieder zurück auszurichten. Bei der DNA-Sequenzierung muss man Teilstücke von Basenfolgen richtig zusammenfügen, und die Reihenfolge, in der dies geschieht, muss optimiert sein, um Computerzeit einzusparen.

Weitere Anwendungen reichen von effizienter Flugstreckenplanung bis zu Design und Herstellung von Computer-Mikrochips und gedruckten Leiterplatten. Näherungslösungen von TSPs wurden verwendet, um effiziente Auslieferungswege für «Essen auf Rädern» zu finden sowie zur Optimierung der Lieferung von Blutkonserven an Krankenhäuser. Sogar in *Star Wars* ist schon eine Version des TSP aufgetaucht, genauer gesagt Ronald Reagans hypothetische Strategische Verteidigungsinitiative, bei der ein leistungsstarker Laser die Erde hätte umkreisen und auf anfliegende Atomraketen gerichtet werden sollen.

* * *

Karl Menger, dessen Arbeiten heute teilweise als Vorläufer für die Mathematik der Fraktale gelten, scheint der erste Mathematiker gewesen zu sein, der über das TSP geschrieben hat, und das schon 1930. Er kam aus einer ganz anderen Richtung zu dieser Fragestellung: Er hatte Kurvenlängen aus Sicht der reinen Mathematik untersucht. Damals war die Länge einer

Kurve dadurch definiert, dass man fortlaufende Geradenabschnitte addierte, die als Approximation über die Kurve gelegt wurden; die Ecken dieses Polygons bilden eine endliche Menge von Punkten auf der Kurve, die man in der Reihenfolge durchlief, wie sie längs der Kurve angeordnet waren. Menger wies nach, dass man dasselbe Resultat erzielt, wenn man jedes Polygon durch eine endliche Menge von Punkten auf der Kurve ersetzt und die kleinste Gesamtentfernung *jedes beliebigen* Polygons mit diesen Eckpunkten in beliebiger Reihenfolge ermittelt. Der Zusammenhang mit TSP besteht darin, dass Mengers kürzester Weg derjenige ist, der das TSP, mit den Eckpunkten des Polygons als Städte interpretiert, löst. Menger nannte es das «Botenproblem» und begründete das damit, dass es für Postboten genauso wie für Verkäufer zuträfe. Er schrieb:

«Dieses Problem ist natürlich stets durch endlich viele Versuche lösbar. Regeln, welche die Anzahl der Versuche unter die Anzahl der Permutationen der gegebenen Punkte herunterdrücken würden, sind nicht bekannt. Die Regel, man sollte vom Ausgangspunkt erst zum nächstgelegenen Punkt, dann zu dem diesem nächstgelegenen Punkt gehen usw., liefert im Allgemeinen nicht den kürzesten Weg.»

Dieses Zitat zeigt, dass er zwei Hauptmerkmale des Problems verstanden hatte. Erstens, es *existiert* ein Algorithmus, um die Antwort zu finden. Man probiere einfach alle Touren der Reihe nach aus, berechne ihre Länge und schaue nach, welche am kürzesten ist. Die Gesamtzahl der möglichen Touren ist genau die Anzahl der Permutationen der Punkte, und diese ist endlich. Zu der Zeit, als er dies schrieb, war kein besserer Algorithmus bekannt, aber alle Möglichkeiten bei mehr als einem

Dutzend Städte auszuprobieren, ist hoffnungslos, weil es zu viele Wege gibt. Zweitens wusste er, dass die «offensichtliche» Methode – von jedem Punkt zum nächstgelegenen zu gehen – normalerweise nicht funktioniert. Experten nennen diese Methode die «Nächster-Nachbar-Heuristik». Abbildung 7 zeigt einen Grund, warum sie versagt.

Menger war sechs Monate lang, von 1930 bis 1931, Gastdozent an der Harvard University, und der große Topologe Hassler Whitney besuchte seine Vorlesungen und machte einige Vorschläge zu dem Problem. Ein Jahr später hielt Whitney einen Vortrag, in dem er erwähnte, dass er die kürzeste Route zwischen den (damals) 48 Staaten von Amerika gefunden habe. Der Name «48-Staaten-Problem» kursierte eine Zeit lang, und niemand scheint genau zu wissen, wer den griffigeren Namen «TSP (Problem des Handlungsreisenden)» geprägt hat. Die erste bekannte gedruckte Quellenangabe unter Verwendung des TSP-Namens ist eine Arbeit von Julia Robinson aus dem Jahr 1949.

Menger arbeitete weiter am TSP und verwandten Themen. Im Jahr 1940 untersuchte László Fejes Tóth im Wesentlichen das gleiche Problem: Man finde den kürzesten Weg durch n Punkte im Einheitsquadrat. Samuel Verblunsky bewies 1951, dass die gesuchte Länge kleiner als $2 + \sqrt{2{,}8n}$ ist. Diverse Mathematiker haben etwas schärfere Sätze bewiesen, die zeigen, dass die minimale Länge über n Punkten in einem vorgegebenen Gebiet nie größer als ein konstantes Vielfaches der Quadratwurzel von n ist, wobei man immer kleinere Konstanten fand.

In den späten 1940er-Jahren war die RAND Corporation im kalifornischen Santa Monica eine der führenden Institutio-

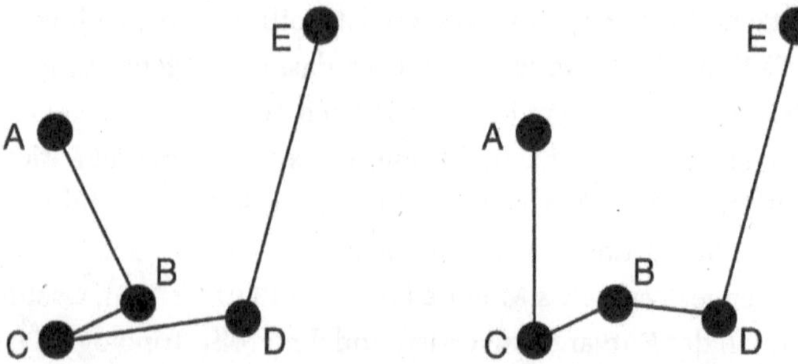

Abb. 7 Ein Beispiel, bei dem die Nächster-Nachbar-Heuristik versagt. Bewegt man sich, von A ausgehend, immer zur nächstgelegenen noch nicht besuchten Stadt, durchläuft man den Weg ABCDE **(links)**. Die **rechts** gezeigte Tour, ACBDE, ist aber kürzer.

nen in der Unternehmensplanung. Die Forscher bei RAND hatten sich sehr viel mit einer verwandten Fragestellung, dem Transportproblem, beschäftigt, und George Dantzig und Tjalling Koopmans warfen die Frage auf, ob ihre Arbeiten in dem heute Lineare Programmierung genannten Feld nicht relevant für TSP sein könnten. Die Lineare Programmierung ist ein leistungsfähiger und praktischer Rahmen für viele kombinatorische Optimierungsprobleme. Es handelt sich um eine Methode zur Maximierung gewisser Linearkombinationen von Variablen mit einschränkenden Bedingungen in Form von Ungleichungen, die verlangen, dass gewisse Linearkombinationen größer oder kleiner null sein sollten. Dantzig entwickelte den ersten praktikablen Algorithmus dafür, die Simplexmethode, die heute noch weit verbreitet in Gebrauch ist. Die Ungleichungen definieren ein vieldimensionales konvexes Polyhedron (Vielflächner), und der Algorithmus verschiebt einen Punkt längs derjenigen Kanten dieses Vielflächners, die die zu maximierende Größe vergrößern, so lange, bis es nicht mehr geht.

Der erste wirklich bedeutsame Fortschritt beim TSP machten die RAND-Forscher Dantzig, Delbert Fulkerson und Selmer Johnson mithilfe von Dantzigs Methode der Linearen Programmierung. Sie passten sie an das Problem an und führten systematische neue Methoden ein, insbesondere das «Schnittebenenverfahren». Das Ergebnis war eine untere Schranke für die optimale Länge der Reiseroute. Findet man eine Route, die nur ein kleines bisschen länger ist, ist man schon nah dran, und mit ein wenig ausgefuchstem Probieren kommt man vielleicht ganz zum Ziel. Dantzig, Fulkerson und Johnson erzielten mit diesen Ideen die erste Lösung eines TSP mit nennenswert vielen Städten, nämlich die Reise durch 49 Großstädte: eine in jedem der 48 US-Staaten plus Washington, D. C. Das ist vermutlich das Problem, welches Whitney in den 1930er-Jahren erwähnt hat, und exakt das Problem, das Robinson 1949 erwähnte.

* * *

Merrill Flood, ein Pionier der Industrieforschung, brachte 1956 Argumente dafür vor, dass TSP wahrscheinlich ein schwieriges Problem ist. Dies wirft eine zentrale Frage auf: Wie schwierig? Um dies zu beantworten, müssen wir uns P versus NP, diesen Millionen-Dollar-Maßstab in Sachen Komplexität, noch einmal näher ansehen. Es ist sehr wahrscheinlich, dass Floods Argumentation in hohem Maße zutrifft.

Mathematiker haben von jeher Wert auf die Praktikabilität ihrer Methoden zur Problemlösung gelegt; wenn es jedoch darauf ankommt, ist ihnen irgendeine Methode lieber als gar keine. Schon der Beweis, dass eine Lösung für einige Probleme überhaupt existiert, kann für theoretische Zwecke bereits einen großen Fortschritt bedeuten. Warum? Nun, wenn man nicht sicher sein kann, dass eine Lösung existiert, kann man viel Zeit mit der unnötigen Suche verschwenden.

Mein Lieblingsbeispiel ist eins, das ich «Mutter Mückes Zelt» nenne. Baby Mücke schwebt einen Meter, eine Meile (irgendetwas größer als null) über dem Boden. Mutter Mücke will ein Zelt über Baby Mücke bauen, das auf dem Boden steht, und sie möchte so wenig Material wie möglich verbrauchen. Welches Zelt hat die kleinste Fläche? Wenn man Baby Mücke durch einen einzigen Punkt modelliert, lautet die Antwort: So etwas gibt es nicht. Denn man kann über jeder Grundfläche, die größer als null ist, ein hohes, konisch zulaufendes Zelt bauen, aber ein Zelt mit Grundfläche null ist eine Linie, kein Zelt. Zu jedem Zelt gibt es also ein anderes, das die Bedingungen erfüllt, aber nur halb so viel Material verbraucht. Es gibt also keine kleinste Fläche.

Im Fall des TSP mit seiner endlichen Menge von Städten, wie auch immer sie arrangiert sind, existiert definitiv eine Lösung, denn es sind nur endlich viele Touren möglich. Damit ist garantiert, dass man keine Zeit damit verschwendet, den kürzesten Weg zu suchen, aber die Existenz einer Lösung verrät nicht, welches der kürzeste ist. Wenn man nach vergrabenen Schätzen sucht, nützt es nichts zu wissen, dass definitiv irgendwo einer liegt: Den ganzen Planeten umzugraben, ist nicht praktikabel.

Der Informatiker Donald Knuth hat schon vor einiger Zeit festgestellt, dass man in der Informatik mehr braucht als einen Beweis dafür, dass die Lösung existiert. Man muss sagen können, wie viel die Berechnung kostet. Nicht in Dollar und Cent, aber in Rechenaufwand. Der Teilbereich der Mathematik, der sich mit diesem Problem beschäftigt, ist die Komplexitätstheorie. In kürzester Zeit ist dabei aus ein paar einfachen Ideen eine hoch entwickelte Sammlung von Theoremen und Methoden geworden, und eine grundlegende Stoßrichtung ist, den Unterschied zwischen einer praktikablen Lösung und einer nicht praktikablen Lösung herauszuarbeiten.

Die Hauptfrage lautet: Wie schnell wächst die Laufzeit (gemessen als die Anzahl der Berechnungsschritte) in einer beliebigen Methode zur Berechnung der Lösung eines Problems mit der Größe der Datenmenge, die das Problem beschreibt? Um genau zu sein, wenn man n Bits (binäre Stellen) braucht, um das Problem zu spezifizieren, wie hängt dann die Laufzeit von n ab? Bei praktikablen Algorithmen wächst die Laufzeit tendenziell wie eine Potenz von n, sagen wir n^2 oder n^3. Man spricht dann von Algorithmen mit polynomieller Laufzeit, zusammengefasst als Klasse P. Bei unpraktikablen Algorithmen wächst die Laufzeit viel schneller, oft in exponentieller Zeit, wie 2^n oder 10^n. Der Algorithmus für das TSP «Probiere alle Touren aus» gehört dazu; er läuft in faktorieller Zeit $n!$, die schneller wächst als jede Exponentialfunktion. Dazwischen gibt es eine Grauzone, in der die Laufzeit schneller als jedes Polynom wächst, aber langsamer als exponentiell. Manchmal sind diese Algorithmen praktikabel, manchmal nicht. Für unsere Zwecke hier können wir streng sein und sie alle in einem Mülleimer mit der Aufschrift «Nicht-P» zusammenfassen.

Dies ist nicht dasselbe wie NP.

Dieses Akronym steht für eine viel feinsinnigere Idee: nichtdeterministische polynomielle Laufzeit. Das bezieht sich auf die Laufzeit eines Algorithmus, der entscheiden kann, ob eine vorgeschlagene Lösung wirklich korrekt ist. Man erinnere sich, dass eine Zahl *prim* heißt, wenn sie außer 1 und sich selbst keine weiteren Teiler hat; 2, 3, 5, 7, 11, 13 und so weiter sind also Primzahlen. Ansonsten heißen sie zusammengesetzt. 26 ist also zusammengesetzt, weil sie gleich 2 × 13 ist. 2 und 13 sind die Primfaktoren von 26. Nun nehmen Sie an, Sie wollten die Primfaktoren einer Zahl mit 200 Dezimalstellen finden. Nach einem Jahr fruchtloser Suche nach nur einem einzigen Primfaktor befragen Sie das Orakel von Delphi. Es verrät Ihnen, dass eine bestimmte große Zahl eine Lösung ist. Sie haben keine Idee, wo es das herhat (schließlich ist es ein Orakel mit wundertätigen göttlichen Kräften), aber Sie können nachrechnen, ob die vom Orakel gegebene Zahl tatsächlich Ihre Zahl teilt. Eine solche Berechnung ist wesentlich einfacher, als den Primfaktor selbst herauszufinden.

Angenommen, Sie können für jede vom Orakel verratene Lösung mittels eines Algorithmus mit polynomieller Laufzeit (P) herausfinden, ob sie stimmt. Dann gehört das eigentliche Problem zur Klasse NP – nichtdeterministisch polynomiell. Das Orakel hat die weitaus schwierigere Aufgabe, doch Sie können immer checken, ob es Ihnen die richtige Lösung verraten hat.

Es liegt auf der Hand, dass die Überprüfung einer vorgeschlagenen Antwort viel einfacher sein sollte, als sie zu finden. Überprüfung einer mit X markierten Stelle auf einen vergrabenen Schatz ist viel einfacher, als herauszufinden, wo X überhaupt liegt. Um ein Beispiel aus der Mathematik zu geben: Nahezu jeder glaubt, dass es viel schwieriger ist, die Primfaktoren einer Zahl zu finden als zu prüfen, dass eine gegebene Primzahl tatsächlich ein Faktor ist. Das Hauptindiz ist, dass man schnelle Algorithmen kennt, die jeden vorgeschlagenen

Faktor überprüfen, aber keine, die einen finden. Wäre P = NP, dann wäre es für jedes Problem mit einer schnell überprüfbaren Antwort möglich, auch die Antwort selbst schnell zu finden. Das klingt viel zu schön, um wahr zu sein, und die Erfahrung von Mathematikern bei der Lösung von Problemen besagt genau das Gegenteil. Deswegen ist nahezu jeder überzeugt, dass P ≠ NP.

Allerdings sind alle Versuche, das zu beweisen oder zu widerlegen, festgefahren. Um zu beweisen, dass ein Problem NP ist, muss man nur einen Algorithmus explizit angeben und seine Laufzeit berechnen; um aber zu beweisen, dass ein Problem *nicht* in P liegt, muss man *alle möglichen Lösungsalgorithmen* untersuchen und nachweisen, dass keiner zur Klasse P gehört. Wie soll man das bewerkstelligen? Niemand weiß es.

Eine merkwürdige Tatsache, die aus diesen Versuchen hervorgeht, ist, dass ungeheuer viele Probleme, die dafür infrage kommen, die gleiche Grundlage haben. Alle sind in NP. Und wenn man von einer bestimmten beweisen kann, dass sie nicht in P liegt, dann liegen auch die anderen nicht in P. Sie kommen zusammen durch oder gehen zusammen unter. Solche Probleme nennt man NP-vollständig. Eine verwandte, umfassendere Kategorie ist NP-hart (auch NP-schwer oder NP-schwierig genannt): Sie besteht aus Algorithmen, die die Lösung eines *beliebigen* NP-Problems in polynomieller Zeit simulieren können. Wenn es sich herausstellt, dass dieser Algorithmus polynomielle Laufzeit hat, ist damit automatisch bewiesen, dass dasselbe für jedes NP-Problem gilt. Im Jahr 1979 bewiesen Michael Garey und David Johnson, dass das TSP NP-hart ist.[22] Unter der Annahme, dass P ≠ NP, folgt daraus, dass jeder Lösungsalgorithmus für dieses Problem eine größere als polynomielle Laufzeit hat. Flood lag richtig.

* * *

Das ist noch kein Grund aufzugeben, denn es gibt zwei Wege, auf denen man möglicherweise weiterkommt.

Der eine, den ich sogleich erläutern werde, basiert auf Erfahrung mit praktischen Problemen. Wenn ein Problem Nicht-P ist, ist im schlimmsten Fall der Lösungsversuch hoffnungslos. Aber der schlimmste Fall ist oft sehr speziell und untypisch für Beispiele, denen man in der realen Welt begegnet. Also machten sich die Mathematiker in der Industrieforschung daran zu untersuchen, wie viele Städte sie bei konkreten Problemen bewältigen konnten. Dabei zeigte sich, dass Abwandlungen der Methode des Linearen Programmierens von Dantzig, Fulkerson und Johnson häufig erstaunlich gut funktionierten.

Im Jahr 1980 lag der Rekord bei 318 Städten; sieben Jahre später waren es schon 2392 Städte. Der Rekord stieg bis 1994 auf 7397 Städte, eine Lösung, die etwa drei Jahre Rechenzeit auf einem sehr leistungsstarken Computernetz verbrauchte. Mit einem Rechnerverbund von 110 Prozessoren erzielte man 2001 eine exakte Lösung für 15 112 deutsche Städte. Auf einem normalen PC hätte diese Berechnung zwanzig Jahre gedauert. Im Jahr 2004 wurde das TSP für eine Rundreise durch alle 24 978 schwedischen Städte gelöst. Ein Jahr später löste der Concorde TSP Solver das TSP für 33 810 Punkte auf einer gedruckten Schaltung. Rekordmarken zu setzen, ist aber nicht der einzige Grund für diese Art Forschung: Die Methoden, mit denen man sie erzielt, funktionieren tatsächlich sehr schnell bei kleineren Problemstellungen. Bis zu hundert Städte lassen sich in der Regel in wenigen Minuten lösen und bis zu tausend in ein paar Stunden, und das auf einem gängigen PC.

Auf dem anderen Weg gibt man sich mit weniger zufrieden:

mit einer Lösung, die nicht allzu weit von der bestmöglichen entfernt liegt, aber leichter zu ermitteln ist. In manchen Fällen gelingt das mithilfe einer verblüffenden Entdeckung aus dem Jahr 1890, und zwar auf einem Feld der Mathematik, das damals noch so neu war, dass viele führende Mathematiker der Zeit keinen Nutzen darin erkennen konnten und häufig sogar den Lösungen nicht vertrauten, die andere visionärere Mathematiker mit der Zeit fanden. Schlimmer noch, erschienen die Probleme, die sie behandelten, «Mathematik um ihrer selbst willen» zu sein, die keinerlei erkennbaren Bezug zu irgendetwas in der realen Welt hatten. Man hielt die Resultate vielfach für hochgradig künstlich, und die neuen geometrischen Formen, die diese Visionäre entwickelten, nannte man «pathologisch». Viele meinten, dass diese Resultate, selbst wenn sie richtig wären, die Mathematik kein bisschen weiterbrächten; man warf dem Fortschritt nur immer neue Hindernisse in den Weg und erging sich in selbstgerechter logischer Erbsenzählerei.

* * *

Eine Methode zum Auffinden guter, wenn auch noch nicht optimaler Lösungen zum TSP ging aus einem dieser albernen Hindernisse hervor. Die Mathematik befand sich um 1900 für einige Jahrzehnte in einer Phase des Umbruchs. Der frühe Freibeutergeist gewagter Fortschritte, bei denen man unangenehme / störende Details nicht ernst nahm, hatte sich gerade überlebt, und seine Missachtung grundlegender Fragen wie «Worüber reden wir hier eigentlich?» oder «Ist das wirklich so offensichtlich, wie wir alle meinen?» schuf Verwirrung und Ratlosigkeit, wo eigentlich Klarheit und Einsicht hätten herrschen sollen. Zweifel über fortgeschrittene Felder wie die Analysis, in der Mathematiker in fröhlicher Unbekümmertheit mit unendlichen Prozessen um sich geworfen hatten, fanden langsam ihren Weg zurück aus dem Esoterischen zum Allgemeingut. Statt Zweifel an Integralen über komplizierten Funktionen wie dem komplexen Logarithmus zu hegen, fragten sich die Leute, was eine Funktion überhaupt sei. Statt eine Kurve als stetig zu definieren, wenn man sie «ohne Absetzen aus der freien Hand zeichnen» konnte, suchte man größere Genauigkeit und fand, dass es daran mangelte. Selbst die Natur von etwas so Grundlegendem und Offensichtlichem wie einer Zahl erwies sich plötzlich als schwer fassbar. Und es ging gar nicht so sehr um die neuartigen Zahlenkonstruktionen wie die komplexen Zahlen: nein, es ging um die guten alten Zahlen 1, 2, 3. Die Hauptströmung der Mathematik entwickelte sich einfach weiter und setzte dabei still voraus, dass derartige Fragen letztlich geklärt würden und damit alles gut wäre. Die logischen Grundlagen könnte man ruhig den Haarspaltern und Pedanten überlassen. Und dennoch, allmählich kristallisierte sich ein allgemeines Gefühl des Unbehagens heraus, dass dieser anmaßende Umgang mit der Sache nicht mehr lange weitergehen könnte.

Richtig schief lief es schließlich, als die draufgängerischen Methoden zu Antworten führten, die einander widersprachen. Sätze, die man lange nicht angezweifelt hatte, erwiesen sich nun unter außergewöhnlichen, in der Regel ziemlich merkwürdigen Umständen als falsch. Ein Integral, das man auf zwei verschiedene Weisen berechnete, lieferte zwei unterschiedliche Ergebnisse. Eine Reihe, deren Konvergenz für alle Werte der Variablen man angenommen hatte, divergierte nun für manche Werte. Es war nicht ganz so übel wie herauszubekommen, dass 2 + 2 gelegentlich 5 ergab, aber es ließ manche Leute doch fragen, was denn 2 und 5 eigentlich bedeuteten, ganz zu schweigen von + und =.

So arbeiteten sich einige wenige Erbsenzähler, von der Mehrheit der Neinsager nicht abgeschreckt – jedenfalls nicht so sehr, dass sie ihre Meinung geändert hätten –, durch das Gebäude der Mathematik, in luftigen Höhen beginnend bis hinunter ins Souterrain, suchten nach tragfähigem Boden und bauten das Gebäude allmählich von unten nach oben neu auf.

Wie bei allen Renovierungen unterschied sich das Ergebnis vom ursprünglichen Gebäude auf subtile, aber verstörende Weise. So offenbarte der Begriff der Kurve, seit der griechischen Antike nicht hinterfragt, ungeahnte Tiefen. Die üblichen Beispiele – die Kreise, Ellipsen und Parabeln von Euklid und Eratosthenes, die Quadratrix zur Dreiteilung von Winkeln und der Quadratur von Kreisen, die Lemniskate in Form einer Acht des Neoplatonisten Proclus, die Ovale des Giovanni Domenico Cassini, die Zykloiden und ihre komplizierteren Abarten wie Ole Rømers Hypo- und Hyperzykloiden – sie alle waren faszinierend und hatten zu bemerkenswerten Fortschritten geführt. Doch genauso wie Haustiere einen irreführenden Eindruck von der Fauna in den Regenwälder und Wüsten der Erde vermitteln, erwiesen sich diese Kurven als viel zu zahm, als dass sie die wilden Kreaturen hätten repräsentieren können, die im mathematischen Dschungel unterwegs waren. Als Beispiele für die potenzielle Komplexität stetiger Kurven waren sie zu simpel und zu harmlos.

Eine der ganz grundlegenden Eigenschaften von Kurven, die so offensichtlich ist, dass niemand sie infrage stellte, ist, dass sie *dünn* sind. Schon Euklid schrieb in seinen *Elementen*: «Was keine Dicke hat, ist eine Linie». Der Flächeninhalt einer

Linie – nur der Linie, nicht das, was sie umschließt – ist offensichtlich null. Doch schon 1890 konstruierte Giuseppe Peano eine stetige Kurve, die das Innere eines Quadrats ausfüllte.[23] Sie windet sich nicht einfach in einer komplizierten Weise durch das Quadrat, sodass sie jedem Punkt nahe kommt: Sie geht durch *jeden* Punkt des Quadrats, trifft ihn exakt. Peanos Kurve hat tatsächlich «keine Dicke», in dem Sinne, dass man sie mit einem Bleistift zeichnen kann, dessen Spitze ein geometrischer Punkt ist, und doch windet sich diese Linie in einer äußerst verschlungenen Weise durch Regionen, die sie mehrfach durchläuft. Peano bemerkte, dass sie das ganze Quadrat ausfüllen würde, wenn man sie auf eine sorgfältig kontrollierte Weise unendlich verschlungen machen würde. Insbesondere ist der Flächeninhalt der Kurve dann genau der Flächeninhalt des Quadrats – also nicht null.

Für die naive Intuition war das ein Schock. Damals nannte man solche Kurven «pathologisch», und viele Mathematiker reagierten darauf, wie man üblicherweise auf Pathologisches reagiert – mit Angst und Abscheu. Erst später gewöhnte sich die Profession daran und nahm die Lehre auf, die sie vermittelt. Heute erscheint uns die Peano-Kurve als frühes Beispiel fraktaler Geometrie, und wir erkennen an, dass Fraktale keineswegs ungewöhnlich oder pathologisch sind. Sie gehören zum Alltag auch der Mathematik, und in der realen Welt stellen sie hervorragende Modelle für komplexe natürliche Strukturen dar, zum Beispiel Wolken, Berge und Küstenlinien.

Die Pioniere dieses neuen Zeitalters der Mathematik nahmen antike intuitive Konzepte wie Stetigkeit und Dimension unter die Lupe und stellten schwierige Fragen. Statt sich mit den üblichen Tricks aus einfacheren Gebieten der Mathematik zu begnügen, fragten diese Pioniere, ob solche Tricks in ausreichender Allgemeinheit funktionierten und, wenn ja, *warum*. Oder, falls sie versagten, was schiefging. Dieser kritische Ansatz ärgerte viele Mainstream-Mathematiker, die ihn als destruktive Kritik um ihrer selbst willen ansahen. «Mit Entsetzen und Schrecken wende ich mich ab von dieser beklagenswerten Plage der stetigen Funktionen, die gar keine Ableitungen haben ...», schrieb Charles Hermite 1893 an seinen Freund Thomas Stieltjes.

Die Traditionalisten wollten viel lieber die Grenzen nach außen verschieben, indem sie voraussetzten, dass im logischen Kerngebiet alles in Ordnung sei; doch der neue Skeptizismus mit seiner Flut bizarrer Herausforderungen für die Intuition war eine notwendige Reaktion auf diese Naivität. Um 1930 wurde der Wert dieses rigoroseren Zugangs langsam deutlicher; bis 1960 hatte er beinahe vollständig die Oberhand gewonnen. Man könnte ganze Bücher über diesen Zeitraum der Entwicklung unseres Fachs schreiben, und einige Autoren haben das auch getan. Ich will mich hier auf ein Teilthema beschränken: stetige Kurven und das Konzept der Dimension.

* * *

Das Konzept einer Kurve hat wahrscheinlich seinen Ursprung bei der Spur, die ein Urmensch mit einem Stock in den Sand kratzte. Die heutige Begriffsbildung nahm allmählich Gestalt an mit der Anwendung von Logik auf die Geometrie im alten Griechenland und der Feststellung Euklids, dass ein Punkt keine Ausdehnung und eine Linie keine Dicke hat. Eine Kurve ist eine Linie, die nicht gerade sein muss; das einfachste Beispiel wäre ein Kreis oder ein Kreisbogen. Die alten Griechen untersuchten eine Anzahl verschiedener Kurven genauer – etwa die bereits erwähnte Ellipse, die Quadratrix und die Zykloide. Sie betrachteten nur bestimmte Beispiele, aber es war «irgendwie offensichtlich», was die allgemeine Idee dahinter war.

Nach der Einführung der Differentialrechnung traten zwei Eigenschaften von Kurven in den Vordergrund. Da war einmal die Stetigkeit: Eine Kurve ist stetig, wenn sie nirgends abbricht. Zum Zweiten, schon etwas diffiziler, gab es die Differenzierbarkeit: Eine Kurve heißt differenzierbar, wenn sie keine Knicke hat. Die Integralrechnung funktioniert am besten bei stetigen, die Differentialrechnung am besten bei differenzierbaren Kurven. (Ich bin hier bewusst *sehr* locker, um die Geschichte lesbar zu machen, aber ich kann behaupten, der Wahrheit näher zu sein als Fake News.) Tatsächlich war es nicht ganz so einfach: Man musste natürlich «Abbruch» und «Knick» *ganz genau* definieren. Oder noch spitzfindiger: Jede denkbare Definition musste sich für mathematische Untersuchungen in mathematischen Begriffen eignen. Sie mussten *brauchbar* sein. Solche Feinheiten verwirren nach wie vor Mathematikstudenten, wenn sie ihnen erstmals begegnen; deshalb will ich sie Ihnen ersparen.

Das zweite wichtige Konzept war das der Dimension. Wir haben alle gelernt, dass der Raum drei Dimensionen hat, eine Ebene zwei und eine Linie eine. Wir gehen nicht an diese Vorstellung heran, indem wir das Wort «Dimension» definieren und dann zählen, wie viel davon der Raum oder eine Ebene haben. Nicht wirklich. Stattdessen schreiben wir dem Raum drei Dimensionen zu, weil man die Position eines beliebigen Punktes im Raum mit exakt drei Zahlen festlegen kann. Man wählt einen bestimmten Punkt, den Ursprung und drei Richtungen aus: Nord-Süd, Ost-West und Oben-Unten. Dann müssen wir nur noch messen, wie weit der gewählte Punkt in jeder der drei Richtungen vom Ursprung entfernt ist. Damit erhalten wir drei Zahlen (die *Koordinaten* relativ zu den gewählten Richtungen), und jeder Punkt im Raum entspricht eindeutig einem solchen Zahlentripel. Ganz ähnlich hat eine Ebene zwei Dimensionen, weil wir auf eine Zahl, sagen wir die Oben-Unten-Zahl, verzichten können. Und eine Linie hat eben eine Dimension.

All dies erscheint ziemlich einfach, bis man beginnt, darüber nachzudenken. Im vorigen Absatz setzen wir voraus, dass die bewusste Ebene horizontal liegt, weswegen auf Oben-Unten verzichtet werden kann. Doch was ist, wenn die Ebene an einem Hang liegt? Dann spielt Oben-Unten eine Rolle. Es stellt sich jedoch heraus, dass die Oben-Unten-Koordinate immer durch die beiden anderen Zahlen festgelegt ist (vorausgesetzt, man kennt die Steigung der Schräge). Es zählt also nicht die Anzahl der Richtungen, längs der man die Koordinaten misst, es zählt die Anzahl der *unabhängigen* Richtungen. Also Richtungen, die keine Kombinationen von anderen Richtungen sind.

Nun wird es schon etwas schwieriger, weil wir nicht mehr einfach nur Koordinaten zählen können. Es geht eher um die kleinste Anzahl an Koordinaten, mit denen man auskommt. Daran schließt sich eine weitere, tiefer liegende Frage an: Woher weiß man, dass Zwei tatsächlich die kleinste Zahl ist, die für eine Ebene ausreicht? Es könnte stimmen – und falls nicht, braucht es eine bessere Definition –, aber es ist keineswegs offensichtlich. Nun sind alle Dämme gebrochen. Woher weiß man, dass Drei die kleinste Zahl für den Raum ist, die funktioniert? Woher weiß man, dass jede *beliebige* Wahl unabhängiger Richtungen immer zu drei Zahlen führt? Wie können wir dann sicher sein, dass drei Zahlen ausreichen?

Diese dritte Frage gehört eigentlich in die Experimentalphysik und führt über Einstein und seine Allgemeine Relativitätstheorie zu dem Vorschlag, dass der physikalische Raum tatsächlich nicht der flache dreidimensionale Euklidische Raum ist, sondern eine gekrümmte Abart davon. Falls die String-Theoretiker recht haben, hat die Raumzeit sogar zehn oder elf Dimensionen, von denen außer vieren entweder alle zu klein sind, um sie wahrzunehmen, oder eben unzugänglich. Die beiden ersten Fragen lassen sich zur Zufriedenheit lösen, wenn auch nicht auf die Schnelle, indem man den dreidimensionalen Euklidischen Raum mithilfe eines Koordinatensystems mit drei Zahlen definiert und dann eine fünf- oder sechswöchige Vorlesung über Vektorräume an der Uni absolviert, bis man beweisen kann, dass die Dimension eines Vektorraums eindeutig ist.

Eingebaut in diesen Zugang über Vektorräume ist die Vorstellung, dass unser Koordinatensystem auf Geraden basiert und der Raum flach ist. Man spricht tatsächlich auch von «linearer Algebra». Aber was passiert, wenn wir zu salopp Einstein folgen und dem Koordinatensystem Krümmung erlauben? Nun, wenn es differenzierbar gekrümmt ist (man spricht dann klassisch von «krummlinigen Koordinaten»), ist alles gut. Wie aber 1890 der italienische Mathematiker Giuseppe Peano herausfand, kann ein zweidimensionaler Raum durchaus ein Koordinatensystem mit nur *einer* Koordinate haben, wenn man nur wild gekrümmte Koordinaten – so wild, dass sie nicht mehr differenzierbar, aber noch stetig sind – zulässt. Vergleichbares gilt auch für einen dreidimensionalen Raum. In diesem allgemeineren, flexibleren Ansatz wird «die» Anzahl von Dimensionen auf einmal veränderlich.

Eine Antwort auf diese merkwürdige Entdeckung besteht

darin, sie zu ignorieren; ganz offenbar muss man differenzierbare Koordinaten benutzen oder etwas in der Art. Es stellte sich hingegen als wesentlich kreativer heraus, und auch nutzbringender und nicht zuletzt auch *unterhaltsamer*, diese Verrücktheit freudig anzunehmen und zu schauen, was dabei herauskommt. Die Traditionalisten waren in ihrer Kritik ziemlich puritanisch und wollten der jüngeren Generation offenbar den Spaß nicht gönnen.

* * *

Zurück zum Wesentlichen. Was Peano entdeckte – oder besser: konstruierte –, war eine stetige Kurve, die jeden Punkt eines Quadrats durchlief. Nicht nur einfach seine Umrandung, das ist einfach, nein, auch das gesamte Innere des Quadrats. Die Kurve muss auch jeden Punkt genau treffen, ihm nicht nur einfach nahe kommen.

Angenommen, solch eine Kurve existiert. Dann muss sie eine Art verschlungene Linie sein, die ihr eigenes, inneres Koordinatensystem mitführt – wie weit man auf der Linie entlanglaufen soll. Das ist eine einzige Zahl. Also ist die Kurve eindimensional. Wenn diese verwickelte Linie andererseits jeden Punkt eines vollen Quadrats durchläuft, das ja zweidimensional ist, haben wir es damit geschafft, jeden Punkt dieses Quadrats mithilfe einer einzigen stetig veränderlichen Zahl zu spezifizieren. Also ist das Quadrat eigentlich eindimensional!

Gewöhnlich vermeide ich Ausrufezeichen in meinen Texten, aber diese Entdeckung verdient eines. Es ist verrückt. Und zugleich wahr.

Peano hatte die erste «raumfüllende Kurve» gefunden, wie man heute sagt. Ihre Existenz beruht auf der subtilen, aber wichtigen Unterscheidung zwischen stetig differenzierbaren und stetigen Kurven. Stetige Kurven können verwickelt sein, stetig differenzierbare nicht. Jedenfalls nicht *derart* verwickelt.

Peano war genau der Richtige, diese Kurve zu konstruieren. Er liebte logische Haarspaltereien. Er hat auch als Erster exakte Axiome für die natürlichen Zahlen formuliert – eine schlichte Liste von Eigenschaften, die dieses System genau beschreiben. Seine raumfüllende Kurve erfand er nicht aus reiner Spielfreude: Er setzte nur die Schlusspunkte unter die Arbeit eines verwandten Geistes, der ebenfalls großes Interesse für die Natur der natürlichen Zahlen und das Zählen hatte. Sein Name war Georg Cantor, und sein eigentliches Interesse galt der Unendlichkeit. Die meisten führenden Mathematiker seiner Zeit lehnten Cantors radikale und brillante Ideen ab, was ihn zur Verzweiflung trieb. Diese Ablehnung war wahrscheinlich nicht die Ursache seiner späteren psychischen Erkrankung, aber seine Situation verbessert hat sie sicher auch nicht. Zu den wenigen Spitzenmathematikern, die zu schätzen wussten, was Cantor versuchte, gehörte jemand, der Maßstäbe für mathematische Topleistungen setzte: David Hilbert. Vielleicht war Hilbert der führende Mathematiker seiner Zeit, und mit fortgeschrittenem Alter wurde er einer der Pioniere in mathematischer Logik und den Grundlagen seines Fachs. Mag sein, dass er in Cantor einen Verwandten im Geiste erkannte.

Wie auch immer, es begann alles mit Cantor und seiner Einführung der transfiniten Kardinalzahlen – wie man die Anzahl der Elemente einer unendlichen Menge zählt. Berühmt ist sein Beweis, dass manche Unendlichkeiten größer sind als andere. Genauer gesagt, gibt es keine eineindeutige Beziehung zwischen den natürlichen und den reellen Zahlen. Bei der Suche nach einer transfiniten Zahl, die größer als die der reellen Zahlen wäre, kam er zwischenzeitlich zu der Überzeugung, dass die Kardinalzahl der Ebene größer sein müsse als die einer Linie. Im Jahr 1874 schrieb er an Richard Dedekind:

«Lässt sich eine Fläche (etwa ein Quadrat mit Einschluss der Begrenzung) eindeutig auf eine Linie (etwa eine gerade Strecke mit Einschluss der Endpunkte) eindeutig beziehen, sodass zu jedem Punkte der Fläche ein Punkt der Linie und umgekehrt zu jedem Punkte der Linie ein Punkt der Fläche gehört? Mir will es im Augenblick noch scheinen, dass die Beantwortung dieser Fragen, obgleich man auch hier zum Nein sich so gedrängt sieht, dass man den Beweis dazu fast für überflüssig halten möchte, große Schwierigkeiten hat.»

Drei Jahre später schrieb er erneut, um mitzuteilen, dass er falschlag. Sehr falsch. Er hatte eine eineindeutige Entsprechung zwischen den Punkten des Einheitsintervalls und denen eines n-dimensionalen Raumes für beliebiges endliches n gefunden. Das heißt, eine Möglichkeit, jedes Element der einen Menge mit exakt einem Element der anderen Menge zu paaren. «Ich sehe es», schreibt Cantor, «aber ich glaube es nicht!»

Die Schlüsselidee ist einfach: Je zwei Punkte im Einheitsintervall (Zahlen zwischen 0 und 1) kann man als Dezimalzahlen der Form

$$x = 0{,}x_1x_2x_3x_4 \ldots$$
$$y = 0{,}y_1y_2y_3y_4 \ldots$$

schreiben; nun ordnet man diesem Paar einen Punkt des Einheitsintervalls mit der Dezimaldarstellung

$$0{,}x_1y_1x_2y_2x_3y_3x_4y_4\ldots$$

zu, indem man die Dezimalstellen wie beim Mischen eines Kartenspiels abwechselnd ineinanderschiebt.[24] Der Hauptunterschied besteht darin, dass Cantors Kartenspiel unendlich ist. Wenn man aber zwei unendliche Packen Karten miteinander mischt, bekommt man *einen* unendlichen Packen. Auf diese Weise konnte Cantor aus zwei Koordinaten eine machen. Um dasselbe mit drei Dimensionen zu bewerkstelligen, nimmt man drei Packen und so weiter.

Einige dieser Resultate veröffentlichte Cantor 1878. Er untersuchte darin abzählbare Mengen, die man eineindeutig mit den natürlichen Zahlen in Beziehung setzen kann, sowie Mengen, die sich untereinander eineindeutig entsprechen. Ihm wurde dabei auch klar, dass diese Eins-zu-eins-Beziehung zwischen dem Einheitsintervall und dem Einheitsquadrat nicht dimensionserhaltend ist – aus einer Dimension werden zwei –, und, was für unsere Geschichte ganz wichtig ist, er hob hervor, dass die Beziehung, die er konstruiert hatte, nicht stetig ist. Das heißt, Punkte, die im Einheitsintervall nahe beieinanderliegen, müssen im Einheitsquadrat keineswegs nahe beieinanderliegen,

Cantors Ideen wurden kontrovers diskutiert: Einige bedeutende Mathematiker hielten sie für Unsinn, wahrscheinlich, weil sie so originell waren und es viel Aufgeschlossenheit erforderte, sie würdigen zu können. Andere wiederum, insbesondere Hilbert, bezeichneten dieses neue Feld, das Cantor aufgetan hatte, als «Paradies». Die volle Würdigung erfuhr Cantors Werk erst nach seinem Tod.

* * *

Im Jahr 1879 beantwortete Eugen Netto[25] eine auf der Hand liegende Frage, indem er nachwies, dass keine stetige Entsprechung zwischen dem Einheitsintervall und dem Einheitsquadrat existieren kann, ein Nachweis, der trickreicher ist, als es erscheinen mag. Der wichtigste Durchbruch aber kam 1890, als Peano mit seiner raumfüllenden Kurve für Aufruhr sorgte, indem er nachwies, dass unsere vorgefasste Vorstellung einer stetigen Kurve komplett in die Irre führen kann.

In Peanos Arbeit gibt es keine Abbildungen. Er definiert die Kurve mithilfe von Darstellungen der Punkte im Intervall durch Zahlen zur Basis drei, und seine Konstruktion ist äquivalent zu der geometrischen Darstellung im linken Teil der folgenden Abbildung 8.[26] Hilbert publizierte 1891 ein weiteres Beispiel für eine raumfüllende Kurve, bildhaft dargestellt im rechten Teil der Abbildung. Beide Konstruktionen sind ziemlich kompliziert: Die Bilder zeigen ein frühes Stadium eines rekursiven Prozesses, bei dem einfache Streckenzüge durch immer kompliziertere ersetzt werden. Seitdem sind noch viele weitere raumfüllende Kurven gefunden worden.

Anwendung finden raumfüllende Kurven in der Informatik, wie zum Beispiel bei Speicherung und Abruf vieldimensionaler Daten.[27] Die grundlegende Idee dahinter ist, dass man eine mehrdimensionale Anordnung durchlaufen kann, indem man einer genäherten raumfüllenden Kurve folgt, wodurch das Problem auf eine Dimension reduziert wird. Eine weitere Anwendung führt auf eine Haurucklösung des TSP. Dabei besteht die Idee darin, eine Näherungslösung für eine raumfüllende Kurve durch eine Region zu führen, die die Städte enthält, die Städte der Reihe nach auf der Kurve anzuordnen und sie dann in dieser Reihenfolge aufzusuchen, wobei man die jeweils kürzeste Verbindung zwischen ihnen wählt. Dabei

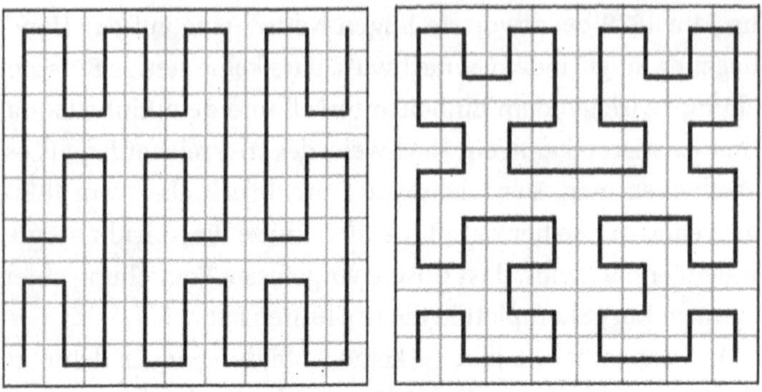

Abb. 8 Links: Frühes Stadium einer geometrischen Interpretation von Peanos raumfüllender Kurve. **Rechts:** Frühes Stadium einer raumfüllenden Kurve, wie sie Hilbert konstruiert hat.

kommt ein Lösungsweg heraus, der in der Regel nicht mehr als 25 Prozent von der optimalen Lösung abweicht.[28]

Welche Formen kann eine Kurve noch füllen? Hilberts Konstruktion lässt sich auf drei Dimensionen erweitern; dabei entsteht eine Kurve, die einen Würfel ausfüllt. Kurven können auch Hyperwürfel beliebiger Dimension ausfüllen. Das letzte Wort ist mit einem Satz von Hans Hahn und Stefan Mazurkiewicz gesprochen, in dem die topologischen Räume, die sich durch Kurven ausfüllen lassen, vollständig charakterisiert werden.[29] Es stellt sich heraus, dass sich nahezu alles dazu eignet, vorausgesetzt, es handelt sich um kompakte Räume (mit endlicher Ausdehnung) und solche, die ein paar beweistechnische Anforderungen erfüllen, die nötig sind, um völlig unsinnige Räume auszuschließen.

* * *

Beim Problem des Handlungsreisenden ist das letzte Wort vielleicht noch nicht gesprochen. Sanjeev Arora und Mitarbeiter[30] fanden 1992 heraus, dass die Komplexitätsklasse NP («leicht nachprüfbar») eine merkwürdige Eigenschaft hat, die daran zweifeln lässt, man könnte Lösungen aus der Klasse P («leicht zu berechnen») finden, die gute Näherungen darstellen. Sie bewiesen, dass es im Fall von P≠NP und ab einer bestimmten Problemgröße nicht einfacher ist, gute Näherungen zu finden, als die richtige Lösung zu berechnen. Der einzige Ausweg aus dieser Schlussfolgerung wäre P = NP, was eine Million Dollar Gewinn bringt, aber vorerst rein hypothetisch bleibt.

Ihre Arbeit hat mit einer wirklich bemerkenswerten Idee zu tun: transparente Beweise. Beweise sind die Essenz echter Mathematik. In den meisten Naturwissenschaften kann man Theorien mithilfe von Beobachtungen oder Experimenten überprüfen. Die Mathematik kennt diesen Luxus nicht, hat aber dennoch eine Möglichkeit, ihre Resultate zu überprüfen. Erstens muss ein logischer Beweis vorliegen. Zweitens muss dieser Beweis überprüft werden, um Fehler oder Schlupflöcher auszuschließen. Dieses Ideal ist schwierig umzusetzen, und meistens tun Mathematiker das auch nicht, aber es ist das Ziel. Alles, was einer Überprüfung nicht standhält, wird sogleich als «falsch» gekennzeichnet, obwohl es sich durchaus als nützlicher Schritt auf dem Weg zu einem korrekten Beweis erweisen kann. Von Euklid bis heute haben Mathematiker daher viel Zeit damit verbracht, Beweise, seien es eigene oder die von anderen, auf der Suche nach Übereinstimmung und Ungereimtheiten Zeile für Zeile sorgfältig durchzugehen.

In neuerer Zeit hat sich ein anderer Weg, Beweise auf Richtigkeit zu prüfen, aufgetan: durch Computer. Dazu muss man Beweise in einer Sprache formulieren, die Computer algorithmisch bearbeiten können. Das funktioniert und hat auch beachtliche Erfolge bei einigen der schwierigsten Beweise in Zeitschriften gezeitigt, doch bislang hat dies die traditionellen Methoden noch nicht verdrängen können. Als Nebeneffekt dieses Ansatzes entstand ein neuerlicher Fokus auf die computerfreundliche Formulierung von Beweisen, die sich häufig von den Darstellungen, die Menschen gefallen, stark unterscheidet. Computer haben nichts dagegen, dieselben Vorgänge millionenfach zu wiederholen oder zwei Zeichenketten mit Tausenden Bits zu vergleichen, um sicherzustellen, dass sie identisch sind. Sie machen mit ihrer Aufgabe einfach immer weiter.

Mathematiker mögen am liebsten Beweise, die eine Geschichte mit Anfang, Mittelteil und Ende erzählen, die eine überzeugende Dramaturgie haben, die sie vom Anfang, den Voraussetzungen des Satzes, zu seinen Schlussfolgerungen führt. Ein Narrativ ist wichtiger als kleinkrämerische Logik. Die Ziele müssen klar, knapp und vor allem überzeugend sein. Mathematiker sind bekanntermaßen notorische Zweifler.

Informatiker, die an maschinengestützten Beweisen forschten, schlugen einen völlig anderen Weg vor: interaktive Beweise. Statt einen Beweis als Geschichte zu präsentieren, die von einem Mathematiker für andere geschrieben war, machten sie den Beweis zur Debatte. Ein Mathematiker, üblicherweise Pat genannt, versucht Vanna zu überzeugen, dass sein Beweis korrekt ist (Pat und Vanna waren bekannte amerikanische TV-Moderatoren der Sendung *Das Glücksrad*). Oft heißt es nur P und V, für Prover (Beweisführer) und Verifier (Prüfer); Vanna will Pat überzeugen, dass er falschliegt. Sie stellen sich fortlaufend Fragen und beantworten sie, bis einer von ihnen aufgibt. Es ähnelt einem Schachspiel, bei dem Pat «Matt in vier Zügen» ansagt und Vanna das bezweifelt. Also macht Pat seinen ersten Zug. Vanna hält mit einem anderen Zug dagegen, und Pat zieht wieder. Dieses Hin und Her geht so lange weiter, bis Vanna verliert. Nun geht sie Schritt für Schritt zurück. «Nimm an, ich hätte nicht diesen letzten Zug gemacht, sondern stattdessen *diesen*.» Dann macht Pat einen anderen Zug, und wieder Schachmatt. Und so fort, bis Vanna alle möglichen Entgegnungen auf Pats Züge ausgeschöpft hat und Pat gewinnt, oder bis er gezwungen ist zuzugeben, dass es doch kein Schachmatt in vier Zügen war. Nach meiner Erfahrung ist es genau das, was echte Mathematiker tun, wenn sie zusammen an einem Forschungsprojekt arbeiten, und das kann ziemlich hitzig werden. Die Erzählversion ist nur die Endfassung, die man im Seminar vorträgt.

László Babai und andere erweiterten diese Art der argumentativen Beweistechnik auf die Form des transparenten Beweises, wobei sie von Instrumenten wie Polynomen über endlichen Körpern und fehlerkorrigierenden Codes Gebrauch machten.[31] Als diese Methoden erst einmal etabliert waren, stellte sich heraus, dass Computer eine Eigenschaft nutzen können, die von Klarheit und Präzision gemieden wird: Redundanz. Man kann eine logische Beweisführung auf eine Weise umschreiben, die sie zwar wesentlich länger macht, aber auch zur Folge hat, dass ein etwaiger Fehler sich nahezu überall zeigt. Jeder logische Schritt wird quasi über den ganzen Beweis in verwandten Fast-Kopien verteilt. Es ähnelt einem Hologramm, bei dem ein Bild so umgeformt wird, dass man es aus jeder beliebig herausgegriffenen kleinen Teilmenge der Bilddaten rekonstruieren kann. Auf diese Weise lässt sich ein Beweis mithilfe einer kleinen zufälligen Stichprobe überprüfen. Jeder Fehler wird sich nahezu sicher in dieser Teilprobe zeigen. Damit hat man einen transparenten Beweis. Der Satz über die Nichtexistenz von Näherungslösungen, die zur Klasse P gehören, folgt daraus.

***

Nun zurück zu der Tauben-Veröffentlichung von Gibson, Wilkinson und Kelly in *Animal Cognition*. Sie beginnt mit der Bemerkung, das TSP sei jüngst benutzt worden, um Aspekte der Wahrnehmung bei Menschen und anderen Tieren, insbesondere, was die Vorausplanung von Handlungen angeht, zu untersuchen. Es blieb jedoch unklar, ob diese Fähigkeit auf Primaten beschränkt war. Können auch andere Tiere vorausplanen, oder folgen sie nur im Lauf der Evolution entwickelten Regeln? Die Forscher beschlossen, Tauben in Laborversuchen zu untersuchen, in denen ihnen einfache TSPs mit nur zwei oder drei Zielen – Futterspendern – präsentiert wurden. Die Tauben starten an einem Anfangsort, suchen die Futterspender in einer gewissen Reihenfolge auf und fliegen weiter zu einem Zielort. Das Team kam zu dem Schluss, dass «die Tauben die Entfernung zum nächsten Ziel stark gewichteten, jedoch anscheinend auch mehrere Schritte vorausplanten, wenn die Wegekosten für ineffizientes Verhalten offenbar zunahmen. Diese Resultate sind starke Indizien dafür, dass nicht nur Primaten in der Lage sind, ausgefeilte Routen zu planen.»

Die Forscher erklärten den Zusammenhang zu der Taube, die den Bus steuert, in einem Interview. Sie schlugen vor, dass der Busfahrer aus zwei Gründen ablehnen könnte: ganz offensichtlich aus Sicherheitsgründen, oder aber der Sorge, die Taube könnte nicht der Route folgen, bei der Passagiere auf dem Weg durch die Stadt effizient aufgelesen werden. Wie der Titel der Veröffentlichung schon verrät, kam das Team aufgrund seiner Experimente zu dem Schluss, dass die zweite Sorge unberechtigt sei.

Lasst die Taube ruhig den Bus fahren.

* * *

Wenn Regierungen und Autohersteller so weitermachen wie bisher, wird schon bald weder ein Busfahrer noch eine Taube Busse steuern. Wir betreten die schöne, neue Welt des autonomen Fahrens.

Vielleicht aber auch nicht.

Die größte Schwierigkeit bei autonomem Fahren besteht darin sicherzustellen, dass die Fahrzeuge ihre Umgebung richtig erkennen. Sie mit eigenen «Augen» auszustatten, ist einfach, denn kleine Kameras mit hoher Auflösung werden mittlerweile milliardenfach produziert. Doch Sehen braucht neben Augen auch Gehirn, weswegen Pkws, Lkws und Busse mit Bilderkennungssoftware ausgerüstet werden. Dann wissen sie, was sie sehen, und können entsprechend reagieren.

Glaubt man den Herstellern, ist Sicherheit einer der Vorteile des autonomen Fahrens. Menschen machen Fehler und verursachen Unfälle. Ein Computer lässt sich nicht ablenken und, ausreichend Forschung und Entwicklung vorausgesetzt, sollte ein computergesteuertes Fahrzeug sicherer fahren als jeder menschliche Fahrer. Ein weiterer Vorteil besteht darin, dass man keine Busfahrerin mehr bezahlen muss. Außer dem Verlust von Arbeitsplätzen gibt es einen großen Nachteil: Diese Technologie steckt noch in den Kinderschuhen, und die derzeit verfügbaren System werden dem Hype, der um diese Technologie gemacht wird, nicht gerecht. Einige Unbeteiligte und Testfahrer sind bereits bei Unfällen ums Leben gekommen, und doch befinden sich vollständig fahrerlose Fahrzeuge derzeit in einigen Ländern in der Testphase. Die Überlegung ist, dass sie in einer realen Umgebung getestet werden müssen und letztlich mehr Leben retten werden, als die Versuche gekostet haben. Die Bereitwilligkeit, mit der sich Regulierungsbehörden auf diese verführerische Argumentation eingelassen haben, ist bemerkenswert. Würde jemand vorschlagen, ein neues Medikament an beliebigen Personen ohne deren Wissen oder Zustimmung zu testen, nur mit der Begründung, dass dies mehr Leben retten würde als kosten, gäbe es einen Aufschrei der Entrüstung. Tatsächlich wäre es in vielen Ländern illegal und auf jeden Fall unethisch.

Die grundlegende Technologie hinter der automatisierten Bilderkennung für diesen Zweck ist der noch modernere Bereich des maschinellen Lernens. Ein Deep-Learning-Neuronales-Netz, das seine Verbindungsstärken so anpasst, dass es Bilder korrekt erkennt, wird mit einer sehr großen Menge an Bildern trainiert, bis es ein akzeptables Erkennungsniveau erreicht. Dieses Vorgehen hat sich bei vielen Anwendungen als extrem erfolgreich erwiesen. Im Jahr 2013 stellte sich jedoch heraus, dass man den Erfolgen des Deep Learning zu viel Aufmerksamkeit geschenkt hatte und zu wenig seinen Misserfolgen. Ein ernstes Problem stellen sogenannte *adversarial examples* dar, also «feindliche» Beispiele, bewusst erzeugte Bildvorlagen, die Menschen richtig erkennen, während Computer spektakulär danebenliegen.

In der Abbildung sieht man zwei Bilder einer Katze. Ganz zweifelsfrei. Sie unterscheiden sich in nur wenigen Pixeln

Abb. 9 Zwei Bilder, die sich nur in wenigen Pixeln unterscheiden, wurden dem Inception-V3-Netz vorgelegt: Es ordnete das linke Bild als Katze ein, das rechte als Avocadocreme.

und sehen deshalb identisch aus. Ein normales neuronales Netz, das mit einer riesigen Anzahl von Katzenbildern und anderen Bildern trainiert wurde, erkennt das linke Bild korrekt als Katze. Beim rechten besteht es dagegen darauf, Guacamole zu erkennen, den bekannten mexikanischen Avocadodip. Der Computer ist sogar zu 99 Prozent sicher, dass es sich um Avocadocreme handelt, während er der Katze nur 88 Prozent zubilligt. Frei nach dem bekannten Motto: Ein Computer ist ein Gerät zur Erzeugung millionenfacher Fehler in kürzester Zeit.

Bilder dieser Art nennt man «feindlich», weil sie dadurch entstehen, dass jemand absichtlich das System auszutricksen versucht. In der Praxis wird ein Computer die meisten Bilder wie dieses als Katze erkennen. Christian Szegedy und Mitarbeiter stießen 2013 darauf, dass solche Bilder existieren.[32] Adi Shamir und Mitarbeiter[33] erklärten dann 2018, warum solche *adversarial examples* in Deep-Learning-Systemen auftreten können, warum sie unvermeidlich sind und warum man nur ein paar Pixel ändern muss, um das neuronale Netz in die Irre zu führen.

An der Wurzel dieser Empfänglichkeit für große Fehler liegt die Dimension. Das übliche Maß für die Verschiedenheit zweier Zeichenketten ist ihre Hamming-Distanz: die Anzahl der Bits, die man ändern muss, um eine Bitfolge in die andere zu überführen. Die Hamming-Distanz zwischen 10001101001 und 1010100111 beträgt zum Beispiel vier; die unterscheidenden Bits sind die fett gedruckten in 10**1**01**0**01**11**1. Ein Bild wird im Rechner als sehr lange Bitfolge dargestellt. Wenn das Bild 1 MB (Megabyte) Speicherplatz beansprucht, beträgt deren Länge 2^{23} oder etwa 8 Millionen Bits. Also hat der Bildraum die Dimension 8 Millionen über dem endlichen Körper aus 0 und 1. Er enthält $2^{8\,388\,608}$ verschiedene Punkte.

Der Bilderkennungsalgorithmus, der zu einem trainierten neuronalen Netz gehört, muss jedes Bild in diesem Raum einer viel kleineren Anzahl von Kategorien zuordnen. Im einfachsten Fall heißt das, den Bildraum durch Hyperebenen in Unterräume aufzuteilen, ein Vorgehen, das in der Abbildung für den zweidimensionalen Fall skizziert ist.

Damit wird der Raum in zahlreiche Zellen unterteilt, eine für jede Kategorie. Wenn man zum Beispiel das Bild in eines mit Hamming-Distanz 40 überführt, ändert man nur 40 Bits im Bild. Unser Auge nimmt 8 Millionen Bits auf, dann sind das nur 0,0005 % aller Bits, weit unterhalb der menschlichen Wahrnehmungsschwelle für signifikante visuelle Unterschiede. Dagegen beträgt die Anzahl der Bilder mit dieser Hamming-Distanz 2^{50}, etwa eine Billiarde. Das ist viel mehr als die Anzahl von Kategorien, die das Bilderkennungssystem unter-

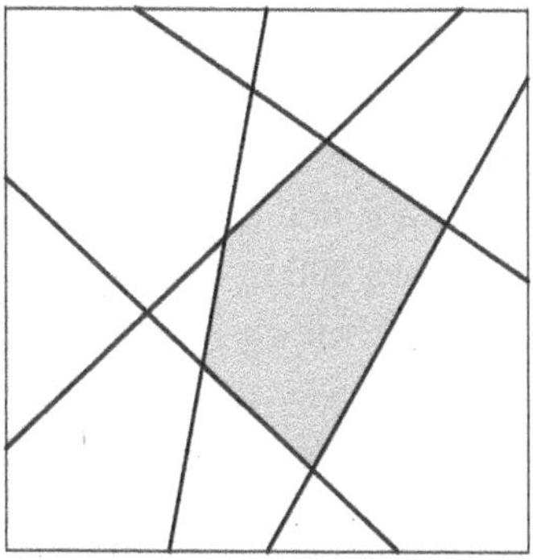

Abb. 10 Aufteilung des Bildraums durch Hyperebenen. In diesem Fall hat der Raum die Dimension zwei, und fünf Hyperebenen (Geraden in diesem Fall) unterteilen ihn in 13 Zellen. Eine ist schattiert dargestellt.

scheiden kann. Deshalb überrascht es nicht, dass schon eine kleine Änderung im Bild den Computer dieses falsch deuten lässt.

Für die mathematische Analyse ist es bequem, die Bitfolgen nicht über einem endlichen Körper darzustellen, sondern als reelle Zahlen. Zum Beispiel kann man ein einzelnes Byte, wie etwa 10001101, als reelle Zahl mit der Dezimaldarstellung 0,10001101 lesen. Damit wird aus dem Raum aller 1 MB großen Bilder ein reeller Vektorraum mit Dimension eine Million. Mit dieser Abänderung beweisen Shamir und Kollegen ein weitaus stärkeres Resultat. Wie weit sind zwei Bilder in verschiedenen Zellen voneinander entfernt, oder wie viele Bits muss man ändern, um das eine Bild in die andere Zelle zu überführen? Sie konnten zum Beispiel zeigen: Wenn man den Raum mittels 20 Hyperebenen in eine Million Zellen unterteilt, reicht bereits der Austausch von zwei Koordinaten aus, um einen Punkt in irgendeine beliebige andere Zelle zu überführen. Voraussetzung ist, dass die Dimension des Bildraums größer als 250 ist. Allgemein kann man beweisen: Wenn das Netz trainiert wurde, eine bestimmte Anzahl Kategorien zu unterscheiden, ist die Anzahl der Koordinaten, die man ändern muss, um ein gegebenes Bild in *irgendeine* Kategorie zu überführen, ungefähr so groß wie die Anzahl an Kategorien.

Sie überprüften diesen Satz mit einem kommerziellen Zahlenerkennungssystem. Dabei gibt es zehn Kategorien, die Ziffern 0 bis 9. Sie erzeugten «feindliche» Bilder, die das System überzeugten, die 7 als irgendeine der Zahlen 0 bis 9 zu erkennen. Dazu mussten lediglich 11 Bits verändert werden. Dasselbe kann man mit jeder anderen Ziffer machen.

Sollte uns das Sorgen machen? Einerseits sind «natürliche» Bilder der Art, denen unser autonomes Fahrzeug üblicherweise begegnet, nicht absichtlich so konstruiert, dass sie unser System in die Irre führen. Andererseits wird das Fahrzeug pro Tag vielleicht eine halbe Million Bilder auswerten, und schon eine einzige Fehldeutung reicht für einen Unfall. Die Hauptbedrohung liegt in Vandalismus und Terrorismus: Straßenschilder lassen sich leicht durch kleine schwarze oder weiße Aufkleber so verändern, dass der Computer ein Stopp-Signal für ein Geschwindigkeitsbegrenzungsschild hält. All das trägt zu dem unguten Gefühl bei, dass die Einführung autonomer Fahrzeuge aufgrund kommerziellen Drucks unnötig und gefährlich schnell vorangetrieben wird. Sollten Sie das anders sehen, lassen Sie mich wiederholen: *Niemals* würde man eine neue medizinische Therapie auf so schlampige Weise einführen. Insbesondere, wenn man gute Gründe für den Verdacht hätte, dass sie gefährlich sein könnte.

Lassen Sie den Bus nicht vom Bus steuern.

KAPITEL 4

Die Nieren von Königsberg

Zusätzlich zu dem Zweig der Geometrie, der sich mit Größen beschäftigt, gibt es einen anderen Zweig, den Leibniz als Erster erwähnte und den er als Geometrie der Lage bezeichnete ... Als daher vor Kurzem ein Problem erwähnt wurde, das geometrisch erschien, aber keine Messung von Abständen verlangte, zweifelte ich nicht daran, dass es um die Geometrie der Lage ging. Ich habe mich daher entschlossen, hier die Methode anzugeben, die ich gefunden habe, um Probleme dieser Art zu lösen.

Leonhard Euler, Solutio problematis ad geometriam situs pertinentis, 1736

Den größten Teil der menschlichen Geschichte hindurch waren die Organe, mit denen wir geboren wurden, auch die Organe, mit denen – und oft genug auch *an* denen – wir starben. Wenn Ihr Herz versagte, Ihre Lunge oder Ihre Leber, Ihr Darm oder Ihr Magen oder Ihre Nieren, dann war dies das Ende. Einige Körperteile, vor allem Arme und Beine, ließen sich chirurgisch entfernen, und wenn Sie die Operation überlebten, konnten Sie auf irgendeine Weise weiterleben. Die Einführung von Betäubungsmitteln und von sterilen Operationsbedingungen machte Eingriffe weniger schmerzhaft, zumindest während des Eingriffs am bewusstlosen Patienten, und erhöhten die Überlebenschancen beträchtlich. Mit dem Aufkommen von Antibiotika ließen sich Infektionen oft heilen, die zuvor tödlich waren.

Wir sehen diese Wunder der modernen Medizin heute als selbstverständlich an, doch sie ermöglichten Ärzten und Chirurgen zum ersten Mal, Krankheiten wirklich zu *heilen*. Allerdings haben wir es geschafft, den größten Teil der Vorteile von Antibiotika zunichtezumachen, indem wir sie in Unmengen an Nutztiere verfüttern – nicht etwa, um damit Krankheiten zu behandeln, sondern um schnelleres Wachstum und Gewichtszunahme zu fördern. Und dadurch, dass Millionen Menschen mit der Einnahme ihrer Antibiotika aufhören, sobald sie sich besser fühlen, statt sämtliche Pillen zu nehmen, die der Arzt ihnen verschrieben hat. Beide dieser völlig unnötigen Praktiken haben die Entwicklung von Antibiotikaresistenzen bei Bakterien gefördert. Nun suchen Wissenschaftler verzweifelt nach der nächsten Generation von Antibiotika. Wenn sie damit Erfolg haben, hoffe ich, dass wir klug genug sind, die neuen Medikamente nicht ebenfalls wirkungslos zu machen.

Ein anderer Traum von Chirurgen der Vergangenheit ist ebenfalls wahr geworden: Organtransplantationen. Bislang ist es uns offenbar gelungen, dieses Verfahren nicht abzuwirtschaften. Unter günstigen Umständen können Sie ein neues Herz, eine neue Lunge oder eine neue Niere erhalten. Sogar ein neues Gesicht. Eines Tages ist es vielleicht sogar möglich, dass Ihnen ein freundliches Schwein ein Ersatzorgan liefert, wenn auch nicht freiwillig.

Im Jahr 1907 spekulierte der Mediziner Simon Flexner über die Zukunft der Medizin und meinte, es würde irgendwann möglich werden, kranke Organe chirurgisch durch gesunde Organe einer anderen Person zu ersetzen. Insbesondere erwähnte er Arterien, Herz, Magen und Nieren. Die erste Nierentransplantation wurde 1933 von dem ukrainischen Chirurgen Yuriy Vorony durchgeführt, der einem sechs Stunden zuvor verstorbenen Spender eine Niere entnahm und sie seinem Patienten einpflanzte. Der Patient starb zwei Tage später, als sein Körper die neue Niere abstieß, da der Spender die falsche Blutgruppe gehabt hatte. Das größte Hindernis bei Organtransplantationen ist das körpereigene Immunsystem, das das neue Organ als Fremdkörper erkennt und bekämpft. Die erste erfolgreiche Nierentransplantation gelang Richard Lawler 1950. Die Spenderniere arbeitete zehn Monate, bevor sie abgestoßen wurde, doch bis dahin hatten sich die eigenen Nieren der Patientin so weit erholt, dass sie weitere fünf Jahre lebte.

Ein normaler Mensch hat zwei Nieren und kann problemlos mit einer einzigen auskommen. Daher lassen sich Nierentransplantate von Lebendspendern gewinnen, was den ganzen Prozess vereinfacht. Die Niere ist das Organ, das sich am leichtesten verpflanzen lässt. Man muss natürlich sicherstellen, dass der Gewebetyp des Spenders zu dem des Empfängers passt (sogenannte Gewebeverträglichkeit), sodass es nicht zur Abstoßung kommt, und wenn etwas schiefgeht, gibt es immer noch Dialysegeräte, die die Aufgabe der Niere übernehmen können. Bis 1964 Medikamente auf den Markt kamen, die die Abstoßungsreaktion unterdrücken, gab es keine Nierentransplantate von verstorbenen Spendern (zumindest nicht in den USA und in Großbritannien), dafür aber zahlreiche Spenderorgane von Lebendspendern.

In den meisten Fällen war der Spender ein enger Verwandter des Empfängers. Das erhöhte die Wahrscheinlichkeit einer Gewebeverträglichkeit, doch der Hauptgrund war, dass nur wenige Menschen bereit waren, eine Niere für einen Fremden zu opfern. Denn wenn man eine zusätzliche Niere hat, kann man weiterhin ein normales Leben führen, falls die andere ausfallen sollte. Hat man eine Niere an einen Fremden weitergegeben, entfällt diese Absicherung. Wenn der Empfänger Ihre Mutter, Ihr Bruder oder Ihre Tochter ist, übersteigt der Nutzen das Risiko, besonders dann, wenn man weiß, dass diese Menschen sterben werden, wenn man ablehnt. Bei einem Fremden ist die Sache weniger persönlich, und die Wahrscheinlichkeit ist geringer, dass man das Risiko eingeht.

Einige Länder bieten einen Anreiz: Geld. Dort können Sie einen Fremden bezahlen, damit er eine Niere für einen Ihrer Verwandten spendet. Die Gefahr, Transaktionen dieser Art zu erlauben, liegt auf der Hand: Zum Beispiel können arme Leute bestochen werden, eine Niere für einen reichen Fremden zu opfern. In Großbritannien wurde als illegal erklärt, einem anderen als einem engen Verwandten eine Niere zu spenden. Gesetze, die 2004 und 2006 erlassen wurden, beseitigten dieses Hindernis, bauten jedoch Sicherungen ein, um Missbrauch zu verhindern. «Es darf kein Geld fließen», war eine davon.

Die veränderte gesetzliche Lage eröffnete neue Strategien, für Empfänger, die passenden Spender zu finden, und ermöglichte die Behandlung von deutlich mehr Patienten. Sie warf jedoch auch eine Reihe schwieriger mathematischer Probleme auf, die sich um die Frage drehten, wie sich diese Strategien möglichst effizient nutzen ließen. Wie es der Zufall wollte, gab es bereits leistungsstarke Werkzeuge zur Lösung dieser Prob-

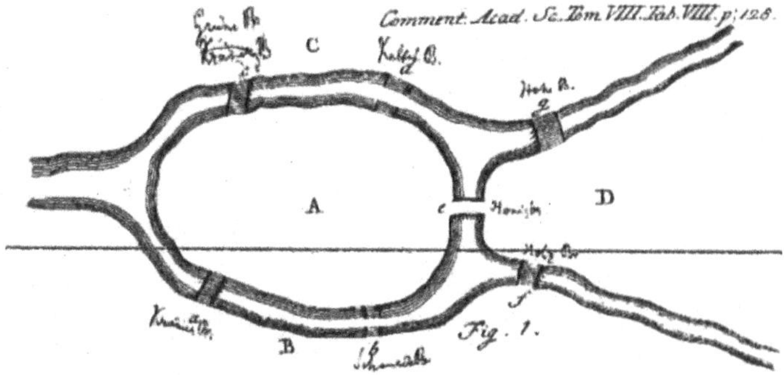

Abb. 11 Eulers schematisches Diagramm der sieben Brücken von Königsberg. A = Kneiphof, D = Lomse

leme. Bemerkenswerterweise begann alles vor fast 300 Jahren mit einem absurden kleinen Rätsel.

* * *

Es ist eine wohlbekannte Geschichte, dennoch werde ich sie nochmals erzählen, und das aus zwei Gründen. Sie führt in die Mathematik ein, die wir brauchen, und häufig wird die Historie falsch verstanden. Das war jedenfalls bei mir der Fall.

Kaliningrad, das heute in Russland liegt, hieß früher Königsberg und gehörte im 18. Jahrhundert zu Preußen. Durch die Stadt floss die Pregel, und im Fluss lagen zwei Inseln, Kneiphof und Lomse. Es gab sieben Brücken. Beide Flussufer waren durch jeweils zwei Brücken mit Kneiphof verbunden, durch jeweils eine mit Lomse, und schließlich verband eine Brücke die beiden Inseln. Heute hat sich das Erscheinungsbild geändert. Die Stadt wurde im Zweiten Weltkrieg bombardiert, und die Brücken b und d in der Abbildung wurden zerstört. Die Brücken a und c wurden abgerissen, um Platz für eine neue

Straße zu schaffen, und ersetzt. Gemeinsam mit den drei verbliebenen Brücken, von denen eine 1935 erneuert wurde, gibt es heute fünf Brücken an den ursprünglichen Standorten.

Der Legende zufolge hatten sich die guten Bürger von Königsberg schon seit Langem gefragt, ob es möglich sei, einen Spaziergang durch die Stadt zu unternehmen und unterwegs jede Brücke genau einmal zu überqueren. Es war ein einfaches kleines Problem von der Art, wie man sie heutzutage auf der Rätselseite einer Zeitung oder deren elektronischem Äquivalent erwarten würde. Experimente mit verschiedenen Routen führen zu keiner Lösung – versuchen Sie's. Ähnliche Probleme haben jedoch eine Lösung, und manchmal ist sie schwer zu finden. Überdies ist die Anzahl der Routen, die man nehmen könnte, unendlich groß, wenn auch nur, weil es unendlich viele Möglichkeiten gibt, unterwegs von einer Seite zur anderen oder vor und zurück zu laufen. Daher kann man keine Lösung finden oder beweisen, dass es keine Lösung gibt, indem man jede mögliche Route in Erwägung zieht.

Das Problem lässt sich leicht lösen, wenn man auf irgendeine Weise trickst. So kann man beispielsweise eine Brücke betreten, sich umdrehen und sie wieder zurückgehen, ohne sie tatsächlich am anderen Ende zu verlassen, und behaupten, man habe sie «überquert». Die Bedingung «Überqueren» muss ausdrücklich definiert werden, sodass solche Tricksereien ausgeschlossen sind. Ebenso bedeutet «gehen», dass man nicht einen Teil des Weges schwimmend, in einem Boot, einem Ballon oder als Anhalter in Dr. Whos TARDIS zurücklegen kann. Oder indem man stromaufwärts wandert, um eine Brücke zu finden, die nicht auf Eulers Bild ist. Rätselfreunde wissen, dass es zwar Spaß machen kann, sich ein Rätsel auf diese Weise «zurechtzubasteln», dass es aber Schwindel bleibt.

Ich werde jetzt nicht jede einzelne Bedingung so definieren, wie es nötig wäre, um jede derartige Trickserei zu unterbinden. Ich bin sehr viel mehr daran interessiert, wie sich beweisen lässt, dass dieses Problem, in geeigneter Weise mathematisch neu formuliert, unlösbar ist, *es sei denn*, man trickst. Bei Trickserei geht es darum, wie man das Problem formulieren könnte, nicht darum, wie man es lösen könnte oder zeigen könnte, dass es unlösbar ist, nachdem es einmal *formuliert worden ist.*

Auftritt Leonhard Euler, führender Mathematiker seiner Zeit. Er arbeitete auf so gut wie jedem Gebiet der Mathematik, das es gab, und auf einigen, die es nicht gab, bis er sie ins Leben rief, und er wandte Mathematik auf ein breites Spektrum von Problemen in der wirklichen Welt an. Sein Werk reicht von gelehrten Büchern über wichtige Gebiete der reinen Mathematik und der mathematischen Physik bis zu Kuriositäten und Seltsamkeiten, die zufällig seine Aufmerksamkeit erregten. Anfang des 18. Jahrhunderts wandte er sich dem Problem der Königsberger Brücken zu. Er formulierte es als präzise mathematische Frage und entwickelte einen Beweis, der, wie angegeben, belegte, dass es einen solchen Spaziergang nicht geben kann. Nicht einmal dann, wenn es sich nicht um einen Rundgang handelt, sondern der Gang irgendwo anders endet als dort, wo er begonnen hat.

Euler war 1727 ins russische St. Petersburg gezogen, als Zarin Katharina I. in Russland regierte, um dort als Hofmathematiker zu arbeiten. Ihr Gemahl, Zar Peter I., hatte 1724/25 die Akademie der Wissenschaften (Academia Scientiarum Imperialis Petropolitinae) gegründet, doch er starb vor ihrer Vollendung. Euler präsentierte der Akademie sein Werk 1735, und es wurde ein Jahr später veröffentlicht. Als wohl der produktivste Mathematiker der Geschichte zog er so viel aus dem Problem, wie ihm möglich war: Er fand notwendige und hinreichende Bedingungen für die Existenz einer Lösung, und zwar nicht nur für die Königsberger Brücken, sondern für sämtliche Probleme dieser Art. Wenn man 50 000 Brücken hätte, die in einem extrem komplexen Arrangement 40 000 Landmassen verbinden, sagt uns Eulers Satz noch immer, ob es eine Lösung gibt. Schaut man sich den Beweis genau an, sagt er uns sogar, wie man eine Lösung findet – nach ein wenig Herumprobieren. Eulers Diskussion ist ein wenig skizzenhaft, und es dauerte 150 Jahre, bis es gelang, alle Details auszuarbeiten, auch wenn die Sache eigentlich nicht besonders schwierig ist.

An dieser Stelle erzählen Ihnen viele Bücher über Graphentheorie, Euler habe bewiesen, dass das Problem keine Lösung habe, indem er es auf eine scheinbar einfachere Frage über *Graphen* reduzierte. Ein Graph ist in diesem Sinn eine Menge von Punkten (die als Knoten bezeichnet werden), verbunden durch Linien (die als Kanten bezeichnet werden) und eine Art Netzwerk bilden.[34] Die Reformulierung mithilfe von Graphen wandelt das Problem der Königsberger Brücken in das Problem um, einen Weg durch einen bestimmten Graphen zu finden, der jede Kante genau einmal benutzt. So gehen wir die Frage sicherlich heute an, aber Euler ging nicht ganz auf diese Weise vor. Die Geschichte ist eben so. Mathematikhistorikern bereitet es große Freude, uns zu erzählen, wie es tatsächlich war, statt die übliche Legende zu wiederholen. Tatsächlich löste Euler die ganze Sache mit Symbolen.[35]

Er bezeichnete jede Landregion (Insel oder Flussufer) und jede Brücke mit einem Buchstaben. Für Land benutzte er die Großbuchstaben A, B, C, D, für die Brücken die Kleinbuchstaben a, b, c, d, e, f, g. Jede Brücke verbindet zwei Regionen, so verbindet Brücke f beispielsweise B und D. Ein Gang beginnt in irgendeiner Region und lässt sich spezifizieren, indem man auflistet, in welcher Reihenfolge er durch welche Region führt und welche Brücke er kreuzt, wobei die Liste mit der letzten besuchten Region endet. In einem Großteil seines Artikels tut Euler dies verbal, und meistens arbeitet er nur mit der Abfolge der Regionen. Es spielt keine Rolle, welche Brücken man benutzt, um von A nach B zu gelangen, sondern nur, dass AB ebenso häufig auftritt wie die Anzahl solcher Brücken. Alternativ kann man auch einfach die Folge von Brücken benutzen, vorausgesetzt, dass man seinen Startpunkt angibt und zählt, wie oft man eine gegebene Region besucht. Das wäre wohl einfacher gewesen. Gegen Ende seines Artikels benutzt er beide Symbole und gibt mit der Folge

EaFbBcFdAeFfCgAhCiDkAmEnApBoElD

ein Beispiel, die mit einem komplizierteren Lageplan korrespondiert.[36]

In dieser Formulierung ist der genaue Weg, den der Spaziergänger nimmt, sei es in jeder Region oder über jede Brücke, ohne Bedeutung. Das Einzige, das man im Auge behalten muss, ist die Reihenfolge, in der Regionen besucht und Brücken überquert werden. Eine Brücke überqueren heißt, «die beiden Großbuchstaben an beiden Enden unterscheiden sich». Damit ist ausgeschlossen, dass man eine Brücke betritt und sie am selben Ende wieder verlässt. Eine Lösung ist eine Folge von alternierenden Groß- und Kleinbuchstaben A-D und a-g, in der jeder Kleinbuchstabe einmal und nur einmal auftaucht und in der die Großbuchstaben vor und nach einem gegebenen Kleinbuchstaben mit den beiden Regionen korrespondieren, die er verbindet.

Wir können diese Verbindungen für jeden Kleinbuchstaben auflisten:

a verbindet A und B
b verbindet A und B
c verbindet A und C
d verbindet A und C
e verbindet A und D
f verbindet B und D
g verbindet C und D

Angenommen, wir starten in Region B. Drei Brücken verbinden B mit einer anderen Region: a, b oder f. Angenommen, wir wählen f, dann beginnt die Folge mit Bf. Die Region am anderen Ende von f ist D, also lautet die Folge nun BfD. Zwei Brücken, die D mit einer anderen Region verbinden, sind jetzt übrig: e und g. (Wir können f nicht noch einmal benutzen.) Versuchen wir's mit g; also ist unser Weg nun BfDg. Das andere Ende von g ist C, was BfDgC ergibt. Nun sind die Brücken c und d die einzigen Möglichkeiten, unseren Spaziergang fortzusetzen (wir können nicht über g zurückgehen). Vielleicht versuchen wir es mit Brücke c, was zu BfDgCc und dann zu BfDgCcA führt. Von Region A führen vier mögliche Brücken aus A fort: a, b, d und e. (Wir haben c bereits aufgebraucht.)

Können wir jetzt d überqueren? Nein, denn das führt zu BfDgCcAd und dann zu BfDgCcAdC. Nun sind alle drei Brücken, die mit C verbunden sind, aufgebraucht – nämlich c, d und g. Aber wir haben das Problem nicht gelöst, denn Brücke b ist noch nicht überquert worden. Brücke d ist ebenfalls keine Option. Aus ähnlichen Gründen können wir nicht über Brücke e entkommen: Das führt uns zu D, und da stecken wir fest;

zudem haben wir b wieder verpasst. Wie sieht es mit a aus? Das führt zu BfDgCcAaB, und der einzige unbenutzte Ausgang ist via b, was BfDgCcAaBbA ergibt. Die einzigen Ausgänge sind nun d oder e. Ersteres führt zu BfDgCcAaBbAdC, ohne dass ein Ausgang übrig bliebe – aber wir haben e noch nicht überquert. Letzteres führt zu BfDgCcAaBbAeD, ohne dass ein Ausgang übrig bliebe – aber wir haben d noch nicht überquert.

In Ordnung, also funktioniert diese Folge von Entscheidungen nicht, aber wir hätten uns anfangs anders entscheiden können. Wir können uns nun systematisch durch alle möglichen Entscheidungswege arbeiten ... und es wird sich herausstellen, dass sie alle nicht funktionieren. An irgendeiner Stelle gerät man in eine Sackgasse, ohne Ausgang aus der gegenwärtigen Region, hat aber mindestens eine Brücke noch nicht überquert. Die Liste der möglichen Folgen ist endlich und so klein, dass man sie vollständig niederschreiben kann. Versuchen Sie es, wenn Sie Lust haben!

Angenommen, Sie haben die Liste gemacht, dann haben Sie bewiesen, dass dieses spezielle Problem keine Lösung hat. Das hätte die Bürger von Königsberg vielleicht zufriedengestellt, Euler hingegen nicht. Erstens ist nicht klar, *warum* man immer an einen toten Punkt gelangt. Zweitens erklärt die Antwort nicht, ob andere Probleme dieser Art eine Lösung haben oder nicht. Daher stellte Euler die wichtigste Einzelfrage, die Mathematiker immer stellen, wenn jemand ein Problem löst: «Ja, aber warum hat das funktioniert?» Gefolgt von der nächstwichtigsten Frage: «Können wir eine bessere Lösung finden?»

Euler überlegte weiter und machte drei einfache Beobachtungen:

- Wenn es eine Lösung gibt, dann muss jede Region durch *irgendeine* Folge von Brücken mit jeder anderen Region verbunden sein. Wenn es beispielsweise zwei weitere Inseln E und F gäbe, die durch eine oder mehr weitere Brücken h, i, j ... verbunden wären, ohne dass es andere neue Brücken gäbe, die diese beiden Inseln mit anderen Regionen verbinden würden, dann bestünde die einzige Möglichkeit, diese Brücken zu überqueren, zwischen E und F vor und zurück zu pendeln. Daher kann man nicht zu einer der anderen Brücken gelangen.
- Angenommen, die vorherige «Verbundenheitsbedingung» ist in Ordnung, dann gilt: Abgesehen von den beiden Regionen zu Anfang und zu Ende Ihres Spaziergangs müssen Sie, wann immer Sie eine Region betreten, diese Region über eine andere Brücke verlassen.
- Wann immer Sie das tun, sind zwei Brücken, die mit dieser Region verbunden sind, aus dem Spiel.

Auf Ihrem Spaziergang «verbrauchen» Sie daher Brücken paarweise. Das ist die Schlüsselerkenntnis. Wenn eine Region am Ende einer geraden Anzahl von Brücken liegt, kann man sie alle benutzen, ohne in der Region «hängen» zu bleiben. Wenn sie am Ende einer ungeraden Anzahl von Brücken liegt, kann man alle bis auf eine benutzen, ohne festzusitzen. Aber man *muss diese Brücke in irgendeinem Stadium überqueren*. Und wenn man das tut, sitzt man fest.

Festzusitzen ist fatal, wenn man sich in der Mitte eines hypothetischen Weges befindet. Am Ende des Weges ist es jedoch kein Problem. Den Weg umzukehren und tatsächlich rückwärts zu laufen, ist zu Beginn des Weges ebenfalls kein Thema. Falls es einen Weg gibt, müssen demnach mindestens

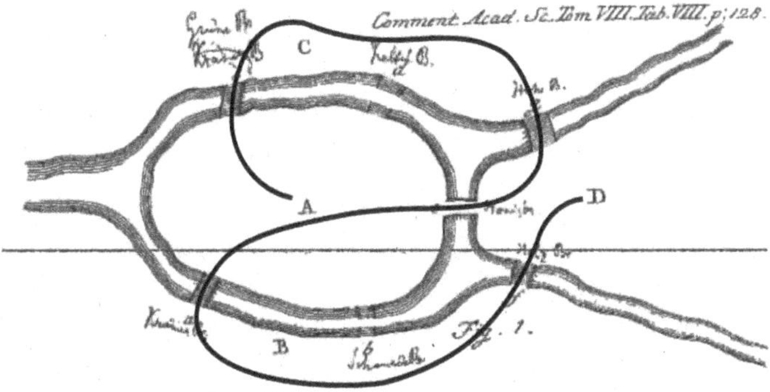

Abb. 12 Offenes Ende des Weges über die fünf noch bestehenden Brücken.

zwei Regionen am Ende einer ungeraden Anzahl von Brücken liegen. Für das Königsberg-Problem gilt:

A ist mit 5 Brücken verbunden.
B ist mit 3 Brücken verbunden.
C ist mit 3 Brücken verbunden.
D ist mit 3 Brücken verbunden.

Daher beträgt die Anzahl der Regionen am Ende einer ungeraden Anzahl von Brücken vier, was mehr als zwei ist. Also existiert kein Weg.

Euler behauptete auch ohne Beweis, dieselbe ungerade / gerade-Relation sei hinreichend dafür, dass es einen Weg gibt. Das ist ein wenig schwieriger, und ich will darauf nicht weiter eingehen; die Behauptung wurde von Carl Hierholzer kurz vor seinem Tod 1871 bewiesen und posthum 1873 veröffentlicht. Sucht man nach einem Rundgang, der dort endet, wo er begann, bemerkte Euler überdies, dann ist eine notwenige und hinreichende Bedingung, dass jede Region am Ende einer geraden Anzahl von Brücken liegt.[37]

Wenn man nur die fünf Brücken benutzt, die (in irgendeiner Form) bis heute erhalten sind, sind B und C mit zwei Brücken verbunden. Daher muss dieses abgeänderte Problem eine Lösung haben, aber nur mit einem geschlossenen Weg. Die Endpunkte müssen auf A und auf D liegen, denn diese stehen noch immer mit einer ungeraden Anzahl von Brücken in Verbindung. Die Abbildung zeigt eine solche Lösung. Es gibt noch andere: Finden Sie sie alle?

Euler stellte alle der obigen Lösungen in Form von symbolischen Folgen wie BfDgCcAaBbAeD dar. Einige Zeit später erkannte jemand, dass man all dem eine visuelle Interpretation geben kann. Wer genau das war, ist nicht klar, denn die Idee lag Mitte des 19. Jahrhunderts allgemein in der Luft. Doch James Joseph Sylvester führte 1878 die Bezeichnung «Graph» ein. Man zeichne ein Bild mit vier Punkten, A–D, und sieben Linien, a–f, sodass jede Linie die beiden Regionen am Ende der entsprechenden Brücke verbindet. Die Karte der Inseln und Brücken vereinfacht sich nun wie auf dem Bild links. Die gerade erwähnte symbolische Folge entspricht dem Pfad im Bild rechts, beginnend bei B und endend bei D, von wo es nicht weitergeht.

Diese visuelle Vereinfachung ist der *Graph* der Königsberger Brücken. In dieser Darstellung spielt es keine Rolle, wohin man die vier Punkte setzt (auch wenn sie deutlich getrennt bleiben sollten, um Verwirrung zu vermeiden), und auch die genaue Form der Verbindungslinien ist unwichtig. Wichtig ist allein, welche Punkte eine bestimmte Linie verbindet. In dieser visuellen Darstellung erscheint Eulers Beweis ganz natürlich. Jeder

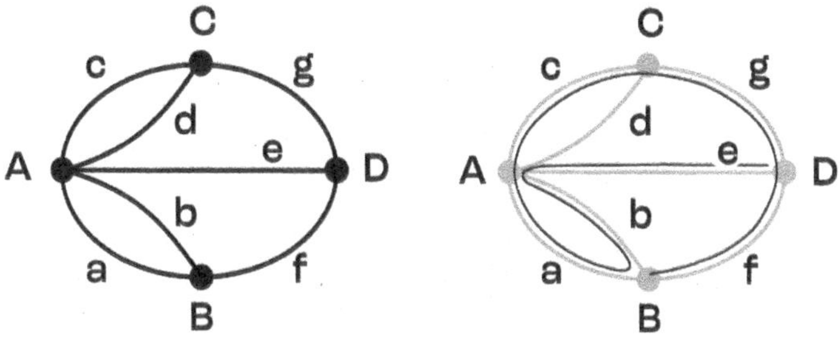

Abb. 13 Links: Graph, der die Verbindungen der Königsberger Brücken zeigt. **Rechts:** Beispiel für einen Weg – Brücke d ist ausgelassen.

Weg, der über eine Brücke zu einer Region führt, muss diese über eine andere Brücke verlassen, es sei denn, es handelt sich um das Ende eines geschlossenen Weges. Ebenso muss jeder Weg, der eine Region über eine Brücke verlässt, diese Region bereits über eine andere Brücke «betreten» haben, es sei denn, es handelt sich um den Beginn eines geschlossenen Weges. Daher treten Brücken – abgesehen von den beiden Endpunkten – paarweise auf. Und daher weisen die Regionen, die nicht an den Enden liegen, eine gerade Anzahl von Brücken auf. Weisen die Enden eine ungerade Anzahl auf, ist nur ein offener Weg möglich. Alternativ kann es sein, dass Anfang und Ende in derselben Region liegen und man sie zusammenführen kann, ohne weitere Brücken zu benutzen, was zu einem geschlossenen Weg führt. Nun weist jede Region eine gerade Anzahl von Brücken auf.

Indem er diese einzelne Klasse von Problemen löste, gelang es Euler, zwei wichtige Gebiete der Mathematik aus der Taufe zu heben. Das eine ist die Graphentheorie, in der es um Punkte geht, die durch Linien verbunden sind. Das klingt einfach, sogar kindisch. Und das ist es auch. Gleichzeitig ist es tiefgründig, nützlich und schwierig, wie wir noch sehen werden. Das andere Gebiet ist die Topologie, die manchmal auch als «Gummilaken-Geometrie» bezeichnet wird; darin können Formen stetig verformt werden, ohne dass sie als grundsätzlich unterschiedlich betrachtet werden. In der Topologie können die Linien und die Lage der Punkte nach Belieben verformt werden, vorausgesetzt, die Art und Weise, wie sie miteinander verbunden sind, verändert sich nicht (Kontinuitätsbedingung), und man erhält im Grunde denselben Graph – «denselben» in dem Sinne, dass er dieselbe Information darüber liefert, was mit wem verbunden ist. Ich finde es bemerkenswert, dass ein so einfaches Problem zu so bedeutenden Neuerungen führt. Verblüffende Wirksamkeit, in der Tat! Darin steckt auch eine wichtige Lehre, die von Außenstehenden oft nicht begriffen wird. Man unterschätze keine Mathematik, die einfach *aussieht*, mehr wie ein Kinderspielzeug denn etwas Ernsthaftes. Was zählt, ist nicht, wie einfach das Spielzeug scheint, sondern was man damit anfangen kann. Tatsächlich ist es das primäre Ziel eines guten Mathematikers, alles so einfach zu machen wie möglich. (Sie mögen lachen, was durchaus einsichtig ist, wenn man bedenkt, wie kompliziert vieles in der Mathematik aussieht. Ich muss allerdings eine Warnung hinzufügen, die Einstein zugeschrieben wird: so einfach wie möglich, *aber nicht einfacher*.) Inseln auf Punkte und Brücken auf Linien zu reduzieren, verändert das Problem nicht, räumt aber belanglose Information beiseite – wie ist das Wetter? Ist der Boden schlammig? Ist die Brücke aus Holz oder aus Metall? Diese Dinge spielen eine Rolle, wenn Sie einen Sonntagsspaziergang machen oder eine Brücke bauen. Wenn Sie aber die Frage beantworten wollen, die die braven Bürger von Königsberg umtrieb, sind sie nicht mehr als überflüssiger Ballast.

***

Was haben die Königsberger Brücken mit Nierentransplantationen zu tun? Zunächst einmal nicht viel. Indirekt ebnete Eulers Pionierarbeit aber den Weg zur Entwicklung der Graphentheorie, die eine leistungsstarke Möglichkeit eröffnet, passende Spender selbst dann mit Empfängern zusammenzubringen, wenn die meisten Spender ihre Niere nur einem engen Verwandten spenden wollen.[38] Als der Human Tissue Act 2004 in Großbritannien in Kraft trat, konnten Menschen eine Niere legal an Nichtverwandte spenden.

Ein Hauptproblem ist das Zusammenführen (Matching) von passenden Spendern und Empfängern, denn selbst wenn es einen Spendenwilligen gibt, kann es sein, dass sein Gewebe- und sein Blutgruppentyp nicht zu denjenigen des vorgesehenen Empfängers passen. Angenommen, Onkel Fred braucht eine Niere, und sein Sohn William ist bereit, ihm eine Niere zu spenden, aber keinem Fremdem. Leider hat Williams Niere den falschen Gewebetyp. Vor 2004 war das das Ende der Geschichte, und Fred war ständig auf ein Dialysegerät angewiesen. Das galt auch für viele andere potenzielle Empfänger, deren Gewebetyp zu dem von William passte. Nun stellen Sie sich vor, dass John Smith, der mit Fred und William nicht verwandt ist, das gleiche Problem hat: Seine Schwester Emily braucht eine neue Niere, und er ist bereit, ihr eine Niere zu spenden, aber wiederum nicht einem Fremden. Und auch in seinem Fall passt sein Gewebetyp nicht zu dem der beabsichtigten Empfängerin. Daher bekommt niemand eine Spenderniere.

Nehmen wir jedoch an, dass Johns Gewebetyp zu demjenigen von Fred passt und Williams Gewebetyp zu dem von

Emily. Nach 2004 bildet dies die Grundlage für einen legalen Nierentausch. Die betroffenen Chirurgen können zusammenkommen und John vorschlagen zuzustimmen, seine Niere an Fred zu geben, unter der Bedingung, dass Williams Niere an Emily geht. Beide Spender werden einem solchen Ringtausch weitaus eher zustimmen, denn ihre Verwandten erhalten eine neue Niere, während jeder von ihnen eine Niere spendet, was sie sowieso tun wollten, vorausgesetzt, es kommt ihren Verwandten zugute. Wer genau welche Niere bekommt, spielt für die Spender wie auch für die Empfänger prinzipiell keine Rolle, auch wenn es für den passenden Gewebetyp entscheidend ist.

Mithilfe moderner Kommunikationsmittel können Chirurgen herausfinden, ob eine Übereinstimmung dieser Art existiert, indem sie ein Register potenzieller Spender und Empfänger samt der entsprechenden Gewebetypen konsultieren. Solange die Anzahl der Empfänger und potenziellen Spender klein ist, ist diese praktische Art des Tauschs unwahrscheinlich, wird bei zunehmender Zahl aber deutlich wahrscheinlicher. Die Zahl der potenziellen Empfänger ist recht hoch: Im Jahr 2017 standen in Großbritannien mehr als 5000 Patienten auf der Warteliste für eine neue Niere. Sie konnte von einem verstorbenen oder einem lebenden Spender stammen, doch die Zahl der Spender ist kleiner – damals rund 2000, was zu einer typischen Wartezeit von mehr als zwei Jahren für einen Erwachsenen und neun Monaten für ein Kind führte.

Eine Möglichkeit, um sicherzustellen, dass noch mehr Patienten profitieren und schneller behandelt werden, besteht darin, ausgeklügeltere Spenderketten für einen «Nierentausch» oder eine Crossover-Spende zu entwickeln. Die Gesetze in Großbritannien – allerdings nicht in Deutschland – erlauben dieses Szenario inzwischen ebenfalls. Angenommen, Amelia,

Bernard, Carol und Deirdre brauchen alle eine neue Niere. Für sie alle stehen Spender bereit, die ihnen eine Niere überlassen wollen – aber nur ihnen. Nennen wir die Spender Albert, Beryl, Charlie und Diana. Die Kette startet mit der altruistischen Spenderin Zoe, die bereit ist, ihre Niere an eine beliebige Person zu spenden. Nehmen wir an, die Gewebetypen erlauben folgende Kette:

> Zoe spendet an Amelia.
> Amelias Spender Albert ist bereit, an Bernard zu spenden.
> Carols Spender Charlie ist bereit, an Deirdre zu spenden.
> Bernards Spender Beryl ist bereit an Carol zu spenden.
> Deirdres Spenderin Diana ist bereit, an die Warteliste zu spenden.

Insgesamt sind alle zufrieden. Amelia, Bernard, Carol und Deirdre erhalten eine neue Niere. Albert, Beryl, Charlie und Diana spenden alle jeweils eine Niere – nicht ihrer Bezugsperson, sondern als Teil einer Kette, von der ihre Bezugsperson *profitiert*. Oft sind sie damit zufrieden, dadurch werden solche Transaktionen überhaupt erst möglich: Tatsächlich ist es so, dass ihre Bezugsperson bei dieser Gelegenheit keine Niere erhält, wenn sie nicht zustimmen. Zoe ist glücklich, dass ihre altruistische Nierenspende jemandem zugutekommt, ganz gleich, wem. In diesem Fall ist es Amelia. Und schließlich geht eine zusätzliche Niere an die Warteliste – das ist immer von Nutzen.

Wenn Zoe stattdessen für die Warteliste gespendet hätte, hätte die einzige Möglichkeit für Amelia, Bernard, Carol und Deirdre, eine Niere zu erhalten, darin bestanden, sich auf die

Warteliste setzen zu lassen. Indem sie das nicht tun, machen sie vier weitere Nieren verfügbar. Das bezeichnet man als «Domino-gepaarte Spenderkette». Zoe kippt einen Dominostein um, und daraufhin fällt eine ganze Reihe von Steinen. Lassen Sie uns das zur *Kette* abkürzen.

Was hier eine Rolle spielt, sind nicht Namen, sondern Gewebetypen. Albert ist jemand mit demselben Gewebetyp wie Zoe. Betty ist jemand mit demselben Gewebetyp wie Alberts Spender, Charlie ist jemand mit demselben Gewebetyp wie Bettys Spender, und so weiter. Mit einer vernünftigen Anzahl von Empfängern und Spendern sind solche Ketten recht häufig, und die Chirurgen können sie ausmachen. Das kostet allerdings Zeit, selbst wenn sie diese Aufgabe delegieren, und jede Niere ist kostbar, daher ist es sinnvoll, solche Ketten auf die bestmögliche Weise auszuwählen. Das ist kompliziert, denn es können viele mögliche Ketten koexistieren. In diesem Fall können die Chirurgen gleichzeitig mit ihrer Arbeit beginnen, es sei denn, zwei Ketten enthalten denselben Spender, der an zwei verschiedene Empfänger spenden müsste. Dann bricht *eine* Kette ab.

Die Wahl der Kette optimieren ... hmmm. Klingt mathematisch. Wenn man das Problem in mathematischen Begriffen formulieren und geeignete Techniken anwenden kann, lässt es sich vielleicht lösen. Überdies braucht die Lösung nicht perfekt zu sein. Nur besser als das, was man durch reines Raten erreichen kann. David Manlove fand einen Weg, das Nierentauschproblem in eine Frage über Graphen umzuwandeln. Eulers Lösung des Brückenproblems hilft dabei nicht weiter – seine Rolle bestand darin, das ganze Gebiet aus der Taufe zu heben. In den darauffolgenden Jahren haben Mathematiker das Thema weiterentwickelt und viele neue graphentheoretische Techniken erfunden. Da ein Graph ein diskretes Objekt ist, «tatsächlich» nur eine Liste von Knoten, Kanten und welche Kanten mit welchen Knoten in Verbindung stehen, sind Graphen für Computerverarbeitung bestens geeignet. Daher sind zur Analyse von Graphen und zur Extraktion nützlicher Strukturen leistungsstarke Algorithmen entwickelt worden, darunter auch Algorithmen, die für Graphen von praktikabler Größe optimale Zuweisungen von Spendern und Empfängern finden können. Diese per Computer eingeführten Methoden werden in Großbritannien inzwischen routinemäßig eingesetzt.

* * *

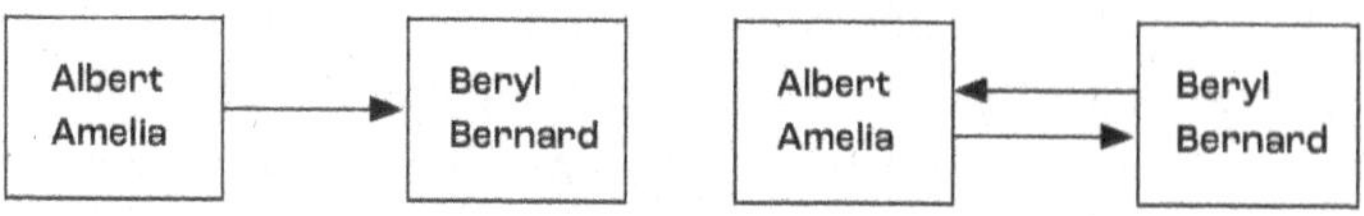

Abb. 14 Zwei Typen des Nierentauschs.

Kompatible Paare von Spendern und Empfängern machen den Chirurgen die Arbeit leicht: Man tauscht einfach ihre Nieren. Das erfordert zwei Chirurgen, die gleichzeitig operieren, einer an jeder Person. Daher können wir kompatible Paare bei dem Versuch, Ketten zu finden, ignorieren und uns auf inkompatible Paare konzentrieren. Diese *Paare* bilden die Knoten des Graphen.

Nehmen wir zum Beispiel an, Albert ist bereit, für Amelia zu spenden, ist aber kompatibel mit Bernard. Wir können diese Situation mit dem Bild links darstellen. Ich setze den Spendernamen nach oben und den inkompatiblen Verwandten nach unten. Der Pfeil bedeutet «Spender am Schwanzende ist mit Empfänger am Kopfende kompatibel». Dieses Bild stellt einen speziellen Graphentyp dar, bei dem die Kanten bestimmte Richtungen haben. Anders als bei den Königsberger Brücken sind diese Kanten «Einbahnstraßen»: Mathematiker sprechen von gerichteten Kanten, und der resultierende Graph ist ein gerichteter Graph oder kurz ein Digraph. In Diagrammen werden gerichtete Kanten durch Pfeile gekennzeichnet.

Wenn Beryl kompatibel mit Amelia sein sollte, weisen uns die Regeln an, einen anderen Pfeil in die entgegengesetzte Richtung zu zeichnen. Das schafft eine Verbindung in zwei Richtungen, wie im Bild rechts. Dieses Bild illustriert die einfachste Form des Nierentauschs, die von Graphentheoretikern als Zweierzyklus bezeichnet wird. Der Chirurg kann vorschlagen, dass Albert seine Niere Bernard spendet, unter der Bedingung, dass Beryl ihre Niere Amelia spendet. Wenn alle Parteien einverstanden sind, erhalten Amelia und Bernard neue Nieren, während Albert und Beryl jeder eine seiner / ihrer Nieren spendet. Auch wenn ihre Verwandten nicht *ihre* Niere bekommen, erhalten sie doch *eine* Niere. Beide Empfänger profitieren, und beide Spender spenden, daher sind die meisten potenziellen Spender bereit, diese Art von Tausch zu akzeptieren.

Der nächste, kompliziertere Typ ist ein Dreierzyklus. Nun gibt es ein drittes Paar, mit dem Spender Charlie und der Empfängerin Carol. Angenommen,

Albert ist kompatibel mit Bernard
Beryl ist kompatibel mit Carol
Charlie ist kompatibel mit Amelia

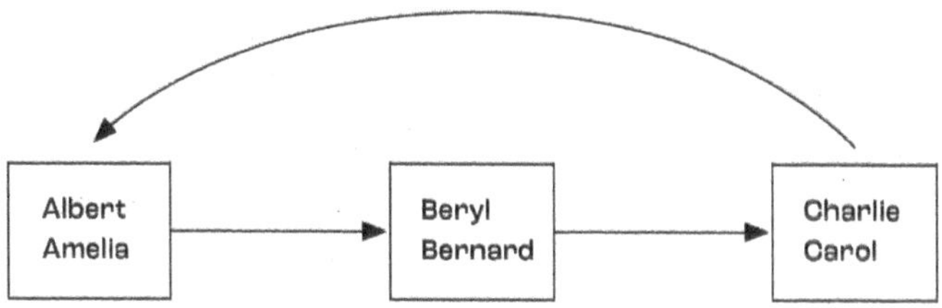

Abb. 15 Ein Dreierzyklus-Nierentausch.

Dann kann der Chirurg die Sache so arrangieren, dass Alberts Niere an Bernard geht, Beryls an Carol und Charlies an Amelia. Wiederum würden die meisten Spender dieses Arrangement akzeptieren.

Altruistische Spenderinnen wie Zoe müssen etwas anders behandelt werden, denn sie sind mit keiner besonderen Person gepaart. Nun kommt ein wenig mathematische Trickserei ins Spiel. Wir bilden den korrespondierenden Knoten, indem wir Zoe mit einem Empfänger paaren, den wir als «irgendjemand» bezeichnen und der mit einem beliebigen der nicht altruistischen Spender kompatibel sein muss. In der Praxis repräsentiert dieser Dummy-Empfänger alle Patienten auf der Warteliste. Die Annahme ist, dass jeder dieser Dummys mit *irgendeinem* nicht altruistischen Spender kompatibel ist, was durchaus plausibel ist, denn die Warteliste ist lang. Nun zeichnen wir einen Pfeil von

Knoten-Z = (Zoe, irgendjemand)

zu irgendeinem Knoten, dessen Empfänger kompatibel mit Zoe ist. In der bereits beschriebenen Domino-gepaarten Kette sieht der Digraph wie die folgende Abbildung aus.

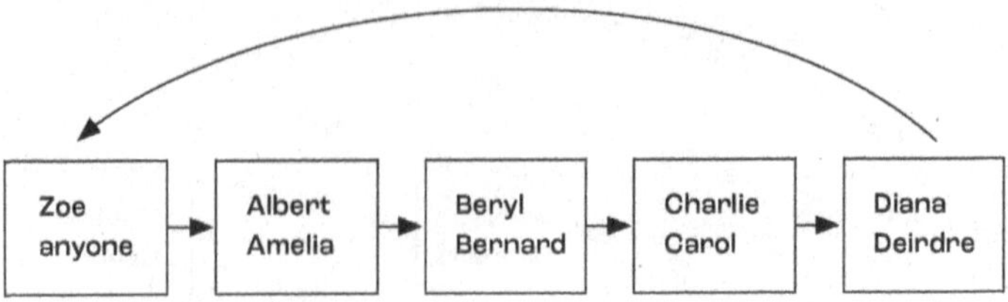

Abb. 16 Diese Kette ist zu lang, um praktikabel zu sein.
anyone = irgendjemand

Solche Ketten sind nicht praktikabel: Diese hier würde zehn gleichzeitig operierende Chirurgen erfordern. Die Gleichzeitigkeit ist entscheidend, denn sonst könnte einer – sagen wir, Charlie – seine Meinung ändern und sich weigern, Deirdre seine Niere zu spenden, sobald Carol eine Niere von Beryl erhalten hat. Menschen halten sich nicht unbedingt an das, was sie zugesagt haben, wenn es für sie von Vorteil ist, ihre Zusage zurückzuziehen, selbst wenn sie sich vertraglich dazu verpflichtet haben. Wenn sie wirklich wollen, finden sie ein Schlupfloch, um sich zu drücken. Behaupten Sie einfach, krank zu sein. Brechen Sie sich ein Bein, oder was auch immer.

Aus diesen Gründen sind solche Tauschaktionen gegenwärtig auf vier Szenarien beschränkt: Zweierzyklen und Dreierzyklen, wie wir sie bereits besprochen haben, und die entsprechenden Zyklen, wenn ein altruistischer Spender beteiligt ist; man spricht dann von kurzen bzw. langen Ketten. An einer kurzen Kette wären nur Zoe, Albert, Amelia und irgendjemand auf der Warteliste beteiligt, an einer langen Kette auch Beryl und Bernard. Jedes dieser vier Szenarien wird als *Austausch* bezeichnet.

Beachten Sie diesen Anflug von Trickserei. Ich habe diese Kette als Zyklus mit fünf Knoten dargestellt. Wenn sie als Tausch realisiert wird, dann trifft das nicht ganz zu, denn Zoe

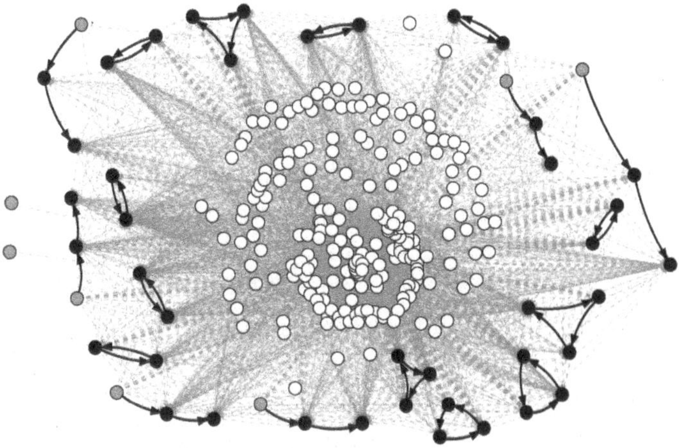

Abb. 17 Nierenaustausch-Graph, wie er im Juli 2015 dargestellt wurde, und optimale Lösungen (durchgezogenen schwarze Linien). Weiße Punkte = nicht zusammenpassende Spender und Empfänger; graue Punkte = altruistische Spender; schwarze Punkte = zusammenpassende Empfänger/Spender.

hat keinen bestimmten Empfänger im Sinn. Zoe ist bereit, irgendjemandem eine Niere zu spenden, und am Ende der Kette spendet Diana *tatsächlich* eine Niere an irgendjemanden (das heißt, an die Warteliste). Doch dieser «Irgendjemand», an den Zoe tatsächlich spendet, ist Amelia, und das ist nicht dieselbe Person, an die Diana schließlich spendet. Die Mathematik berücksichtigt dies, denn wer dieser Irgendjemand ist, leiten wir in jedem einzelnen Fall aus der Struktur des Digraphen ab.

Die Digraphen oben zeigen individuelle Zyklen und Ketten mit einer kleinen Anzahl von Knoten und Pfeilen. In Wirklichkeit gibt es eine große Anzahl von Paaren, eine deutlich kleinere Anzahl von altruistischen Spendern und eine sehr große

Anzahl von Pfeilen. Das ist so, weil der Digraph einen Pfeil zwischen *sämtlichen* zwei Knoten X und Y aufweisen muss, derart, dass der Spender von X mit dem Empfänger von Y kompatibel ist. Derselbe Spender kann mit vielen Empfängern kompatibel sein. So waren im Oktober 2017 insgesamt 266 nicht altruistische Paare und 9 altruistische Spender registriert, und es gab 5964 Pfeile. Die Abbildung illustriert eine ähnliche Komplexität zu einem anderen Zeitpunkt. Die mathematische Herausforderung besteht darin, nicht nur einen einzigen Austausch in dem Digraph zu finden, sondern die bestmögliche Menge an Austäuschen.

* * *

Um dieses Problem mathematisch zu lösen, müssen wir den Begriff «bestmöglich» präzisieren. Dabei handelt es sich nicht nur um die Menge an Austäuschen, die die größte Anzahl Menschen involviert. Auch andere Überlegungen spielen eine Rolle, wie Kosten und die wahrscheinliche Erfolgsquote. Hier sind ärztlicher Rat und medizinische Erfahrung gefragt. In Großbritannien hat eine Organisation, der National Health Service Blood and Transplant (NHSBT), ein standardisiertes Punktesystem entwickelt, um den wahrscheinlichen Nutzen einer jeden Transplantation zu quantifizieren. Dabei werden Wartezeit des Patienten, Niveau der Gewebetyp-Unverträglichkeit und Altersunterschied zwischen Spender und Empfänger berücksichtigt. Mithilfe einer statistischen Analyse werden diese Faktoren zu einem einzigen Wert zusammengefasst, einer reellen Zahl, die man als *weight* (Kantengewicht) bezeichnet. Dieses «Gewicht» wird für jeden Pfeil im Digraph berechnet – das heißt, für jede potenzielle Transplantation.

Eine Bedingung ist sofort einsichtig: An zwei unterschiedlichen Austäuschen in der Menge können keine gemeinsamen Knoten beteiligt sein, denn man kann dieselbe Niere nicht zwei verschiedenen Personen spenden. Mathematisch bedeutet das, dass sich die Komponentenzyklen in der Menge nicht überschneiden dürfen. Die anderen Bedingungen sind subtiler. Einige Dreierzyklen weisen ein besonders nützliches Merkmal auf: einen zusätzlichen Pfeil in umgekehrter Richtung zwischen zwei Knoten. Die Abbildung zeigt einen Fall, wo zusätzlich zu den Pfeilen im vorangegangenen Dreierzyklus ein weiterer Pfeil von Beryls Paar zu Amelias Paar weist. Das heißt, dass Beryl sowohl mit Amelia als auch mit Carol kompatibel ist. Wenn Charlie in einem späten Stadium aus dem Tauscharrangement aussteigt, kann Carol dann ebenfalls ausgeschlossen werden; übrig bleibt ein Zweierzyklus, bei dem Albert an Bernard spendet und Beryl an Amelia, und dieser Tausch kann weiterhin stattfinden. Mathematisch bildet dieses Knotentrio einen Dreierzyklus, und zusätzlich bilden zwei der Knoten einen Zweierzyklus. Dieser zusätzliche Pfeil wird als Back Arc bezeichnet. Ein Dreierzyklus mit einem Back Arc, sowie jeder Zweierzyklus, werden als *effektiver* Zweierzyklus bezeichnet.

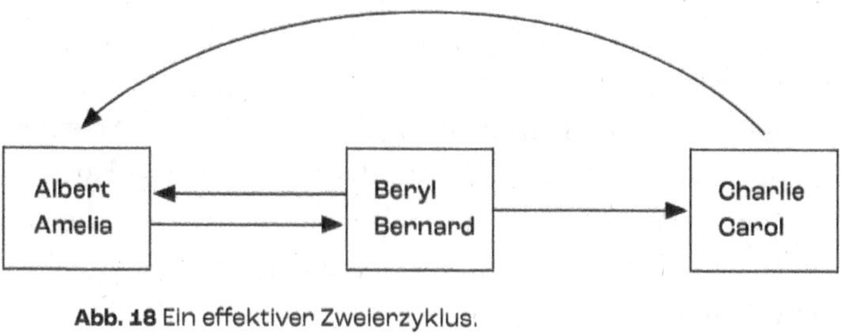

Abb. 18 Ein effektiver Zweierzyklus.

Die Kidney Advisory Group des NHSBT hat eine Menge von Nierenaustäuschen als optimal definiert, wenn folgende Bedingungen erfüllt sind:

1) Sie maximiert die Zahl der effektiven Zweierzyklen.
2) Sie enthält möglich viele mit 1) verträgliche Zyklen.
3) Sie benutzt möglichst wenige Dreierzyklen, 1) und 2) vorausgesetzt.
4) Sie maximiert die Anzahl der Back Arcs, nach Maßgabe von 1–3.
5) Sie maximiert die «Summe der Kantengewichte» ihrer Zyklen, nach Maßgabe von 1–4.

Die Überlegung hinter dieser Definition ist, dass gewisse Eigenschaften priorisiert werden; sobald das geschehen ist, kommen sukzessive andere Punkte mit geringerer Priorität ins Spiel. So stellt Bedingung 1 beispielsweise sicher, dass die Inklusion von Dreier-Austäuschen nicht die Zahl der Zweier-Austäusche verringert, die ansonsten hätten vorgenommen werden können. Das hat Vorteile: Es vereinfacht das Prozedere und macht es zudem möglich, den Zweierzyklus durchzuziehen, wenn irgendjemand ausfällt. Bedingung 5 bedeutet, dass dann, und nur dann, wenn die Hauptbedingungen 1–4 erfüllt sind, die Menge der Austäusche so effizient und mit so hoher Wahrscheinlichkeit erfolgreich sein sollte wie möglich.

Das mathematische Problem besteht darin, eine optimale Menge an Austäuschen zu finden, die diesen Kriterien entsprechen. Wie etwas Nachdenken und ein paar Überschlagsrechnungen zeigen, ist es nicht möglich, alle denkbaren Mengen an Austäuschen zu prüfen. Es gibt einfach zu viele Möglichkeiten. Nehmen wir an, es gibt 250 Knoten und 5000 Kanten.

Im Durchschnitt trifft ein Knoten auf 20 Kanten, und, über den Daumen gepeilt, können wir annehmen, dass der Knoten der Kopf von 10 und der Schwanz von 10 Kanten ist. Angenommen, wir wollen alle möglichen Zweierzyklen auflisten. Picken Sie sich einen Knoten heraus und folgen Sie den 10 Pfeilen, die von ihm ausgehen. Jeder Pfeil endet an einen anderen Knoten, von dem wiederum 10 Pfeile ausgehen. Wir erhalten einen Zweierzyklus, wenn der letzte Knoten derselbe wie der erste Knoten ist. Das heißt, 100 Möglichkeiten überprüfen. Um einen Dreierzyklus zu finden, bedarf es $100 \times 10 = 1000$ Checks dieser Art – 1100 Checks pro Knoten. Bei 250 Knoten bedeutet das die Überprüfung von 275 000 Fällen, wenn man Abkürzungen ignoriert, die die Gesamtzahl zwar ein wenig verringern können, die Größenordnung aber nicht verändern.

Alles, was wir getan haben, war jedoch nur, die möglichen Zweier- und Dreierzyklen aufzulisten. Ein Austausch ist eine Menge von Zyklen, und die Anzahl der Mengen wächst mit der Anzahl der Zyklen exponentiell. Im Oktober 2017 wies der Digraph 381 Zweierzyklen und 3815 Dreierzyklen auf. Die Anzahl der Mengen von Zweierzyklen allein beträgt 2^{381}, eine Zahl mit 115 Ziffern, die von Dreierzyklen hat 1149 Ziffern. Und dann haben wir noch nicht geprüft, welche Mengen nicht überlappen.

Unnötig zu sagen, dass man das Problem so nicht löst. Die Überlegung macht jedoch deutlich, dass einige wirklich leistungsfähige Methoden entwickelt werden mussten, um das zu tun. Ich werde nur einige der Ideen skizzieren, die dabei eine Rolle spielen. Man kann sich dieses Problem als eine verklärte Version des Handlungsreisendenproblems vorstellen: Es ist ein kombinatorisches Optimierungsproblem mit recht verschiedenen Einschränkungen, während einige Betrachtungen ähnlich sind. Entscheidend ist, wie lange es dauert, eine optimale Lösung zu berechnen. Wir können diese Strategie wie in Kapitel 3 vom Standpunkt der Komplexität aus betrachten.

Wenn an den Täuschen nur Zweierzyklen beteiligt sind, lässt sich eine optimale Menge an Austäuschen in polynomieller Zeit, Komplexitätsklasse P, berechnen, wobei man Standardmethoden für Maximum-Weight-Matching (Matching mit größtmöglichem Gesamtgewicht) in einem Graphen benutzt. Wenn es Dreierzyklen gibt, selbst ohne altruistische Spender, ist das Optimierungsproblem NP-schwer. Dennoch entwickelten Manlove und Mitarbeiter einen auf Linearer Programmierung basierenden, praktikablen Algorithmus, den wir in Kapitel 3 kennengelernt haben. Ihr Algorithmus, UKLKSS, formt das Optimierungsproblem so um, dass es sich mithilfe einer Folge linearer Programmierungsberechnungen lösen lässt. Das Ergebnis jeder Berechnung wird in die nächste Berechnung als zusätzliche Bedingung eingespeist. Daher wird zunächst Bedingung 1 optimiert; dabei kommt eine Methode namens Edmonds-Algorithmus zum Einsatz, die von Silvio Micali und Vijay Vazirani implementiert wurde. Der Edmonds-Algorithmus findet das Maximum Matching in einem Graphen innerhalb eines Zeitraums, der der Anzahl der Kanten mal der Quadratwurzel aus der Anzahl der Knoten proportional ist. Ein Matching verknüpft Knotenpaare an den Enden einer gemeinsamen Kante, und das Problem besteht darin, so viele Knotenpaare wie möglich zusammenzuführen, ohne zwei Kanten zu benutzen, die sich an einem gemeinsamen Knoten treffen.

Sobald Bedingung 1 optimal erfüllt ist, wird diese Lösung in die Berechnung für Bedingung 2 eingespeist, wozu ein Algorithmus benutzt wird, der als COIN-Cbc Integer Programming

Solver bezeichnet wird und Teil der Algorithmensammlung des Projekts für Computational Infrastructure for Operations Research ist, und so weiter.

Bis Ende 2017 hatten diese graphentheoretischen Methoden insgesamt 1278 potenzielle Transplantationen identifiziert, doch nur 760 tatsächlich durchgeführt, denn im Spätstadium einer solchen Bewertung können sich praktische Probleme aller Art ergeben: Man stellt fest, dass die Gewebetypen doch nicht so kompatibel sind, wie anfangs angenommen, oder dass Spender bzw. Empfänger zu krank sind, um sich der Operation zu unterziehen. Die systematische Nutzung von graphentheoretischen Algorithmen zur effizienten Organisation von Nierentransplantationen ist im Vergleich zu früheren Methoden ein großer Fortschritt. Sie weist auch den Weg zu zukünftigen Verbesserungen, denn inzwischen lassen sich Nieren längere Zeit außerhalb des Körpers funktionstüchtig erhalten; daher müssen die Operationen innerhalb einer Kette nicht alle am gleichen Tag erfolgen. Das ermöglicht es, längere Ketten in Betracht zu ziehen. Was neue mathematische Probleme aufwirft.

Ich versuche nicht, Euler als Hellseher darzustellen. Er hatte nicht die geringste Ahnung, dass seine clevere Lösung eines dummen kleinen Problems irgendwann einmal für die Medizin von Nutzen sein würde. Ganz sicher nicht für Organtransplantationen, denn zu seiner Zeit war Chirurgie nichts weiter als eine schmerzhafte Form des Metzgerhandwerks. Ich möchte ihm jedoch zubilligen, dass er schon damals erkannte, dass sich hinter diesem Problem etwas viel, viel Tieferes verbarg. Das sagte er ausdrücklich. Schauen Sie sich die Zeilen zu Anfang des Kapitels noch einmal an. Euler erwähnt wiederholt die «Geometrie der Lage» als den relevanten Kontext.

Die lateinische Formulierung, die er benutzte, war *geometriam situs*, Geometrie der Lage. Er schreibt diesen Ausdruck Leibniz zu, der allerdings von *analysis situs* spricht, und betont damit implizit, dass er die mögliche Bedeutung des Themas erkennt. Offenbar fasziniert ihn die Idee einer Geometrie, in der es nicht um traditionelle euklidische Formen geht. Er weist diese Idee nicht zurück, weil sie unorthodox ist, ganz im Gegenteil. Er fühlt sich durch Tradition nicht gebunden. Und es macht ihm Freude, seinen eigenen kleinen Beitrag zu der Entwicklung einer solchen Geometrie zu leisten. Er hat ganz einfach Spaß an der Sache.

Leibniz' Traum konnte im 20. Jahrhundert verwirklicht werden, wobei es schon im 19. Jahrhundert einige bedeutende Fortschritte gab. Wir nennen dieses Gebiet heute Topologie, und ich werde Ihnen einige ihrer Einsatzmöglichkeiten in Kapitel 13 zeigen. Die Graphentheorie ist noch immer mit der Topologie verknüpft, hat sich aber vorwiegend auf eigenen Wegen entwickelt. Begriffe wie Kantengewicht sind numerisch, nicht topologisch. Die Idee, dass man Graphen benutzen kann, um komplexe wechselwirkende Systeme zu modellieren und Organisationsprobleme zu lösen, geht direkt auf Euler zurück – er wandte sich einem neuartigen Problem zu, weil es sein Interesse weckte, und erfand seine eigenen Methoden, um es zu lösen. Vor fast drei Jahrhunderten, im russischen St. Petersburg, unter der Herrschaft von Zarin Katharina I. Jeder, dem eine Niere transplantiert wird, sei es in Großbritannien oder in einem anderen Land, wo graphentheoretische Techniken eingesetzt werden, um Organe effizienter zu verteilen, sollte sich darüber freuen.

KAPITEL 5

Gib acht im Cyberspace!

Noch hat niemand einen kriegerischen Zweck entdeckt, dem die Zahlen- oder die Relativitätstheorie dient, und es scheint so, als ob das für viele Jahre auch niemand machen wird.

Godfrey Harold Hardy, A Mathematician's Apology, 1940

Pierre de Fermat ist berühmt für seinen «letzten Satz», welcher besagt: Wenn n mindestens gleich drei ist, kann die Summe von zwei n-ten Potenzen ganzer Zahlen nicht auch eine n-te Potenz sein. Andrew Wiles fand schließlich 1995 einen modernen, technischen Beweis dafür, etwa 358 Jahre, nachdem Fermat seine Vermutung geäußert hatte.[39] Fermat war Rechtsanwalt im Parlament von Toulouse, verbrachte aber die meiste Zeit mit Mathematik. Er hatte einen Freund namens Frénicle de Bessy, einen Pariser Mathematiker, der für die Katalogisierung aller 880 magischen Quadrate vierter Ordnung bekannt ist. Die beiden standen in regem Briefkontakt, und am 18. Oktober 1640 schrieb Fermat an de Bessy (auf Französisch), dass «jede Primzahl ... eine der Potenzen irgendeiner geometrischen Reihe minus eins teilt, und der Exponent dieser Potenz teilt die gegebene Primzahl minus eins».

In der Sprache der Algebra ausgedrückt, sagte Fermat Folgendes: Ist p eine Primzahl und a irgendeine Zahl, dann ist $a^{p-1} - 1$ (ohne Rest) durch p teilbar. Nehmen wir zum Beispiel die Primzahl 17, dann stellt Fermats Satz fest, dass

$$1^{16} - 1 \quad 2^{16} - 1 \quad 3^{16} - 1 \quad \dots \quad 16^{16} - 1 \quad 18^{16} - 1 \quad \dots$$

alle Vielfache von 17 sind. Offensichtlich muss man $17^{16} - 1$ auslassen, das kein Vielfaches von 17 sein kann, weil es ja ein solches Vielfaches (nämlich 17^{16}) minus 1 ist. Fermat war diese zusätzliche Bedingung bekannt, aber er erwähnte sie in dem Brief nicht. Überprüfen wir einen Spezialfall:

$$16^{16} - 1 = 18\,446\,744\,073\,709\,551\,615$$

Und geteilt durch 17 ergibt dies:

1 085 102 592 571 150 095

Und zwar *exakt*. Was sagt man dazu?

Diese erstaunliche Tatsache heißt heute Fermats kleiner Satz, um ihn von seinem letzten (großen) Satz zu unterscheiden. Fermat war einer der Pioniere der Zahlentheorie, in der es um tief liegende Eigenschaften der ganzen Zahlen geht. Schon zu seiner Zeit war die Zahlentheorie die reinste reine Mathematik, und das ist bis heute so geblieben. Sie hatte keine wichtigen Anwendungen, und es sah auch nie danach aus, dass es jemals welche geben würde. Godfrey Harold Hardy, einer der führenden reinen Mathematiker Großbritanniens, sah das auf jeden Fall so und brachte dies auch in seinem kleinen Juwel *A Mathematician's Apology*, veröffentlicht im Jahr 1940, zum

Ausdruck. Eines seiner Lieblingsgebiete in der Mathematik war die Zahlentheorie, und zusammen mit Edward Maitland Wright veröffentlichte er 1938 einen klassischen Text: *An Introduction to the Theory of Numbers* (deutsch: Einführung in die Zahlentheorie). Fermats kleiner Satz findet sich darin als Satz 71 in Kapitel 6. Eigentlich handelt das ganze Kapitel von den Folgerungen aus diesem Satz.

Hardys politische und mathematische Ansichten waren geprägt von den vorherrschenden Einstellungen in den höchsten akademischen Kreisen und wirken heute eher gekünstelt, aber seine Schreibweise ist elegant und der Einblick, den er in die akademischen Einstellungen seiner Zeit gestattet, ist wertvoll. Manche sind sogar heute noch relevant, andere eher von den Ereignissen überholt. Hardy schrieb: «Für einen professionellen Mathematiker ist es eine melancholische Erfahrung, sich dabei zu ertappen, dass er über Mathematik schreibt. Die Aufgabe eines Mathematikers besteht darin, neue Theoreme zu beweisen, etwas zur Mathematik beizutragen, und nicht, darüber zu reden, was er oder andere Mathematiker erreicht haben.» So viel zum Thema «Öffentlichkeitsarbeit», die in der heutigen akademischen Welt sehr wichtig genommen wird – aber die gleiche snobistische Einstellung zur Kommunikation gab es dort auch schon vor vierzig Jahren.

Ein Grund, weswegen Hardy das Bedürfnis hatte, seinen Beruf zu rechtfertigen, lag darin, dass seiner Meinung nach die Art Mathematik, der er sein Leben gewidmet hatte, nicht zu nützlichen Anwendungen führte und wahrscheinlich auch niemals führen würde. Sie zahlte sich nicht aus. Sein Interesse an diesem Gebiet war rein intellektuell: die Befriedigung, schwierige Probleme zu lösen, und die Weiterentwicklung abstrakten menschlichen Wissens. Ihn kümmerte die Nützlichkeit wenig, aber er fühlte sich deswegen auch ein wenig schuldig. Was ihn als lebenslangen Pazifisten umtrieb, war, dass Mathematik nicht in der Kriegsführung verwendet werden sollte. Der Zweite Weltkrieg tobte, und im Laufe der Jahrhunderte haben einige Bereiche der Mathematik ernst zu nehmende militärische Verwendung gefunden. Archimedes soll sein Wissen über die Parabel genutzt haben, um das Sonnenlicht auf feindliche Schiffe zu fokussieren und sie in Brand zu setzen, und die Hebelgesetze nutzte er, um eine riesige Klaue zu konstruieren, mit der man sie aus dem Wasser heben konnte. Die Ballistik berechnet, wie man Kampfmittel, von Kanonenkugeln bis hin zu Sprenggranaten, gezielt einsetzt. Raketen und Drohnen beruhen auf ausgefeilter Mathematik, wie der Kontrolltheorie. Aber Hardy war sicher, dass seine geliebte Zahlentheorie niemals militärischen Nutzen haben würde – zumindest nicht in absehbarer Zeit –, und darauf war er stolz.

* * *

Hardy schrieb zu einer Zeit, als ein Fakultätsmitglied in Cambridge täglich etwa vier Stunden seinen Forschungen nachging, vielleicht noch eine Stunde unterrichtete, und sich dann zurücklehnte, um die intellektuellen Batterien aufzuladen. Er schaute sich Kricket-Spiele an und las die Zeitung. Vermutlich ist ihm nicht in den Sinn gekommen, dass selbst Spitzenforscher in der Mathematik diese Freizeit auch dafür nutzen könnten, um Nichtspezialisten zu erklären, woran Mathematiker arbeiteten. Auf diese Weise könnten sie neue Mathematik schaffen *und* darüber schreiben. Genau das tun viele Berufsmathematiker heute.

Hardys Standpunkt, dass eine Großteil der «reinen» Mathematik keinen direkten Nutzen hat und ihn wahrscheinlich auch nie haben wird, trifft in vielen Fällen zu.[40] Allerdings ging er, wenig überraschend, dabei das Risiko ein, genau die falschen Beispiele zu wählen, wenn er konkrete Beispiele für nutzlose Themenfelder anführte. Als er sagte, dass Zahlentheorie und Relativitätstheorie wahrscheinlich auf absehbare Zeit keinen kriegerischen Zwecken dienen würden, lag er völlig falsch – obwohl wir ihm zugutehalten sollten, dass er solche Anwendungen nicht völlig ausschloss. Das große Problem ist, im Voraus zu entscheiden, welche Ideen zu Anwendungen führen werden und welche nicht. Wer dieses Problem knackt, kann ein Vermögen machen. Aber es sind genau die Felder, die *nicht* anwendbar erscheinen, die plötzlich bei Industrie, Handel und leider auch der Kriegführung an vorderster Front stehen; und so geschah es mit der Zahlentheorie. Insbesondere mit Fermats kleinem Satz, der heutzutage die Grundlage für Codes ist, die wir für unentschlüsselbar halten.

Ironischerweise hatte zwei Jahre vor Hardys Bekenntnis der Chef des MI6 Bletchley Park gekauft, in dem einmal die Government Code and Cypher School (GC&CC) beheimatet sein würde, das heimliche Zentrum der alliierten Codeknacker im Zweiten Weltkrieg. Hier knackten Teams von Kryptoanalytikern bekanntermaßen den Enigma-Code, der im Krieg von den Deutschen verwendet wurde, sowie auch einige Codes von mehreren anderen Achsenmächten. Bletchley Parks bekanntester Mitarbeiter, Alan Turing, begann 1938 mit der Ausbildung und traf dort am Tag der Kriegserklärung ein. Die Kryptoanalytiker von Bletchley Park entschlüsselten die deutschen Codes mit viel Einfallsreichtum und Mathematik, und setzten auch Methoden aus der Zahlentheorie ein. Innerhalb von vierzig Jahren machte die Kryptografie eine Revolution durch, die fest auf der Zahlentheorie gründete, wobei wichtige militärische und zivile Anwendungen abfielen. Schon bald sollte die Kryptografie für das Funktionieren des Internets von entscheidender Bedeutung werden. Heute sind wir von ihr abhängig, weitgehend ohne zu bemerken, dass sie überhaupt existiert.

Auch die Relativitätstheorie wurde militärisch und zivil genutzt. Sie hatte einen peripheren Einfluss auf das Manhattan-Projekt zur Entwicklung der Atombombe, was in dem populären Mythos zum Ausdruck kommt, dass erst Einsteins berühmte Gleichung $E = mc^2$ Physiker davon überzeugte, dass kleine Mengen an Materie riesige Energiemengen enthalten können. Dieser Mythos wurde nach den Angriffen auf Hiroshima und Nagasaki dazu verwendet, der Öffentlichkeit begreifbar zu machen, wie solche Waffen überhaupt möglich waren. Vielleicht diente er auch dazu, die öffentliche Aufmerksamkeit von dem wahren Geheimnis abzulenken: dem Verstehen der Physik von Kernreaktionen. In jüngerer Zeit und das weitaus bessere Beispiel, beruht die Genauigkeit des Global Positioning Systems (GPS) (Kapitel 11) bei der Ortsbestimmung sowohl auf der Speziellen als auch auf der Allgemeinen Relativitätstheorie, und auch diese Anwendung wurde vom US-Militär finanziert und war zunächst für die militärische Verwendung reserviert.

Militär gegen Hardy: 2:0.

Ich mache Hardy keine Vorwürfe. Er wusste ja nicht, was in Bletchley Park vor sich ging, und wie hätte er die rapide Entwicklung von Digitaltechnik und Kommunikationstechnologie voraussehen können? «Digital» bedeutet ja einfach, mit ganzen Zahlen zu arbeiten, und genau darum geht es in der Zahlentheorie. Nun konnte man plötzlich Ergebnisse, die Generationen reiner Mathematiker aus purer intellektueller Neugier erzielt hatten, für neuartige Technologien ausbeuten. Heutzutage stecken in den elektronischen Geräten, die ein Viertel der Menschheit täglich mit sich herumschleppt, ungeheure Mengen Mathematik – nicht nur Zahlentheorie, auch alles Mögliche aus der Kombinatorik über abstrakte Algebra bis hin zur Funktionalanalysis. Die Sicherheit von Transaktionen im Internet, sei es unter individuellen Nutzern, Unternehmen oder militärischen Abschirmdiensten, wird durch erstaunliche mathematische Transformationen garantiert, die auf Hardys geliebter Zahlentheorie beruhen. Turing hätte das nicht erstaunt; er war seiner Zeit so weit voraus, dass er schon 1950 ernsthaft über künstliche Intelligenz nachdachte. Doch Turing war ein Visionär. Damals war das nicht mal Science-Fiction, Sondern ein fantastisches Märchen.

* * *

Ein Code oder eine Geheimschrift ist eine Methode, einen Text in normaler Sprache, den sogenannten Klartext, in einen verschlüsselten Text zu verwandeln, der wie Kauderwelsch aussieht. Die Umwandlung beruht in der Regel auf einem Schlüssel – ein entscheidendes Stück Information, das geheim gehalten wird. Julius Caesar, zum Beispiel, soll eine Geheimschrift verwendet haben, in der jeder Buchstabe des Alphabets drei Stellen weiterbewegt wurde. Der Schlüssel hier ist «drei». Diese Art von Ersetzung, bei der jeder Buchstabe des Alphabets in einen anderen umgewandelt wird, kann leicht geknackt werden, wenn genügend verschlüsselter Text vorhanden ist. Man muss nur die Häufigkeiten kennen, mit denen die Buchstaben des Alphabets im Klartext vorkommen. Dann kann man den Code ziemlich gut erraten. Anfangs wird man ein paar Fehler machen, aber wenn ein Abschnitt kommt, der entschlüsselt als JULFUS CAESAR erscheint, muss man kein Genie sein, um zu erkennen, dass das F ein I sein sollte.

So einfach und unsicher sie auch sein mag, Caesars Geheimschrift ist ein gutes Beispiel für ein allgemeines Prinzip, das bis vor Kurzem praktisch allen Codesystemen zugrunde lag: Es ist eine symmetrische Chiffre, was bedeutet, dass sowohl der Absender als auch der Empfänger im Wesentlichen denselben Schlüssel verwenden. Ich sage «im Wesentlichen», weil die Beteiligten die Chiffre auf unterschiedliche Weise verwenden: Julius bewegt das Alphabet drei Stellen vorwärts, während der Empfänger es um drei Plätze zurücksetzt. Wenn Sie jedoch wissen, wie der Schlüssel zum Codieren einer Nachricht verwendet wird, können Sie den Vorgang einfach umkehren und denselben Schlüssel zum Entschlüsseln verwenden. Selbst sehr ausgeklügelte und sichere Geheimschriften sind symmetrisch. Daher verlangt die Sicherheit, dass der Schlüssel vor jedermann geheim gehalten werden muss, außer vor Absender und Empfänger.

Wie schon Benjamin Franklin sagte: «Drei Leute können ein Geheimnis nur wahren, wenn zwei tot sind.» In einer symmetrischen Chiffre müssen aber mindestens zwei Personen den Schlüssel kennen – nach Franklins Ansicht also einer zu viel. Irgendwann 1944 oder 1945 schlug jemand bei Bell Labs in den USA (vielleicht war es Claude Shannon, der Erfinder der Informationstheorie) vor, Audiosignale vor Lauschern durch Hinzufügen von zufälligem Rauschen zu schützen, das nach dem Empfang wieder subtrahiert, also herausgefiltert werden konnte. Dabei handelt es sich ebenfalls um eine symmetrische

Methode, denn der Schlüssel ist das zufällige Rauschen, und die Subtraktion kehrt die Addition um. Im Jahr 1970 überlegte sich James Ellis, ein Ingenieur im britischen Kommunikationsministerium (GCHQ), ob das Rauschen nicht mathematisch generiert werden könnte. Wenn ja, wäre es zumindest denkbar, dies nicht durch bloßes Hinzufügen von Signalen zu bewerkstelligen, sondern durch einen mathematischen Prozess, der sehr schwer rückgängig zu machen wäre, sogar wenn man ihn kennte. Natürlich musste der Empfänger in der Lage sein, die Umkehrung durchzuführen, aber das könnte mit einem zweiten Schlüssel erreicht werden, der nur dem Empfänger bekannt ist.

Ellis nannte die Methode «nicht-geheime Verschlüsselung». Heute spricht man von «Public-Key-Verschlüsselungsverfahren» (also Verschlüsselung mit öffentlichem Schlüssel). Das bedeutet: Die Regel für das Verschlüsseln einer Nachricht kann der Öffentlichkeit zugänglich gemacht werden, aber ohne Kenntnis des zweiten Schlüssels könnte niemand herausfinden, wie man diesen Vorgang umkehren und die Nachricht entschlüsseln kann. Das einzige Problem war, dass Ellis, der kein Mathematiker war, keine geeignete Verschlüsselungsmethode finden konnte. Er suchte etwas, das man heute Falltürfunktion nennt: leicht zu berechnen, aber schwer umzukehren, genauso, als würde man durch eine Falltür in eine Grube fallen. Aber wie immer musste es einen geheimen zweiten Schlüssel geben, der den rechtmäßigen Empfänger den Vorgang genauso einfach umkehren ließ, eine versteckte Leiter quasi, mit der man aus der Grube wieder herausklettern könnte.

Auftritt Clifford Cocks, ein ebenfalls beim GCHQ beschäftigter britischer Mathematiker. Im September 1973 hatte

Cocks einen Geistesblitz. Er konnte Ellis' Traum verwirklichen, indem er die Mathematik der Primzahlen nutzte, um eine Falltürfunktion zu konstruieren. Zwei oder mehr Primzahlen zu multiplizieren, ist einfach. Bei zweien kann man es mit 50-stelligen Primzahlen handschriftlich ausrechnen und erhält ein 99- oder 100-stelliges Ergebnis. Die Umkehrung, aus einer Zahl mit hundert Stellen die Primfaktoren zu extrahieren, ist weitaus schwieriger. Die übliche Schulmethode, «mögliche Faktoren der Reihe nach durchzuprobieren», ist aussichtslos: Es gibt zu viele Möglichkeiten. Cocks konstruierte eine Falltürfunktion basierend auf dem Produkt zweier großer Primzahlen. Der Schlüssel, der dabei herauskommt, ist so sicher, dass dieses Produkt, jedoch nicht die Primzahlen selbst, sogar öffentlich gemacht werden können. Zum Entschlüsseln muss man die beiden Primzahlen einzeln kennen, und das ist der geheime zweite Schlüssel. Kennt man diese beiden Primzahlen nicht, kommt man nicht weiter; ihr Produkt allein hilft nicht. Nehmen wir zum Beispiel an, ich sage Ihnen, ich habe zwei Primzahlen gefunden, deren Produkt gegeben ist durch:

1 192 344 277 257 254 936 928 421 267 205 031 305 805 33
9 598 743 208 059 530 638 398 522 646 841 344 407 246
985 523 336 728 666 069.

Finden Sie die Primfaktoren?[41] Ein wirklich schneller Supercomputer kann es schaffen, aber ein Laptop hätte Schwierigkeiten. Bei noch mehr Stellen ist auch der Supercomputer am Ende.

Jedenfalls hatte Cocks Kenntnisse in Zahlentheorie, und er entwickelte eine Methode, ein solches Paar von Primzahlen zu verwenden, um eine Falltürfunktion zu konstruieren – wie, das erkläre ich später, wenn die nötigen Konzepte erläutert sind. Es war so einfach, dass er es zunächst *nicht einmal aufschrieb*. Später verschriftlichte er die Details in einem Bericht an seine Vorgesetzten. Doch konnte sich niemand einen praktikablen Weg denken, diese Methode anzuwenden, jedenfalls nicht mit den rudimentären Computern der damaligen Zeit; also wurde der Bericht erst einmal als geheim abgelegt. Er wurde auch an die Nationale Sicherheitsbehörde der USA weitergegeben. Beide Organisationen sahen durchaus militärisches Potenzial, denn selbst wenn die Berechnungen langsam waren, könnte man das Public-Key-Verschlüsselungsverfahren verwenden, um jemandem den Schlüssel zu einem völlig anderen Code elektronisch zu übermitteln. Heute kommt Verschlüsselung sowohl im militärischen als auch im zivilen Bereich überwiegend auf diese Art zum Einsatz.

Großbritanniens Bürokraten haben eine lange und gewöhnliche «Erfolgsgeschichte», lukrative Goldgruben nicht zu entdecken – das Penicillin, den Düsenantrieb, den DNA-Fingerabdruck. In diesem Fall können sie sich jedoch mit dem Patentrecht trösten: Um etwas patentieren zu lassen, muss man offenlegen, worum es sich handelt. Auf jeden Fall wurde Cocks' revolutionäre Idee einfach abgelegt, ähnlich wie in der Szene am Ende von Indiana Jones' *Jäger des verlorenen Schatzes*, wo die Kiste mit der Bundeslade in die Tiefen eines gigantischen, anonymen Lagerhauses der Regierung gefahren wird, in dem sich lauter gleich aussehende Kisten bis unters Dach stapeln.

Derweil, man schrieb das Jahr 1977, tauchte dieselbe Methode auf, von drei amerikanischen Mathematikern neu erfunden und sogleich veröffentlicht: Ronald Rivest, Adi Shamir und Leonard Adleman. Nach ihnen wird sie jetzt RSA-Verschlüsselung genannt. Im Jahr 1997 hoben die britischen Sicherheitsdienste endlich die Klassifizierung von Cocks' Arbeit auf, weswegen wir heute wissen, dass er sie als Erster erdacht hat.

***

Dass Kryptografie mit Zahlentheorie zu tun hat, wird sofort dadurch klar, dass man jede Botschaft durch eine Zahl darstellen kann. In Caesars Geheimschrift ist diese Zahl die Stellung des Buchstabens im Alphabet, die von Mathematikern, weil es algebraisch bequemer ist, von 0 bis 25 gezählt wird, statt von 1 bis 26. A ist also 0, B ist 1, und so weiter bis Z = 25. Zahlen außerhalb dieses Bereichs kann man in Zahlen innerhalb verwandeln, indem man Vielfache von 26 addiert oder abzieht. Mit dieser Konvention schließt man die 26 Buchstaben zu einem Kreis, sodass nach dem Z wieder das A erscheint. Caesars Geheimschrift lässt sich somit in eine einfache mathematische Regel fassen:

$$n \rightarrow n + 3$$

Der umgekehrte Prozess liest sich sehr ähnlich:

$$n \leftarrow n + 3 \text{ oder } n \rightarrow n - 3$$

Genau das macht die Methode symmetrisch.

Man kann neue Codes erfinden, indem man die Regeln ändert – einfach die Formel verändert. Man braucht lediglich eine einfache Methode, eine Botschaft in eine Zahl umzuwandeln, und zwei Formeln: eine, die den Klartext in den verschlüsselten Text verwandelt, und eine zweite, um den

Klartext zurückzuverwandeln. Jede Formel muss die andere umkehren.

Es gibt eine Fülle von Möglichkeiten, Klartext in Zahlen zu verwandeln. Eine sehr einfache besteht darin, die 0–25 für jeden Buchstaben zu benutzen und diese Zahlen hintereinander als durchgehenden Strang zu schreiben, wobei man die Ziffern 0–9 durch 00–09 darstellt. Damit würde zum Beispiel JULIUS zu 092011082018 (Achtung, A = 00). Möglicherweise braucht man zusätzliche Zahlen für Leerstellen, Zeichensetzung oder was auch immer. Eine Regel, die eine Zahl in eine andere überführt, nennt man zahlentheoretische Funktion.

Zahlen in einem Kreis zu anzuordnen, ist ein Standardtrick in der Zahlentheorie; man nennt das Modulare Arithmetik. Man nehme eine Zahl – in unserem Fall die 26. Dann tut man so, als seien 0 und 26 dasselbe, dann braucht man nur die Zahlen von 0–25. In seinen berühmten *Disquisitiones Arithmeticae* (Untersuchungen über höhere Arithmetik) wies Carl Friedrich Gauß 1801 nach, dass man in solch einem System Zahlen nach den üblichen Regeln der Algebra addieren, subtrahieren und multiplizieren kann, ohne den Bereich 0–25 zu verlassen. Man macht einfach die übliche Rechnung mit gewöhnlichen Zahlen und nimmt dann den Rest, der bei Division durch 26 bleibt. Zum Beispiel ist $23 \times 17 = 391$, und das ist $15 \times 26 + 1$. Der Rest ist 1, also ist in dieser ungewöhnlichen Rechenweise $23 \times 17 = 1$.

Das funktioniert genauso, wenn man 26 durch irgendeine andere Zahl ersetzt. Man nennt diese Zahl Modulus, und man schreibt (mod 26), um hervorzuheben, was gemeint ist. Um es korrekt auszudrücken, haben wir also ausgerechnet: $23 \times 17 = 1$ (mod 26).

Wie steht es mit Dividieren? Wenn wir diese Gleichung

durch 17 teilen und uns nicht fragen, was das bedeuten soll, erhalten wir

$$23 = 1/17 \pmod{26}$$

Durch 17 zu teilen, bedeutet also dasselbe wie mit 23 zu multiplizieren. Wir können nun eine neue Regel erfinden:

$$n \to 23n \pmod{26}$$

Deren Umkehrung lautet

$$n \leftarrow 17n \pmod{26}$$

Diese Regel bringt das Alphabet ganz schön durcheinander, statt ABCD... bekommt man

AXUROLIFCZWTQNKHEBYVSPMJGD

Das ist nach wie vor ein Ersetzungscode auf der Basis einzelner Buchstaben, kann also leicht geknackt werden; aber er verdeutlicht, dass man die Formel verändern kann. Außerdem illustriert er den Nutzen der Modularen Arithmetik, die ein Schlüssel zu vielen Zweigen der Zahlentheorie ist.

Allerdings muss man beim Dividieren auch achtgeben. Da $2 \times 13 = 26 = 0 \pmod{26}$ ist, kann man nicht durch 13 teilen, sonst erhielte man $2 = 0/13 = 0 \pmod{26}$ und das ist falsch. Dasselbe gilt für die Division durch 2. Ganz allgemein lautet die Regel, dass man durch jede Zahl teilen kann, die mit dem Modulus keinen gemeinsamen Teiler hat. 0 ist also aus dem Spiel, aber das ist ja keine Überraschung: Auch bei gewöhnlichen Zahlen kann man nicht durch 0 dividieren. Ist der Modulus eine Primzahl, kann man durch jede Zahl dividieren, die kleiner als der Modulus ist, die 0 ausgenommen.

Der Vorteil der Modularen Arithmetik besteht darin, dass sie der Liste der Klartext-«Wörter» eine algebraische Struktur gibt. Damit eröffnet sich eine große Bandbreite für die Umwandlung von Klartext in verschlüsselten Text und umgekehrt. Der Verdienst von Cocks und später Rivest, Shamir und Adleman besteht darin, eine besonders clevere Regel gewählt zu haben.

Wenn man eine Botschaft Buchstabe für Buchstabe codiert und dabei immer dieselbe Nummerierung der Buchstaben benutzt, ist das nicht besonders sicher: Ganz gleich, wie die Regel lautet, es handelt sich immer um einen Ersetzungscode. Wenn wir die Botschaft jedoch in Blöcke aufteilen, sagen wir, zehn Buchstaben lange Abschnitte (heutzutage eher hundert und mehr), und den Blöcken Zahlen zuordnen, erhalten wir einen Ersetzungscode für Blöcke. Falls diese lang genug sind, gibt es kein merkbares Muster für die Häufigkeit einzelner Blöcke mehr. Damit entfällt die Entschlüsselungsmöglichkeit durch Feststellen der Häufigkeitsverteilung der Zahlen.

* * *

Cocks und RSA leiteten ihre Regeln aus dem wundervollen Theorem her, das Fermat 1640 entdeckte und das uns sagt, wie sich *Potenzen* von Zahlen in der Modularen Arithmetik verhalten. Modern ausgedrückt, ließ Fermat seinen Freund de Bessy wissen, dass, falls n eine Primzahl ist

$$a^n = a \pmod{n} \quad \text{oder äquivalent} \quad a^{n-1} = 1 \pmod{n}$$

für jede Zahl a ($< n$) gilt. «Ich würde Ihnen einen Beweis senden, fürchte aber, das würde zu lang», schrieb Fermat. Euler lieferte dann 1736 den fehlenden Beweis, und 1763 veröffentlichte er einen allgemeineren Satz, der auch anwendbar ist, wenn der Modulus keine Primzahl ist. a und n dürfen darin keinen gemeinsamen Faktor haben, und der Exponent in der zweiten Version der Formel wird durch die Eulersche Phi-Funktion $\varphi(n)$ ersetzt. Wie die aussieht, muss uns nicht kümmern[42], aber wichtig zu wissen ist, dass $n=pq$ gilt, falls n das Produkt zweier Primzahlen p und q ist, $\varphi(n) = (p-1)(q-1)$.

Das RSA-Verschlüsselungssystem geht folgendermaßen vor:

- Finde zwei große Primzahlen p und q.
- Berechne das Produkt .
- Berechne $\varphi(n) = (p-1)(q-1)$. Dies halte geheim.
- Wähle eine ganze Zahl e, die keinen Primfaktor mit $\varphi(n)$ gemeinsam hat.
- Berechne d aus $de = 1$ (mod $\varphi(n)$).
- Die Zahl e kann öffentlich bekannt sein. (Was übrigens nicht viel Nützliches über $\varphi(n)$ verrät.)
- d bleibt geheim. (Dies ist absolut notwendig.)
- Nun sei r eine Botschaft in Klartext, als Zahl modulo n codiert.
- Berechne aus r den verschlüsselten Text r^e (mod n). (Auch diese Regel darf öffentlich sein.)
- Um r^e zu entschlüsseln, nehme man es zur d-ten Potenz (mod n). (d ist geheim, Sie erinnern sich.) Dies liefert $(r^e)^d = r^{ed}$ und dies ist nach Eulers Satz gleich r.

Die Verschlüsselungsregel lautet also «bilde die e-te Potenz»:

$$r \to r^e$$

Und die Regel zum Entschlüsseln ist: «bilde die d-te Potenz»:

$$s \to s^d$$

Einige mathematische Tricks, die ich hier nicht erläutern will, ermöglichen eine schnelle Berechnung (auf heutigen Computern) all dieser Schritte, vorausgesetzt, man kennt p und q einzeln. Der Clou ist: Wenn man sie nicht kennt, helfen n und e in der Berechnung von d auch nicht weiter; das aber braucht man zur Decodierung der Botschaft. Letztendlich muss man die Primfaktoren p und q von n finden, was offensichtlich viel schwieriger ist, als p und q zu multiplizieren.

Mit anderen Worten: «Nimm zur e-ten Potenz» ist die gesuchte Falltürfunktion.

Zurzeit lassen sich die Berechnungen für etwa 100-stellige Primzahlen p und q innerhalb einer Minute auf einem Laptop durchführen. Zu den angenehmen Eigenschaften der RSA-Methode gehört, dass man die Zahlen nur größer machen muss, wenn die Rechenleistung zunimmt. Die Methode bleibt dieselbe.

Zu den Nachteilen zählt, dass RSA zwar praktikabel, aber viel zu langsam ist, um den Inhalt jeder Nachricht zu verschlüsseln. In der Praxis besteht die hauptsächliche Anwendung von RSA darin, geheime Schlüssel für andere Chiffriersysteme sicher zu übermitteln. Das lässt sich weitaus schneller umsetzen und bietet genug Sicherheit, solange niemand den Schlüssel kennt. RSA löst also das Problem der Schlüsselübermittlung, das der Kryptografie seit ihren Anfängen zu schaffen gemacht hat. Dass der Enigma-Code geknackt wurde, lag unter anderem daran, dass bestimmte Einstellungen dieser Verschlüsselungsmaschine allmorgendlich auf unsicheren Wegen an die Operateure weitergegeben wurden. Eine weitere gängige Anwendung besteht darin, elektronische Signaturen zu verifizieren, also eine codierte Nachricht, die die Identität des Absenders beweist.

Cocks' Chef Ralph Benjamin, Chefwissenschaftler, Chefingenieur und geschäftsführender Direktor des GCHQ, war sehr auf Draht und bemerkte diese Möglichkeit. In einem Bericht schrieb er: «Ich hielt es für militärische Zwecke für sehr geeignet. In einer unübersichtlichen militärischen Lage kann man auf unvorhergesehene Bedrohungen und Chancen stoßen. Wenn man Schlüssel schnell und elektronisch teilen kann, verleiht das einen deutlichen Vorteil gegenüber dem Gegner.» Allerdings waren die Computer dieser Aufgabe damals noch nicht gewachsen, und die britische Regierung verpasste etwas, das mit mehr Voraussicht eine riesige Gelegenheit gewesen wäre.

* * *

Zum Lösen praktischer Probleme bieten mathematische Techniken selten konfektionierte Lösungen an. Wie bei anderen Dingen auch, müssen sie in der Regel angepasst und zurechtgeschneidert werden, um die diversen Schwierigkeiten auszuräumen. Das gilt auch für RSA: Die Methode ist nicht ganz so einfach, wie ich sie dargestellt habe. Tatsächlich tun sich mathematisch eine Reihe interessanter theoretischer Fragen auf, sobald man aus dem Zustand der Bewunderung für die Idee heraus ist und fragt, was schiefgehen könnte.

Zum Beispiel kann man leicht einsehen, dass die Berechnung von $\varphi(n)$ ohne die Kenntnis von p und q genauso schwierig ist wie die Bestimmung von p und q selbst. Tatsächlich scheint das der einzig gangbare Weg zu sein. Die wirklich große Frage ist also: Wie schwierig ist die Bestimmung von Primzahlfaktoren? Die meisten Mathematiker meinen, es sei rein rechentechnisch extrem schwierig: Jeder derartige Algorithmus hat eine Laufzeit, die explosiv mit der Anzahl der Stellen in dem Produkt pq anwächst. (Übrigens ist der Grund, warum man nur zwei Primzahlen nimmt und nicht drei oder vier, dass dies der schwierigste Fall ist. Je mehr Primfaktoren eine Zahl hat, desto leichter kann man diese finden. Dividiert man durch einen Faktor, wird die Zahl schon viel kleiner, und auch die restlichen sind leichter aufzuspüren.) Jedoch ist derzeit nicht *bewiesen*, dass Primzahlfaktorisierung tatsächlich schwierig ist. Niemand hat einen Ansatzpunkt für einen Beweis. Die Sicherheit der RSA-Methode beruht also auf einer unbewiesenen Vermutung.

Bei anderen Fragen und Fallstricken geht es um feine Details der Methode. Eine schlechte Wahl der verwendeten Zahlen kann RSA für ausgeklügelte Angriffe anfällig machen. Wenn zum Beispiel e zu klein ist, kann man die Nachricht r bestimmen, indem man die e-te Wurzel aus dem chiffrierten Text r^e zieht, als gewöhnliche Zahl betrachtet – also nicht modulo n. Eine weitere potenzielle Schwäche zeigt sich, wenn dieselbe Nachricht an e Empfänger mit derselben Potenz e gesendet wird, auch wenn p und q für jeden von ihnen verschieden sind. Man kann dann einen hübschen Satz, den Chinesischen Restsatz, zum Tragen bringen und damit den Klartext aufdecken.

Auch semantisch ist RSA, so wie ich sie beschrieben habe, nicht sicher; im Prinzip könnte man sie knacken, indem man sehr viele Klartextpassagen verschlüsselt und mit dem verschlüsselten Text, den man knacken möchte, abgleicht. Einfach durch Versuch und Irrtum. Bei langen Botschaften mag das unpraktisch sein, aber wenn viele kleine Nachrichten gesendet werden, könnte die Methode praktikabel werden. Um dem aus dem Weg zu gehen, wird RSA dadurch erweitert, dass man die Botschaft mit zusätzlichen Ziffern auffüllt, die nach einem bestimmten, aber zufällig ausgewählten System platziert werden. Dadurch wird der Klartext länger, und man vermeidet, dieselbe Botschaft viele Male zu senden.

Bei einer anderen Codeknackermethode wird kein mathematisches Defizit, sondern ein physikalisches in der Hardware ausgenutzt. Dem Kryptografieunternehmer Paul Kocher fiel 1995 Folgendes auf: Falls der Codeknacker die verwendete Hardware gut genug kennt und messen kann, wie lange es dauert, mehrere Botschaften zu decodieren, kann der geheime Schlüssel d leicht hergeleitet werden. Dan Boneh und David Brumley führten 2003 eine Version dieser Angriffsmethode in der Praxis vor, und zwar an Nachrichten, die über ein geläufiges Netzwerk mittels des Standard-SSL (Secure Sockets Layer)-Protokolls verschickt wurden.

Die Existenz mathematischer Methoden, die *in manchen Fällen* die Faktorisierung sehr schnell durchführen können, setzt voraus, dass die Primzahlen p und q bestimmten Einschränkungen unterliegen. Sie sollten nicht zu nah beieinanderliegen, weil sonst eine Faktorisierungsmethode anwendbar ist, die schon auf Fermat zurückgeht. Im Jahr 2012 unternahm eine Gruppe um Arjen Lenstra einen solchen Versuch mit Millionen öffentlicher Schlüssel, die sie dem Internet entnommen hatten; dabei konnten sie einen unter fünfhundert Schlüsseln knacken.

Einen echten Paradigmenwechsel würde ein praktikabler

Quantencomputer bringen. Diese Rechner benutzen Quantenbits anstelle der binären Zeichen 0 und 1 und können im Prinzip ungeheuer große Berechnungen durchführen wie das Faktorisieren riesig großer Zahlen, und das mit nie gekannter Geschwindigkeit. Später im Kapitel werde ich darauf genauer eingehen.

* * *

Die RSA-Methode ist nur eine von vielen Verschlüsselungsmethoden, die auf Zahlentheorie beruhen oder ihrer nahen Verwandten, der Kombinatorik, das sind Verfahren, die Anzahl möglicher Umstellungen eines Arrangements zu bestimmen, ohne alle Möglichkeiten explizit aufzulisten. Um Sie davon zu überzeugen, dass die mathematischen Möglichkeiten, was die Kryptografie angeht, noch lange nicht erschöpft sind, will ich ein alternatives Verschlüsselungssystem beschreiben, das einen der tiefst liegenden und spannendsten Bereiche der heutigen Zahlentheorie ausnutzt. In diesem Bereich geht es um «elliptische Kurven», die unter anderem für Andrew Wiles' epischen Beweis von Fermats Letztem Satz von zentraler Bedeutung sind.

Die Zahlentheorie hat sich seit Fermat und Euler stark weiterentwickelt. Ebenso die Algebra, deren Betonung sich von der symbolischen Darstellung unbekannter Zahlen auf allgemeine Eigenschaften von symbolischen Systemen, die durch bestimmte Regeln definiert sind, verschoben hat. Diese beiden Forschungsbereiche überschneiden sich in wesentlichen Punkten. Einige faszinierende Ideen zur Verschlüsselung sind aus einer Kombination zweier Spezialgebiete von Algebra und Zahlentheorie entstanden: endliche Körper und elliptische

Kurven. Um zu verstehen, worum es geht, müssen wir zuerst wissen, was das ist.

Wir haben gesehen, dass es in der Modularen Arithmetik möglich ist, «Zahlen» nach den üblichen algebraischen Regeln zu addieren, zu subtrahieren und zu multiplizieren. Um nicht vom Thema abzukommen, habe ich nicht wirklich gesagt, welches diese Regeln sind, aber typische Beispiele sind das Kommutativgesetz $ab = ba$ und das Assoziativgesetz $(ab)c = a(bc)$. Diese gelten für die Multiplikation und für die Addition analog. Es gilt auch das Distributivgesetz $a(b+c) = ab + ac$, und es gibt einfache Regeln für die 0 und die 1, wie $0 + a = a$ und $1a = a$. Jedes System, das diesen Gesetzen gehorcht, nennt man einen Ring. Wenn zusätzlich auch Teilen möglich ist (außer durch 0), spricht man von einem Körper. Diese Namen sind historisch entstanden und gehen auf die Vorstellung zurück, dass in einem «Ring» aus Menschen (zum Beispiel ein Verbrecherring) eine Zusammengehörigkeit besteht, die auf gewissen Regeln basiert; der «Körper» orientiert sich an der «Körperschaft», die man als Verbindung ansehen darf, in der das Reglement noch strikter ist. Die ganzen Zahlen modulo 26 bilden einen Ring, der als $\mathbb{Z}_{26}$ bekannt ist. Wir haben gesehen, dass es Probleme beim Teilen durch 2 oder 13 gibt, also handelt es sich nicht um einen Körper. Ich habe auch schon festgestellt (allerdings ohne Begründung), dass ganze Zahlen modulo eine Primzahl dieses Problem nicht haben, weswegen $\mathbb{Z}_2$, $\mathbb{Z}_3$, $\mathbb{Z}_5$ $\mathbb{Z}_7$ und so weiter – also die ganzen Zahlen modulo 2, 3, 5, 7 – alle Körper sind.

Die gewöhnlichen ganzen Zahlen gehen immer weiter: sie bilden eine unendliche Menge. Im Gegensatz dazu sind Zahlensysteme wie $\mathbb{Z}_{26}$ und $\mathbb{Z}_7$ endlich. Ersteres enthält nur die Zahlen 0–25, das Zweite 0–6. Das Erste ist ein endlicher

Ring, das Zweite ein endlicher Körper. Es ist wirklich bemerkenswert, dass endliche Systeme derart vielen algebraischen Gesetzen ohne logische Unverträglichkeiten gehorchen können. Wenn endliche Zahlensysteme nicht zu groß sind, eignen sie sich gut für Computerberechnungen, weil diese *exakt* ausgeführt werden können. Daher überrascht es nicht, dass eine ganze Reihe Codes auf endlichen Körpern basieren. Und das gilt nicht nur für kryptografische Verschlüsselungen zur Geheimhaltung, sondern auch für Codes zum Aufspüren und Korrigieren von Fehlern, die dafür sorgen, dass Nachrichten fehlerfrei und ungestört zum Beispiel durch Zufalls«rauschen» aufgrund von elektromagnetischen Interferenzen übertragen werden. Um solche Fragen geht es in einem ganz neuen Zweig der Mathematik, der Codierungstheorie.

Die einfachsten endlichen Körper sind die $\mathbb{Z}_p$, also die ganzen Zahlen modulo eine Primzahl p. Dass sie einen Körper bilden (wenn auch noch nicht unter dieser Bezeichnung), war schon Fermat bekannt. Der französische Revolutionär Évariste Galois, der mit 20 Jahren in einem Duell tragisch ums Leben kam, bewies, dass sie nicht die einzigen endlichen Körper darstellen. Er fand alle: Es gibt zu jeder Primzahlpotenz p^n einen endlichen Körper, und dieser enthält genau p^n verschiedene «Zahlen». (Achtung! Für n größer als 1 stimmt dieser Körper nicht mit den ganzen Zahlen modulo p^n überein.) Es gibt also endliche Körper mit 2, 3, 4, 5, 7, 8, 9, 11, 13, 16, 17, 19, 23, 25, ... Elementen, nicht jedoch mit 1, 6, 10, 12, 14, 15, 18, 20, 21, 22, 24, ... vielen – ein äußerst merkwürdiger Satz.

Elliptische Kurven (die nur entfernt mit Ellipsen verwandt sind) kommen aus einem anderen Bereich, der klassischen Zahlentheorie. Ungefähr um 250 n. Chr. schrieb der griechische Mathematiker Diophant von Alexandria auf, wie man algebraische Gleichungen mit ganzen Zahlen (oder Brüchen) löst. Zum Beispiel ist das berühmte 3-4-5-Dreieck laut Pythagoras rechtwinklig, weil $3^2 + 4^2 = 5^2$. gilt. Diese Zahlen lösen also die Gleichung des Pythagoras $x^2 + y^2 = z^2$. Einer der Sätze von Diophant zeigt, wie man alle Lösungen dieser Gleichung als Brüche und insbesondere in ganzen Zahlen findet. Dieser allgemeine Bereich der Mathematik, wie man Gleichungen in rationalen Zahlen löst, heißt *Diophantische Gleichungen*. Die Beschränkung auf rationale Zahlen macht den entscheidenden Unterschied; zum Beispiel kann man $x^2 = 2$ innerhalb der reellen Zahlen lösen, nicht aber innerhalb der rationalen.

Eins der Diophantischen Probleme lautet: «Teile eine gegebene Zahl so in zwei Zahlen auf, dass ihr Produkt ein Kubus minus seiner Seitenlänge ist.» Nennen wir die ursprüngliche Zahl a und spalten sie auf in Y und $Y - a$; dann wollen wir lösen:

$$Y(a - Y) = X^3 - X$$

Diophant untersuchte den Fall $a = 6$. Mit einer geschickten Umbenennung der Variablen (9 subtrahieren, dann Y in $y + 3$ und X in $-x$ umwandeln) wird aus der Gleichung

$$y^2 = x^3 - x + 9$$

Daraus leitete er die Lösung $X = 17/9$ und $Y = 26/27$ ab.

Ähnliche Gleichungen ergaben sich bemerkenswerterweise in der Geometrie, als man versuchte, die Bogenlänge eines Ellipsensegments mithilfe der Analysis (eine Art höhere Differentialrechnung) zu berechnen. Genauso entstand auch die Bezeichnung «elliptische Kurve». Die Lösung mittels Analysis für das analoge Problem beim Kreis war bekannt. Dabei reduziert sich das Problem darauf, das Integral einer Funktion zu finden, die die Quadratwurzel eines quadratischen Polynoms enthält, und das gelingt mithilfe (inverser) trigonometrischer Funktionen. Wendet man dieselbe Methode auf das Ellipsenproblem an, führt das zum Integral über eine Funktion, die die Quadratwurzel aus einem kubischen Polynom enthält, und nach einigen fruchtlosen Versuchen wurde klar, dass man es hier mit einer neuen Funktionenklasse zu tun hat. Diese Funktionen stellten sich als sehr hübsch heraus, wiewohl sehr kompliziert, und man taufte sie wegen ihrer Beziehung zum Bogen einer Ellipse elliptische Funktionen. Die Quadratwurzel eines kubischen Polynoms ist eine Lösung y der Gleichung:

$$y^2 = x^3 + ax + b$$

(etwaige quadratische Terme in x kann man durch geeignete Transformation der Variablen 0 machen). Geometrisch als Koordinatengleichung aufgefasst, definiert diese Gleichung eine ebene Kurve; deswegen nannte man solche Kurven (und die zugehörige algebraische Version) «elliptische Kurven».

Sind die Koeffizienten ganze Zahlen, kann man die Gleichung in der Modularen Arithmetik betrachten, sagen wir in $\mathbb{Z}_7$. Jede ganzzahlige Lösung entspricht dann einer in der Arithmetik modulo 7. Da es sich dabei um ein endliches System handelt, kommt man mit Ausprobieren weiter. Bei der Diophantischen Gleichung $y^2 = x^3 - x + 9$ ergeben sich schnell als einzige Lösungen (mod 7):

$$\begin{array}{ll} x = 2, y = 2 & x = 2, y = 5 \\ x = 3, y = 1 & x = 3, y = 6 \\ x = 4, y = 3 & x = 4, y = 4 \end{array}$$

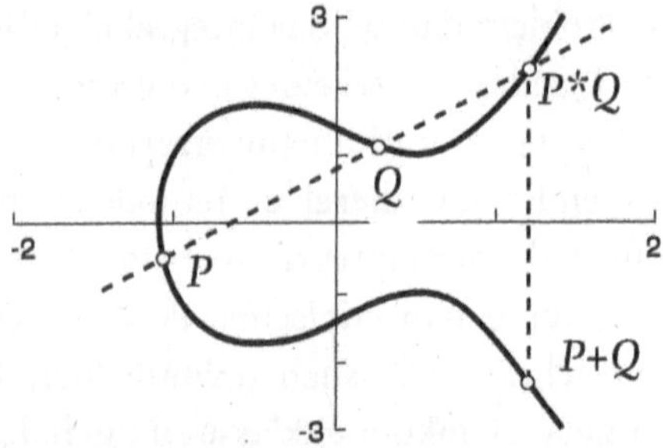

Abb. 19 Um zwei Punkte *P* und *Q* auf einer elliptischen Kurve zu «addieren», verbindet man sie durch eine Gerade; diese geht durch einen dritten Punkt *P*Q*. Das Spiegelbild dieses Punktes (bezüglich der x-Achse) ist *P+Q*.

Jede übliche Lösung in ganzen Zahlen muss modulo 7 auf eine dieser 6 Möglichkeiten führen. Dasselbe gilt für rationale Lösungen, es sei denn, der Nenner ist ein Vielfaches von 7 – diese sind verboten, weil der Nenner in $\mathbb{Z}_7$ dann 0 wird. Man ändere 7 in eine andere Zahl um, dann erhält man weitere Informationen über die Form jedweder hypothetischen rationalen Lösung.

Als Nächstes schauen wir uns elliptische Kurven – Gleichungen – über endlichen Ringen und Körpern an. Die geometrische Form einer Kurve eignet sich dafür nicht, da wir es ja nur mit einer endlichen Punktmenge zu tun haben, aber aus Bequemlichkeit benutzen wir dieselbe Bezeichnung. Die Abbildung zeigt eine typische Form sowie eine zusätzliche Eigenschaft, die schon Fermat und Euler bekannt war und Mathematiker im frühen 20. Jahrhundert faszinierte. Hat man zwei Lösungen, kann man eine weitere durch «Addition» bekommen, so wie in der Abbildung dargestellt. Sind die Lösungen rationale Zahlen, so ist es auch ihre Summe.

Man bekommt hier also nicht nur «Eins extra beim Kauf von zwei», sondern «Jede Menge beim Kauf von zwei», denn man kann diese Konstruktion wiederholen. Manchmal kommt man dadurch an den Ausgangspunkt zurück, doch in der Regel werden so unendlich viele Lösungen erzeugt. Tatsächlich haben die Lösungen sogar eine angenehme algebraische Eigenschaft: Sie bilden eine Gruppe, die Mordell-Weil-Gruppe der elliptischen Kurve. Louis Mordell bewies ihre grundlegenden Eigenschaften, und André Weil verallgemeinerte sie. «Gruppe» bedeutet hier, dass die Addition einige wenige einfache Regeln erfüllt. Die Gruppe ist kommutativ, das bedeutet $P + Q = Q + P$, was schon in der Abbildung offensichtlich ist, da die Gerade durch P und Q dieselbe ist wie die durch Q und P. Die Existenz einer solchen Gruppe ist ungewöhnlich; die meisten Diophantischen Gleichungen sind weit weniger verbindlich. Viele haben gar keine Lösungen, manche nur einige wenige, und man kann nur schwer absehen, womit man es zu tun hat. Aus diesem und auch anderen Gründen sind elliptische Kurven Gegenstand intensiver Forschung. Andrew Wiles bewies eine tief liegende Vermutung über elliptische Kurven als Schlüsselelement in seinem Beweis von Fermats Letztem Satz.

* * *

An der Gruppenstruktur einer elliptischen Kurve sind auch Kryptografen interessiert. Gewöhnlich geht es dabei um eine Art «Addition» der Lösungen, obwohl die Formel wesentlich komplizierter ist, weil sie kommutativ ist und weil sich das Symbol + in der Theorie kommutativer Gruppen eingebürgert hat. Insbesondere, wenn man eine Lösung (x,y) hat, die man sich als Punkt P in der Ebene vorstellen kann, erzeugt man Lösungen $P + P$, $P + P + P$ und so weiter. Es liegt nahe, diese 2P, 3P und so weiter zu nennen.

Im Jahr 1985 bemerkten Neal Koblitz und Victor Miller unabhängig voneinander, dass man die Gruppeneigenschaften einer elliptischen Kurve für Verschlüsselungen nutzen kann. Die Grundidee geht von einem endlichen Körper mit einer großen Anzahl Elementen aus. Um P zu verschlüsseln, errechnet man kP mit einer sehr großen ganzen Zahl k, was leicht mit einem Computer zu machen ist, und nennt das Resultat Q. Um den Prozess umzukehren, muss man mit Q anfangen und P finden – im Endeffekt also durch k teilen. Da die Gruppenformel aber so komplex ist, gestaltet sich die Rückrechnung als sehr schwierig; damit hat man eine neue Falltürfunktion gefunden und damit ein Public-Key-Verschlüsselungssystem. Es heißt Elliptic Curve Cryptography, oder kurz ECC. Genauso wie man RSA mit vielen verschiedenen Primzahlen nutzen kann, lässt sich ECC auf viele verschiedene elliptische Kurven anwenden, über viele verschiedene endliche Körper und mit unterschiedlicher Auswahl des Punkts P und des Faktors k. Und auch hier gibt es einen geheimen Schlüssel, der schnelles Decodieren erlaubt.

Als Vorteil erweist sich die Tatsache, dass schon eine kleinere Gruppe einen Schlüssel erzeugt, der genauso sicher ist wie ein RSA-Code, der auf einer wesentlich größeren Primzahl beruht. Die Verschlüsselung mit elliptischen Kurven ist also effizienter. Einen Klartext zu verschlüsseln und zu entschlüsseln, geht also, Kenntnis des geheimen Schlüssels vorausgesetzt, schneller und ist einfacher. Den Code zu knacken, ist dagegen genau so schwierig. Schon 2005 empfahl die NSA (National Security Agency der USA), die Forschung an Public-Key-Verschlüsselung solle sich auf das neue Feld der elliptischen Kurven konzentrieren. Wie beim RSA-System gibt es auch bei ECC keinen strengen Beweis, dass es sicher ist. Es bietet ähnliche Angriffsflächen wie RSA.

Momentan ist das Interesse an Kryptowährungen sehr groß. Dabei handelt es sich um Geldsysteme, die nicht von Banken kontrolliert werden, obwohl auch Banken sich allmählich interessiert zeigen. Immer zur Stelle, wenn es um Geld geht, die Banken! Die am besten bekannte Kryptowährung ist Bitcoin (ein Kunstwort aus *Bit* und *coin*, dem englischen Wort für Münze). Die Sicherheit von Bitcoins wird durch eine Technik namens Blockchain garantiert; dabei handelt es sich um eine verschlüsselte Buchführung über alle mit diesem Bitcoin durchgeführten Transaktionen. Neue «Münzen» werden quasi «geschürft», sie entstehen durch *mining*, das im Wesentlichen aus der Durchführung gewaltig vieler, ansonsten völlig sinnloser Rechenoperationen besteht. Das Schürfen von Bitcoins verbraucht beträchtliche Energiemengen zu keinem anderen Zweck, als einige wenige Menschen reicher zu machen. In Island, wo Strom aufgrund der Erzeugung aus natürlichen Geysiren sehr preiswert ist, wird durch Bitcoin-Mining mehr Elektrizität verbraucht als von allen isländischen Haushalten zusammen. Schwer einzusehen, was diese Aktivität im Kampf gegen den Klimawandel und seine Folgen bringen soll, aber so ist es nun mal.

Bitcoin und viele andere Kryptowährungen nutzen eine bestimmte elliptische Kurve, die auf den griffigen Namen secp256k1 hört. Ihre Gleichung, $y^2 = x^3 + 7$, ist wesentlich eingängiger, und das scheint auch der Grund zu sein, warum man sie gewählt hat. Die Verschlüsselung mit secp256k1 geht von einem Punkt auf der Kurve aus, der gegeben ist durch

$$
\begin{aligned}
x &= 5506626302227734366957871889516853432625\\
&\quad 0603453777594175500187360389116729240\\
y &= 3267051002075881697808308513050704318447127\\
&\quad 3380659243924327593890433575733748 2424
\end{aligned}
$$

Das gibt einen Eindruck von den gigantischen Zahlen, die beim praktischen Einsatz von ECC auftauchen.

* * *

Ich habe schon mehrmals gesagt, dass die Sicherheit des RSA-Systems auf der unbewiesenen Annahme beruht, dass die Primfaktorzerlegung schwierig ist. Auch wenn das so sein sollte, und das ist sehr wahrscheinlich, könnte es andere Möglichkeiten geben, die Sicherheit der Verschlüsselung zu gefährden, und dasselbe gilt für alle klassischen Public-Key-Verschlüsselungsverfahren. Eine Möglichkeit wäre, dass jemand einen Computer erfindet, der viel schneller ist als alle, die derzeit verfügbar sind. Tatsächlich zeichnet sich diese neue Art von Sicherheitsbedrohung bereits am Horizont ab: der Quantencomputer.

Ein klassisches physikalisches System existiert in einem bestimmten Zustand. Eine Münze auf dem Tisch zeigt entweder Kopf oder Zahl. Ein Schalter ist entweder an oder aus. Eine binäre Ziffer (oder «Bit») in einem Computerspeicher ist entweder 0 oder 1. Quantensysteme sind nicht so. Ein Quantenobjekt ist eine Welle, und Wellen können einander überlagern, was man technisch als Superposition bezeichnet. Der Zustand einer Superposition ist eine Mischung aus den Zuständen der überlagerten Wellen. Das berühmte, um nicht zu sagen berüchtigte Beispiel von Schrödingers Katze ist ein anschauliches Beispiel: Durch Trickserei mit einem radioaktiven Atom und einem Behälter mit Giftgas sowie einer Katze in einer blick- und gasdichten Kiste kann der Quantenzustand des unglücklichen Tiers eine Superposition aus «lebendig» und «tot» sein. Eine klassische Katze wäre entweder das eine oder das andere, aber eine Quantenmieze kann beides zugleich sein.

Nun machen wir die Kiste auf.

Dann «kollabiert» die Wellenfunktion zu einem der klassischen Zustände. Entweder lebendig oder tot. Unsere Neugier (Kiste öffnen) tötet die Katze. Oder auch nicht.

Ich will hier gar nicht auf die kontroverse und oft hitzige Debatte darüber eingehen, ob Quantenzustände wirklich auf diese Weise für Katzen funktionieren würden.[43] Wichtig ist hier, dass die mathematische Physik bei einfacheren Objekten wunderbar funktioniert, die bereits für die Herstellung rudimentärer Quantencomputer verwendet werden. Anstelle des Bits, entweder 0 oder 1, tritt hier das Qubit, sowohl 0 als auch 1 gleichzeitig. In einem klassischen Computer, wie Sie und ich einen auf dem Schreibtisch, in der Laptop- oder der Jackentasche haben, wird Information als Folge von Nullen und Einsen verarbeitet. Dabei kommen tatsächlich auch Quanteneffekte zum Tragen, weil Computerchips heutzutage bereits so klein sind, aber im Endeffekt folgen die Berechnungen der klassischen Physik. Ingenieure, die klassische Computer bauen, geben sich große Mühe, um sicherzustellen, dass 0 0 bleibt und 1 1 und sich die beiden niemals begegnen. Die klassische Katze muss entweder lebendig oder tot sein. Ein Computerregister von (sagen wir) 8 Bits kann nur eine einzige Bitfolge, zum Beispiel 01101101 oder 10000110 speichern.

In einem Quantencomputer gilt genau das Gegenteil. Ein Register von 8 Qubits kann die beiden gleichzeitig speichern und dazu noch weitere 254 mögliche 8-Bit-Sequenzen. Darüber hinaus kann er mit allen 256 Möglichkeiten gleichzeitig rechnen. Es ist, als hätte man 256 Computer statt nur einem. Je länger die Sequenzen, desto schneller steigt die Zahl der Möglichkeiten explosiv an. Ein 100-Bit-Register kann eine einzelne Folge von 100 Bit speichern. Ein 100-Qubit-Register kann alle etwa 10^{30} möglichen Folgen von 100 Bits speichern und manipulieren. Das ist «Parallelverarbeitung» in großem Stil, und das ist auch der Grund, warum so viele Leute sich für Quantencomputer begeistern. Statt 10^{30} Berechnungen eine nach der anderen durchzuführen, macht man sie alle *auf einen Schlag*.

Im Prinzip jedenfalls.

In den 1980er-Jahren schlug Paul Benioff ein Quantenmodell der Turingmaschine vor, der theoretischen Formulierung eines klassischen Rechners. Kurz darauf wiesen der Physiker Richard Feynman und der Mathematiker Yuri Manin darauf hin, dass ein Quantencomputer eine große Anzahl von Berechnungen parallel durchführen könnte. Einen großen theoretischen Durchbruch brachte 1994 Peter Shors Erfindung eines sehr schnellen Quantenalgorithmus zur Primzahlfaktorisierung großer Zahlen. Dies zeigt, dass das RSA-Kryptosystem potenziell anfällig ist für Angriffe durch einen Gegner, der einen Quantencomputer benutzt. Noch wichtiger aber zeigt es, dass ein Quantenalgorithmus einen klassischen Algorithmus bei einem echten, nicht künstlichen Problem überflügeln kann.

In der Praxis sind die Hindernisse für den Bau eines praktikablen Quantencomputers riesig. Winzige Störungen durch externe Quellen oder schon allein die Schwingung von Molekülen, die wir Wärme nennen, bringen einen Superpositionszustand sehr schnell zum Zusammenbruch, zur sogenannten «Dekohärenz». Um derartige Probleme abzumildern, muss die Maschine derzeit bis nahe zum absoluten Nullpunkt (–273 °C) gekühlt werden, was den Einsatz von Helium-3 erfordert, einem seltenen Nebenprodukt von Kernreaktionen. Selbst dadurch lässt sich die Dekohärenz nicht völlig verhindern, nur verlangsamen. Also muss jede Berechnung ein Fehlerkorrektursystem beinhalten, das Störungen durch externe Quellen erkennt und Qubits auf ihre korrekten Zustände zurücksetzt. Das Quantenfehlertoleranz-Theorem sagt uns, dass diese Technik funktioniert, sofern sie Fehler schneller korrigieren kann, als Dekohärenz sie verursacht. Über den Daumen gepeilt, darf die Fehlerrate eines logischen Gatters höchstens ein Promille betragen.

Fehlerkorrektur bringt auch Nachteile: Es werden mehr Qubits gebraucht. Um zum Beispiel eine Zahl, die mithilfe von Shors Algorithmus durch n Qubits dargestellt wird, in Faktoren zu zerlegen, braucht das Programm eine Zeit, die in etwa zu n, höchstens n^2 proportional ist. Mit Fehlerkorrektur, die in der Regel unverzichtbar ist, wird daraus schon n^3. Bei einer 1000-Qubit-Zahl vertausendfacht die Fehlerkorrektur also die Rechenzeit.

Bis vor Kurzem hat noch niemand einen Quantencomputer mit mehr als ein paar Qubits gebaut. Jonathan A. Jones und Michele Mosca verwendeten 1998 ein 2-Qubit-Gerät, um Deutschs Problem zu lösen. Dieses stammt aus einer Arbeit von David Deutsch und Richard Jozsa im Jahr 1992. Es ist ein Quantenalgorithmus, der exponentiell schneller läuft als jeder herkömmliche Algorithmus; er gibt immer eine Antwort, und die Antwort ist immer richtig. Er löst folgendes Problem: Man hat uns ein hypothetisches Gerät geschenkt, ein *Orakel*, das eine Boolesche Funktion eingebaut hat: eine, die jede n-stellige Bitfolge entweder in 0 oder 1 umwandelt. Mathematisch *ist* das Orakel diese Funktion. Es wird uns auch gesagt, dass die Boolesche Funktion entweder überall den Wert 0 annimmt oder überall den Wert 1 oder 0 auf genau der Hälfte der Bitfolgen und 1 auf der anderen Hälfte. Das Problem besteht darin zu bestimmen, welcher dieser drei Fälle auftritt, indem man die Funktion auf Bitfolgen anwendet und das Ergebnis untersucht. Deutschs Problem ist mit Absicht künstlich, eine Machbarkeitsstudie und nicht praktisch. Sein Wert besteht darin, dass es ein bestimmtes Problem benennt, bei dem ein Quantenalgorithmus nachweislich jeden konventionellen übertrifft. Technisch gesprochen, beweist es, dass die Komplexitätsklasse EQP (Klasse der auf einem Quantencomputer in polynomieller Zeit exakt lösbaren Probleme) sich von der Klasse P (exakt in polynomieller Zeit lösbaren Probleme auf herkömmlichen Computern) unterscheidet.

Im Jahr 1998 gab es schon eine 3-Qubit-Maschine, und Computer mit 5 und 7 Qubits kamen 2000 dazu. Im Jahr 2001 setzten Lieven Vandersypen und Mitarbeiter[44] Shors Algorithmus um, indem sie sieben Spin-1/2-Kerne in einem dazu konstruierten Molekül als Quantenbits einsetzten, die man bei Zimmertemperatur mit Magnetresonanz-Techniken manipulieren kann, sodass sie die Primfaktoren der Zahl 15 finden. Die meisten von uns können das im Kopf, aber es war ein wichtiger Machbarkeitsnachweis. Bis 2006 war die Forschung bei 12 Qubits angekommen, und es gab Vorankündigungen für 28 im Jahr 2007 durch ein Unternehmen namens D-Wave.

* * *

Zwischenzeitlich haben Forscher die Lebensdauer eines Quantenzustands, bevor er durch Dekohärenz zerfällt, erheblich verlängert. Im Jahr 2008 wurde ein Qubit länger als eine Sekunde in einem Atomkern gespeichert. 2015 betrug die Lebensdauer schon sechs Stunden. Diese Zeiten sind schwer zu vergleichen, weil die unterschiedlichen Geräte verschiedene Quantenmethoden verwendeten, aber die Fortschritte waren beeindruckend. D-Wave gab 2011 bekannt, das Unternehmen habe einen kommerziell erhältlichen Quantencomputer, D-Wave One, mit einem 128-Qubit-Prozessor gefertigt. Um 2015 behauptete D-Wave, mehr als 1000 Qubits erreicht zu haben.

Die ersten Reaktionen auf die Behauptungen von D-Wave waren skeptisch. Die Architektur des Geräts war ungewöhnlich, und einige fragten sich, ob es weniger ein echter Quantencomputer als vielmehr ein schicker klassischer Computer mit einigen Bauteilen war, die Quanteneffekte ausnutzten. In Tests übertraf er handelsübliche Computer beim Ausführen nützlicher Aufgaben, aber es handelte sich immer um Fragestellungen, für die die Maschine im Gegensatz zu den normalen Rechnern speziell entwickelt worden war. Sein Vorsprung verflüchtigte sich, als auch die klassischen Geräte speziell für diese Aufgaben konzipiert wurden. Die Kontroverse geht weiter, aber die Maschinen von D-Wave sind im Einsatz und funktionieren gut.

Ein zentrales Ziel der Forschung ist Quantenüberlegenheit: einen Quantencomputer zu bauen, der die besten klassischen Computer in mindestens einer Berechnung übertrifft. 2019 veröffentlichte ein Team von Google AI in *Nature* eine Arbeit mit dem Titel «Quantum supremacy using a programmable superconducting processor» (Quantenüberlegenheit mittels programmierbarem supraleitendem Prozessor).[45] Die Ankündigung besagte, man habe einen Quantenprozessor namens Sycamore (deutsch: Bergahorn) mit 54 Qubits gebaut, von denen eines versagt hätte, wodurch die Zahl auf 53 reduziert wurde. Er habe in 200 Sekunden eine Aufgabe gelöst, für die ein herkömmlicher Computer 10 000 Jahre gebraucht hätte.

Diese Behauptung wurde sogleich aus zwei Gründen infrage gestellt. Einer lautete, dass auch ein klassischer Computer die Berechnung wahrscheinlich in kürzerer Zeit schaffen würde. Der andere wies darauf hin, dass die Aufgabe, die Sycamore löste, sehr speziell war, nämlich den Output einer Zufalls-Quantenschaltung auszulesen und auszuwerten. Die Schaltung ist so konzipiert, dass sie ihre Bestandteile zufällig verbindet, mit dem Ziel, die Wahrscheinlichkeitsverteilung einer Stichprobe der möglichen Outputs zu berechnen. Einige Outputs erscheinen wesentlich wahrscheinlicher als andere, weswegen die Verteilung sehr kompliziert und nicht gleichförmig ist. Jede klassische Berechnung braucht dafür eine Zeit, die exponentiell mit der Anzahl Qubits wächst. Nichtsdestotrotz hatte das Team sein Hauptziel erreicht: nachzuweisen, dass kein praktisches Hindernis die Konstruktion eines Quantencomputers unterbindet, der einen klassischen Computer in *irgendetwas* schlägt.

Eine Frage, die augenblicklich aufkommt, lautet: Wie stellt man sicher, dass die Lösung stimmt? Man kann keine 10 000 Jahre auf die Antwort eines klassischen Computers warten, und das Resultat ohne Prüfung einfach zu glauben, geht auch nicht. Das Team ging dieser Frage mit einer Methode namens Cross-Entropy-Benchmarking nach; dabei vergleicht man die Häufigkeiten bestimmter Bitfolgen mit den auf einem klassi-

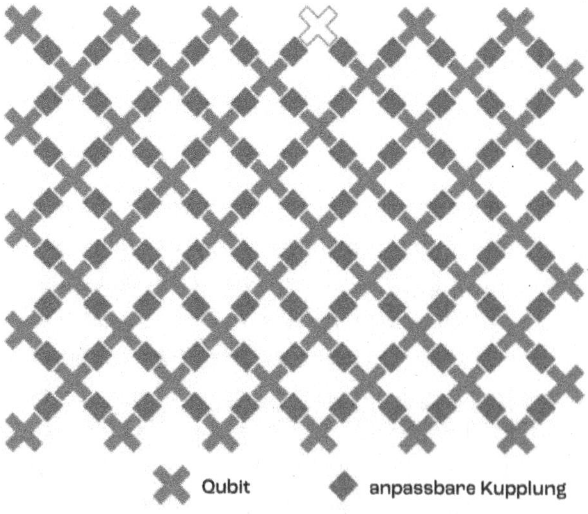

Abb. 20 Architektur des Sycamore-Quantenprozessors.

schen Computer theoretisch berechneten Häufigkeiten. Daraus ergibt sich ein Maß für die Genauigkeit des Resultats. Unter dem Strich ergab sich eine Präzision von 0,2 Prozent mit sehr hoher Wahrscheinlichkeit («5 Sigma»).

Trotz aller Fortschritte glauben die meisten Experten, dass es bis zu einem praktikablen Quantencomputer noch ein langer Weg ist. Manche sind sogar nicht zu überzeugen, dass jemals ein solcher gebaut werden kann. Der Physiker Mikhail Dyakonov schrieb:

«Die Anzahl kontinuierlicher Parameter, die den Zustand eines solchen brauchbaren Quantencomputers in jedem Moment beschreiben, beläuft sich auf ... etwa 10^{300}. ... Werden wir jemals in der Lage sein, die mehr als 10^{300} variablen Parameter zu kontrollieren, die den Quantenzustand eines solchen Systems definieren? Meine Antwort ist einfach: *Nein, niemals.*»

***

Dyakonov könnte recht haben, aber andere widersprechen. Wie auch immer, die bloße Möglichkeit, dass jemand – wahrscheinlich ein großes Forscherteam, vom Staat oder einem großen Unternehmen finanziert – einen Quantencomputer konstruieren *könnte*, reicht aus, um den Nachrichtendiensten vieler Staaten und der Finanzwirtschaft Albträume zu bereiten. Gegnerische Streitkräfte könnten militärische Nachrichten entschlüsseln, Kriminelle könnten Internethandel und Onlinebanking zum Erliegen bringen. Deshalb beschäftigen sich Theoretiker damit, wie Kryptografie in einer Post-Quantenwelt aussehen könnte, und versuchen die Nase vorn zu haben und die Sicherheit der Kommunikation zu erhalten.

Die gute Nachricht ist: Alles, was ein Quantencomputer knacken kann, kann er auch sicher machen. Dafür braucht es neue kryptografische Methoden, die mithilfe von Quantenberechnungen neue Codes erzeugen, die auch ein Quantencomputer nicht entschlüsseln kann. Das hätte ein Neudenken der zugrunde liegenden Mathematik zur Folge. Interessanterweise wird dazu immer noch viel Zahlentheorie gebraucht, wenn auch eine modernere Fassung als die von Fermat.

Das möglicherweise bevorstehende Auftreten von Quantencomputern hat eine Welle neuer Forschungen ausgelöst, die nach Verschlüsselungen suchen, die von einem solchen Computer nicht geknackt werden können. Kürzlich hat das US-amerikanische National Institute of Standards and Technology (NIST)(in etwa vergleichbar der deutschen Physikalisch-Technischen Bundesanstalt) das Programm Post Quantum Cryptography aufgelegt, dessen Ziel es ist, klassische Verschlüsselungsmethoden zu identifizieren, die gefährdet sind, und Möglichkeiten zu finden, ihre Schwächen auszumerzen. John Proos und Christof Zalka[46] haben 2003 die Schwächen des RSA-Systems und der auf elliptischen Kurven basierenden Kryptografie gegenüber einem Quantencomputer ausgelotet, der Shors Algorithmus benutzt. Martin Roetteler und seine Mitarbeiter[47] haben deren Resultate 2017 auf einen neueren Stand gebracht. Sie konnten zeigen, dass RSA für eine elliptische Kurve über einem endlichen Körper mit q Elementen, wobei q ungefähr 2^n ist, angreifbar wird, wenn ein Quantencomputer über $9n + 2 \log_2 n + 10$ Qubits und eine Schaltung mit höchstens $448n^3 \log_2 n + 4090n^3$ Toffoli-Gattern verfügt. Ein Toffoli-Gatter ist eine bestimmte Art logische Schaltung, mit der man Schaltkreise konstruieren kann, die jede denkbare logische Funktion ausführen. Außerdem ist es umkehrbar: Aus den Outputs kann man auf die Eingaben schließen. Der derzeitige Standard für RSA sind Zahlen mit 2048 Bits, also etwa 616 Dezimalstellen. Das Team um Roetteler schätzte die 2048-Bit-RSA als gefährdet ein, wenn der angreifende Quantencomputer $n = 256$ hat. Die Verschlüsselung mittels elliptischer Kurven wäre bei $n = 384$ in Gefahr.

Gefährdungen auszumachen, ist das eine, aber die große Frage bleibt: Was dagegen tun? Dafür braucht man völlig neuartige kryptografische Methoden. Die grundlegende Idee bleibt: Man gründe die Verschlüsselungsmethode auf ein schwieriges mathematisches Problem mit einem leicht zu öffnenden Notausgang. Jetzt bedeutet «schwierig» aber «schwierig für einen Quantencomputer». Zurzeit sind vier Hauptklassen solcher Probleme identifiziert:

- Lineare fehlerkorrigierende Zufallscodes
- Lösung nichtlinearer Gleichungssysteme über endlichen Körpern
- «Kurze» Vektoren in hochdimensionalen Gittern auffinden
- Wege in «zufällig aussehenden» Graphen finden

Wir wollen uns kurz die vierte Möglichkeit anschauen, denn sie enthält die neusten Ideen und braucht sehr fortgeschrittene Mathematik.

Aus praktischen Gründen arbeiten wir mit einem Graph, der ungefähr 10^{75} Ecken und ähnlich viele Kanten hat. Der Code hängt davon ab, einen Weg zwischen zwei bestimmten Ecken durch den Graph zu finden. Diese Aufgabe ist vom TSP-Typ und auch vergleichbar schwierig. Um einen Notausgang zu haben, muss der Graph eine verborgene Struktur besitzen, die die Lösung einfach macht. Die zentrale Idee besteht darin, Graphen mit dem hübschen Namen supersinguläre Isogenie-Graphen, kurz SIGs zu verwenden. Die Ecken des Graphen entsprechen *allen* supersingulären elliptischen Kurven über dem algebraischen Abschluss eines endlichen Körpers mit p Elementen. Es gibt etwa $p/12$ solche Kurven.

Unter einer Isogenie zwischen zwei elliptischen Kurven versteht man eine Polynomabbildung zwischen beiden, welche die Struktur der Mordell-Weil-Gruppe erhält. Die Isogenien benutzen wir zur Definition der Kanten des Graphen. Zu diesem Zweck wählen wir eine weitere Primzahl q. Die Kanten des Graphen entsprechen dann den Isogenien vom Grad q zwischen jeweils zwei elliptischen Kurven, die an den Enden der jeweiligen Kante liegen. Von jeder Ecke gehen exakt $q+1$ viele Kanten aus. Solche Graphen sind Expander-Graphen;

das bedeutet, dass jeder Random Walk (Zufallsweg), der an irgendeiner Ecke startet, sehr schnell mit wachsender Anzahl der Schritte von der Ecke wegführt.

Ein Expander-Graph lässt sich nutzen, um eine Hashfunktion zu erzeugen; das ist eine Boolesche Funktion, die einem n-Bit-String (eine Folge von n vielen Nullen und Einsen) einen m-Bit-String zuordnet, wobei m viel kleiner als n ist. Alice kann eine solche Hashfunktion benutzen, um Bob zu überzeugen, dass sie einen bestimmten n-Bit-String kennt, der auch Bob bekannt ist, ohne zu verraten, welcher es ist. Sie bildet dazu die viel kürzere Hashfunktion des Strings und sendet diese an Bob. Er berechnet die Hashfunktion seines Strings und vergleicht.

Diese Methode ist nur unter zwei Bedingungen sicher. Die eine ist eine Falltürbedingung namens Einwegfunktion («preimage resistance»): Man darf die Hashfunktion nicht rechnerisch leicht invertieren können und einen String berechnen, der diesen Hash ergibt. In der Regel wird es viele solche Strings geben, doch wichtig ist, dass man in der Praxis *keinen* findet. Die andere Unerlässlichkeit ist eine Hashfunktion, die kollisionsresistent («collision resistance») ist; das bedeutet, dass man auf rechnerischem Weg keine zwei n-Bit-Strings findet, die zum selben m-Bit-Hash führen. Der Sinn dieser Bedingung ist, dass eine Eve, die die Konversation mithört, den ursprünglichen n-Bit-String nicht aus dem von Alice übermittelten m-Bit-String herleiten kann.

Hat man zwei Primzahlen p und q mit noch einigen Zusatzbedingungen, kann man diese Idee ausnutzen, indem man den entsprechenden SIG konstruiert und dessen Expander-Eigenschaft nutzt, um eine kollisionsresistente Einweg-Hashfunktion zu definieren. Mit dieser kann man einen äußerst sicheren

Code erzeugen. Um den Code zu knacken, müsste man jede Menge Isogenien zwischen elliptischen Kurven berechnen. Der beste Quantenalgorithmus für eine solche Berechnung hat eine Laufzeit, die $p^{1/4}$ proportional ist. Macht man p und q nur groß genug (wie groß, verrät uns die Mathematik), ergibt sich ein Kryptosystem, das selbst ein Quantencomputer nicht knacken kann.

Das ist alles sehr technisch, und ich erwarte gar nicht, dass Sie das im Detail verstehen; die meisten Details habe ich noch gar nicht angesprochen. Hauptsache, die Botschaft ist angekommen: Sehr hoch entwickelte und abstrakte Mathematik, die von algebraischer Geometrie über endlichen Körpern handelt, dürfte genau das sein, was wir brauchen, um unsere individuelle, geschäftliche und militärische Kommunikation gegen Lauscher abzusichern, die mit derzeit noch hypothetischen, aber möglicherweise schon bald nur allzu gegenwärtigen Quantencomputern ausgerüstet sind.

Hardys geliebte Zahlentheorie hat sich als sehr viel nützlicher erwiesen, als er sich vorstellen konnte. Allerdings hätten ihn sicher einige der derzeitigen Anwendungen traurig gestimmt. Vielleicht sollten wir uns bei ihm entschuldigen.

KAPITEL 6

Die Zahlenebene

Der göttliche Geist fand eine feine Zuflucht in diesem Wunder der Analysis, diesem Zeichen der idealen Welt, diesem Zwitterwesen zwischen Sein und Nichtsein, das wir als imaginäre Wurzel aus der negativen Einheit bezeichnen.

Gottfried Wilhelm Leibniz, Acta Eruditorum, 1702

Wir befinden uns gegenwärtig mitten in einer zweiten Quantenrevolution. Die erste Quantenrevolution gab uns neue Regeln für die physikalische Realität. Die zweite Quantenrevolution wird diese Regeln für die Entwicklung neuer Technologien nutzen.

Jonathan Dowling und Gerard Milburn, Philosophical Transactions of the Royal Society, 2003

In den letzten Monaten hat es in unserem Teil der Stadt Coventry eine Menge Aktivität gegeben. Überall am Straßenrand parkten weiße Lieferwagen, oft begleitet von Lastern, die mit Schaufeln und Schubkarren beladen waren. Mini-Bagger fuhren auf Raupenketten durch die Straßen, hoben Gräben auf

Gehsteigen, quer über Straßen und in Gärten aus, und der neu gegossene Asphalt überzog die Landschaft wie Schleimspuren, die aussahen, als seien sie von hundegroßen Schnecken hinterlassen. Männer in Signalkleidung tauchten auf, um gleich darauf scheinbar von Löchern im Boden verschluckt zu werden, wo sich Kabelschächte geöffnet haben. Kabel auf Rollen säumen den Straßenrand oder lehnen an Hecken und warten darauf, dass sie in die Kanalschächte gesogen werden. Ingenieure hocken mit gerunzelter Stirn im Regen unter Planen und fummeln an Tausenden von farbcodierten Drähten im Inneren großer Metallkästen herum.

Die Lieferwagen tragen auf der Seite eine Botschaft, die die ganze Aufregung erklärt. *Superschnelles Glasfaser-Breitband jetzt auch bei Ihnen.*

In den Zentren der Großstädte des Vereinigten Königreichs wurde dieses Wunder der modernen Kommunikation schon vor Jahren installiert, doch unser Haus liegt ein wenig abseits. Eine Gesellschaft lehnte es schon einmal ab vorbeizukommen, weil es zu weit vom Schuss lag – ganze sechs Kilometer. Um genau zu sein, ist die Stadtgrenze nur ein paar Hundert Meter entfernt. Es ist teurer, dort Kabel zu verlegen, und die Bevölkerungsdichte ist geringer, denn jenseits der Grenze besteht das Land hauptsächlich aus Acker- und Weideland. Keine leichte Expansion in diese Richtung bei geringen Kosten. Wir waren einfach kein attraktives Ziel. Als die Regierung aber schließlich begann, die Telekommunikationsunternehmen massiv zu drängen, wurde der Druck enorm groß, in sämtlichen städtischen und den meisten ländlichen Regionen Glasfaserkabel zu verlegen. Statt ohnmächtig zuzusehen, wie Regionen mit der höchsten Bevölkerungsdichte ständig technisch aufgerüstet werden und immer schnelleren Service erhalten, weil sie profitabler sind, holt der Rest des Landes endlich auf. Oder fällt zumindest nicht noch weiter zurück.

In einem Zeitalter, in dem sich praktisch sämtliche Aktivitäten ins Internet verlagert haben, hat sich schnelles Breitband von einem Luxusprodukt in etwas Essenzielles verwandelt. Vielleicht ist es nicht so lebensnotwendig wie Wasser oder Elektrizität, aber wenigstens so notwendig wie das Telefon. Die moderne Elektronik, die die Computerrevolution und die rasche weltweite Kommunikation vorantreibt, macht die 2020er-Jahre zu einer Welt, die uns in den 1990ern noch völlig fremd erschienen wäre. Und das ist erst der Anfang. Eine verbesserte Versorgung schafft ein explosives Nachfragewachstum. Die Tage, als Telefonleitungen aus Kupfer bestanden und Unterhaltungen übermittelten, sind im raschen Verschwinden begriffen – und selbst die funktionierten in den letzten Jahren nur dank raffinierter Elektronik und mathematischer Trickserei, die ihre Kapazität erhöhten. Heutzutage übertragen Kommunikationskabel weit mehr Daten als Gespräche. Darum treten Glasfasern inzwischen immer mehr in den Vordergrund.

Innerhalb weniger Jahrzehnte werden Glasfaserkabel ebenso überholt sein wie Pferde und Kutschen. Weitere Fortschritte, die es erlauben, weitaus größere Datenmengen mit atemberaubender Geschwindigkeit zu übermitteln, sind in Vorbereitung. Einige existieren bereits. Die Klassische Physik der Elektrizität und des Magnetismus bleibt grundlegend, doch Elektronikingenieure wenden sich zunehmend der bizarren Welt der Quanten zu, um die nächste Generation von Kommunikationsgeräten zu bauen. Der Klassischen Physik wie auch der Quantenmechanik, auf der all diese Entwicklungen basieren, liegt eine der kuriosesten mathematischen Erfindungen zugrunde, die jemals gemacht wurde. Sie lässt sich bis ins alte Griechenland zurückverfolgen, schlug in der italienischen Renaissance feste Wurzeln und gelangte im 19. Jahrhundert zu voller Blüte. Damals eroberte sie rasch einen Großteil der Mathematik und wurde bereits lange, bevor irgendjemand verstand, um was es eigentlich ging, auf breiter Front angewandt.

Ich spreche von einer Erfindung und nicht von einer Entdeckung, weil sie ihre Inspiration nicht aus der natürlichen Welt bezog. Wenn sie sich «dort draußen» befand und darauf wartete, entdeckt zu werden, dann war «dort» ein sehr seltsamer Ort, nämlich die Welt menschlicher Fantasie und der Bindung an Logik und Struktur. Es war eine Zahl neuen Typs, so neu, dass man sie als «imaginär» bezeichnete. Die Bezeichnung ist bis heute in Gebrauch, und imaginäre Zahlen sind und bleiben für die meisten Menschen völlig fremdartig, obgleich sie unser Leben immer stärker bestimmen.

Sicherlich haben Sie schon von der Zahlengeraden gehört. Folgen Sie mir nun in die Zahlenebene.

***

Um zu verstehen, wie und warum es zu dieser seltsamen Entwicklung kam, müssen wir uns zunächst die traditionellen Zahlentypen anschauen. Zahlen sind so alltäglich, so vertraut, dass wir ihre Subtilität häufig unterschätzen. Wir wissen, dass zwei plus zwei vier ergibt und fünf Mal sechs dreißig ist. Aber was *sind* «zwei», «vier», «fünf», «sechs» und «dreißig»? Es sind keine Wörter: Verschiedene Sprachen verwenden für dieselben Zahlen verschiedene Wörter. Es sind nicht die Symbole 2, 4, 5, 6, 30: Verschiedene Kulturen benutzen verschiedene Symbole. In der binären Schreibweise, wie sie in der Computertechnik verwendet wird, werden diese Zahlen durch 10, 100, 101, 110 und 11110 dargestellt. Und überhaupt, was ist ein Symbol?

Alles war viel einfacher, als man Zahlen noch als direkte Beschreibung der Natur ansah. Wenn jemand zehn Schafe besaß, dann war zehn eine Aussage, wie viele Schafe er sein Eigen nannte. Wenn er vier davon verkaufte, blieben ihm noch sechs. Zahlen dienten hauptsächlich der Buchführung. Als Mathematiker jedoch begannen, Zahlen in immer exotischerer Weise zu gebrauchen, geriet diese pragmatische Sichtweise zunehmend ins Wanken. Wenn man nicht weiß, was Zahlen eigentlich sind, wie kann man sich dann sicher sein, dass Berechnungen einander niemals widersprechen? Wenn eine Viehzüchterin dieselbe Schafherde zweimal zählt, wie kann sie sicher sein, dass sie dasselbe Ergebnis erhält? Und wenn wir schon dabei sind: Was meinen wir eigentlich mit «zählen»?

Im 19. Jahrhundert spitzten sich derart unangenehme Fragen zu einer Krise zu, denn Mathematiker hatten das Zahlenkonzept mehrmals erweitert. Jede neue Version schloss das ein, was vorher gewesen war, doch die Verbindung zur Realität wurde zunehmend indirekter. Die ersten auf der Bühne waren die «natürlichen» Zahlen, auch «Zählzahlen» genannt. Es folgten die Brüche, wie $\frac{1}{2}$, $\frac{2}{3}$ oder $\frac{3}{4}$. Irgendwann schlich sich die Null ein. Bis zu diesem Punkt war der Bezug zur Realität noch recht direkt: Man nehme zwei Orangen und weitere drei Orangen und zähle sie, um nachzuweisen, dass es insgesamt fünf Orangen sind. Mithilfe eines Küchenmessers kann ich Ihnen eine halbe Orange zeigen. Null Orangen? Eine leere Hand.

Aber selbst hier gibt es Schwierigkeiten. Eine halbe Orange

ist eigentlich keine *Anzahl* Orangen. Es ist gar keine Orange, nur ein Stück davon. Es gibt viele Möglichkeiten, eine Orange zu halbieren, und die Ergebnisse sehen nicht alle gleich aus. Mit einem Stück Schnur ist das einfacher, vorausgesetzt, wir durchtrennen es in der offensichtlichen Weise und tun nichts Dummes, wie den Strang der Länge nach zu zerteilen. Nun ist alles wieder einfach. Ein Stück Schnur ist halb so lang wie ein anderes, wenn zwei Kopien des ersten Stücks, Ende an Ende zusammengelegt, dieselbe Länge wie ein zweites Stück Schnur haben. Brüche eignen sich bestens zum *Messen* von Dingen. Die alten Griechen fanden Messungen einfacher zu handhaben als Zahlensymbole, daher kehrte Euklid diese Idee um. Statt eine Zahl zu verwenden, um die Länge einer Geraden zu messen, verwendete er die Gerade, um die Zahl darzustellen.

Der nächste Schritt, negative Zahlen, ist schwieriger, denn wir können niemandem minus vier Orangen zeigen. Es ist einfacher, wenn man auf Geld zurückgreift, dann lässt sich eine negative Zahl als Schulden deuten. All dies war in China um 200 n. Chr. bekannt; die erste bekannte Quelle ist *Jiǔ Zhāng Suànshù* («Neun Kapitel der Rechenkunst»), doch die Idee ist zweifellos älter. Wenn Zahlen mit Messungen verknüpft werden, entwickeln sich andere Interpretationen von negativen Zahlen ganz natürlich. So kann man eine negative Temperatur beispielsweise als Temperatur unter dem Nullpunkt interpretieren, eine positive Temperatur hingegen als Temperatur über dem Nullpunkt; eine positive Messung liegt rechts eines beliebigen Punktes, eine negative hingegen links, und so weiter. Negativ ist das Gegenteil von positiv.

Heutzutage machen Mathematiker viel Aufhebens um die Unterscheidungen zwischen verschiedenen Typen von Zahlensystemen, doch für gewöhnliche Anwender handelt es sich stets um Variationen desselben Themas: *Zahlen*. Wir sind mit dieser recht naiven Konstruktion ganz zufrieden, denn in all diesen Systemen gelten dieselben arithmetischen Regeln, und jeder neue Zahlentyp erweitert das alte System lediglich, ohne das zu verändern, was wir bereits wissen. Der Vorteil bei der Erweiterung des Zahlenkonzepts besteht darin, dass jede Erweiterung Rechenoperationen möglich macht, die vorher unmöglich waren. Wenn wir uns auf ganze Zahlen beschränken, können wir nicht 2 durch 3 teilen; mit Brüchen ist das möglich. Bei ganzen Zahlen können wir nicht 5 von 3 abziehen, wenn wir negative Zahlen benutzen, hingegen schon. All das macht Mathematik einfacher, weil wir uns nicht länger den Kopf darüber zerbrechen müssen, ob gewisse arithmetische Operationen erlaubt sind.

***

Brüche können eine Einheit so fein unterteilen, wie wir wünschen. Wir können einen Meter in Millimeter unterteilen, ein Tausendstel der Länge, oder in Nanometer, ein Milliardstel der Länge, und so weiter. Uns gehen die Namen aus, lange bevor uns die Nullen ausgehen. In der Praxis gibt es immer kleine Messfehler, daher sind Brüche alles, was wir benötigen. Tatsächlich ist es möglich, nur Brüche zu gebrauchen, deren Nenner eine Potenz von 10 ist – schauen Sie sich einen elektronischen Rechner an. Doch wenn es um wichtige theoretische Fragen ging und darum, die Mathematik hübsch und sauber zu halten, erwiesen sich Brüche als unzureichend.

Die Anhänger eines alten griechischen Kults, die Pythagoreer, glaubten, das Universum basiere auf Zahlen, eine Sicht, die an vorderster Front der Mathematik noch immer verbreitet ist, wenn auch in raffinierterer Form. Die einzigen Zahlen, die sie anerkannten, waren ganze Zahlen und positive Brüche. Daher wurde ihr Glaubenssystem bis ins Mark erschüttert, als einer von ihnen entdeckte, dass die Länge der Diagonale eines Quadrats kein exakter Bruch der Seitenlänge ist. Diese Entdeckung führte zu den sogenannten «irrationalen» Zahlen, in diesem Fall der Quadratwurzel von 2. Im Lauf einer verschlungenen historischen Entwicklung, die von China im 4. Jahrhundert v. Chr. bis zu Simon Stevin im Jahr 1585 führte, kam es schließlich dazu, dass solche Zahlen als Dezimalzahlen geschrieben wurden:

$$\sqrt{2} = 1{,}414\ 213\ 562\ 373\ 095\ 048\ \ldots$$

Da diese Zahl irrational ist, geht sie immer weiter, ohne mit Nullen zu einem Ende zu kommen. Es ist nicht einmal so, dass sich derselbe Ziffernblock ständig wiederholt, wie bei 1/3, das, in Dezimalzahlen geschrieben, 0,333333333... ist. Dabei handelt es sich um eine «unendliche Dezimalzahl». Wir können diese Zahl niemals vollständig niederschreiben, doch konzeptuell können wir so tun, als sei dies möglich, denn im Prinzip können wir so viele ihrer Ziffern schreiben, wie wir nur wollen.

Obwohl unendliche Dezimalzahlen sich auf einen unendlichen Prozess berufen, haben sie sehr angenehme mathematische Eigenschaften, und vor allem lassen sich mit ihrer Hilfe geometrische Längen wie $\sqrt{2}$ *exakt* darstellen, die sonst überhaupt keinen numerischen Wert hätten. Unendliche Dezimalzahlen wurden schließlich als «reelle» Zahlen bezeichnet, denn es handelte sich um (idealisierte) Messungen realer Größen wie Länge, Fläche, Volumen oder Gewicht. Jede Folgeziffer stellt ein Vielfaches einer Grundgröße dar, die bei jedem

Schritt durch 10 geteilt wird. Wir können uns vorstellen, dass dieses Verfahren bis ins Unendliche weitergeht, wobei die Unterteilungen immer feiner werden; das erlaubt uns, die betreffende Zahl mit einer beliebig hohen Genauigkeit darzustellen. Auf atomarer Ebene ist die reale Physik nicht so, und der Raum selbst ist wahrscheinlich ebenfalls nicht so, doch reelle Zahlen können die Realität für viele Zwecke außerordentlich gut darstellen.

* * *

Wie die Geschichte zeigt, stießen neue Zahlentypen bei ihrer Einführung generell auf Widerstand. Später, wenn ihr Nutzen offensichtlich wurde und ihr Gebrauch sich etablierte, erwärmten sich die Menschen für die Idee. Innerhalb einer Generation verschwand dann ein Großteil des Widerstands: Wenn man damit aufwächst, etwas regelmäßig zu gebrauchen, erscheint es einem völlig natürlich. Philosophen konnten darüber streiten, ob die Null tatsächlich eine Zahl ist, und das tun sie auch immer noch, doch das gemeine Volk benutzte sie, wenn es sie brauchte, und fragte sich nicht länger, was sie war. Selbst Mathematiker taten das, wenn sie dabei auch gelegentlich ein gewisses Schuldbewusstsein verspürten. Die Terminologie verrät jedoch alles: Die neuen Zahlen sind negativ, irrational.

Selbst unter Mathematikern führten einige Neuerungen jedoch zu jahrhundertelang anhaltenden Kopfschmerzen. Was wirklich für Aufregung sorgte, war die Einführung von sogenannten «imaginären» Zahlen. Selbst der Name (der allein aus historischen Gründen noch immer in Gebrauch ist) spricht für ein gewisses Maß an Verwirrung und weist darauf hin, dass diese Zahlen in gewisser Weise verrufen sind. Und wieder waren Quadratwurzeln das Problem, das sich dahinter verbarg.

Nachdem wir das Zahlensystem um unendliche Dezimalzahlen erweitert haben, hat jede positive Zahl eine Quadratwurzel. Tatsächlich hat sie sogar zwei: eine positive und eine negative. So hat 25 beispielsweise zwei Quadratwurzeln, +5 und −5. Diese seltsame Tatsache ist eine Folge der Regel «minus mal minus ergibt plus», die viele Menschen verwundert, wenn sie zum ersten Mal darauf stoßen. Einige akzeptieren sie niemals. Es handelt sich jedoch um eine einfache Konsequenz des Prinzips, dass negative Zahlen denselben Regeln gehorchen sollten wie positive. Das klingt vernünftig, besagt aber implizit, dass *negative Zahlen keine Quadratwurzeln haben.* Zum Beispiel hat −25 keine Quadratwurzel. Das erscheint unfair, wenn man bedenkt, dass ihr Cousin +25 gleich zwei hat. Daher machten sich Mathematiker Gedanken über ein neues Zahlenreich, in dem negative Zahlen tatsächlich Quadratwurzeln haben. Zudem nahmen sie stillschweigend an, dass in diesem erweiterten Zahlenreich weiterhin die üblichen Regeln von Arithmetik und Algebra gelten. Dann wurde klar, dass man nur eine einzige, radikal neue Zahl benötigt: eine Quadratwurzel von minus eins. Wenn man diesem neuartigen Ding das Symbol i zuordnet, wie es alle außer Ingenieuren tun (sie benutzen stattdessen j), dann gilt:

$$i^2 = -1$$

Nun ist die Fairness wiederhergestellt, und jede Zahl, ob positiv oder negativ, hat zwei Quadratwurzeln.[48] Eine Ausnahme bildet die Null, denn −0 = +0. Doch die Null nimmt häufig eine

Sonderstellung ein, darum macht sich niemand deswegen Sorgen.[49]

Die Idee, dass eine negative Zahl eine sinnvolle Quadratwurzel haben könnte, lässt sich bis zu dem griechischen Mathematiker und Ingenieur Heron von Alexandria zurückverfolgen, doch die ersten Schritte, diese Idee mit Sinn zu erfüllen, wurden erst anderthalb Jahrtausende später in der italienischen Renaissance unternommen. Girolamo Cardano erwähnte 1545 diese Möglichkeit in seinem Werk *Ars magna* (wörtlich: «Große Kunst», einer der ersten algebraischen Texte), verwarf die Idee aber als sinnlos. Zu einem Durchbruch kam es 1572, als der italienische Algebraiker Rafael Bombelli Regeln für die Durchführung von Berechnungen mit einer hypothetischen Quadratwurzel von minus eins niederschrieb und die Lösungen einer kubischen Gleichung in *reellen* Zahlen fand, und zwar mithilfe einer Formel, in der zwei «Zahlen» addiert wurden, die nicht reell sein konnten. Praktischerweise hoben die nicht reellen Teile einander auf, und heraus kam die korrekte – und reelle – Lösung. Dieses kühne Stück geheimnisvoller Trickserei ließ Mathematiker aufhorchen und aufmerksam werden, denn diese Lösungen waren direkt überprüfbar, und die Sache funktionierte.

Um die Pille zu versüßen, bezeichnete man die neuen Zahlen als «imaginär», um den Gegensatz zu den traditionellen «reellen» Zahlen zu betonen, mit deren Hilfe man reale Objekte vermessen konnte. Diese Terminologie verlieh den reellen Zahlen einen unverdienten Sonderstatus und verwechselte ein mathematisches Konzept mit einer Standardweise, es zu verwenden. Wie wir noch sehen werden, haben imaginäre Zahlen völlig vernünftige Anwendungen und Interpretationen, wenn auch nicht als Messgrößen für physikalische Standardgrößen wie Länge oder Masse. Bombelli war der Erste, der zeigte, dass imaginäre Zahlen – was auch immer sie sein mochten – dazu dienen konnten, völlig reale Probleme zu lösen. Es war, als könne irgendein verrücktes Schreinerwerkzeug, das noch nicht einmal existierte, irgendwie zur Hand genommen werden, um einen völlig normalen Stuhl zu bauen. Natürlich handelte es sich um ein konzeptionelles Werkzeug, aber selbst dann war das Verfahren verblüffend. Noch verblüffender war die Tatsache, dass es funktionierte.

Wunderbarerweise funktionierte es auch weiterhin bei einer immer breiter werdenden Palette von Anwendungen. Ab dem 18. Jahrhundert setzten Mathematiker diese neuen Zahlen ganz selbstverständlich ein. Euler führte 1777 das Standardsymbol i für die Quadratwurzel von minus eins ein. Die Kombination von reellen und imaginären Zahlen führte zu einem wundervollen, in sich widerspruchsfreien System, das als komplexe Zahlen bezeichnet wird – «komplex» in dem Sinne von «zusammengesetzt», nicht in dem Sinne von «kompliziert». Algebraisch haben sie die Form $a + bi$, wobei a und b reelle Zahlen sind. Man kann sie addieren, subtrahieren, multiplizieren und dividieren, Quadratwurzeln oder Kubikwurzeln ziehen und so weiter, ohne das System der komplexen Zahlen jemals zu verlassen.

Der Hauptnachteil ist, dass eine Interpretation in der realen Welt schwierig zu finden ist – so dachte man damals jedenfalls. Es ist nicht klar, wie eine Messung von, sagen wir, 3 + 2i aussieht. Daher entbrannten quasi-philosophische Debatten über die Legitimität von komplexen Zahlen, bis Mathematiker herausfanden, wie man sie einsetzt, um Probleme in der mathematischen Physik zu lösen. Da sich die Lösungen mit anderen Methoden überprüfen ließen und offenbar stets korrekt waren, wurde die Debatte auf Eis gelegt, und man machte sich stattdessen mit Feuereifer daran, diese leistungsstarken neuen Techniken einzusetzen.

* * *

Lange Zeit suchten Mathematiker imaginäre Zahlen zu rechtfertigen, indem sie sich auf ein beeindruckendes, aber vages «Prinzip der Permanenz» beriefen, das im Grunde behauptete, dass sämtliche algebraische Regeln, die für reelle Zahlen gelten, automatisch auch für komplexe Zahlen gelten müssen. In einem Triumph der Hoffnung über die Logik war der Hauptbeleg für diese Behauptung, dass die Verwendung komplexer Zahlen in der Praxis zu korrekten Lösungen führte. Kurz gesagt, sie funktionierten, weil sie funktionierten, und als Beleg diente, ... dass sie funktionierten.

Erst viel später fanden Mathematiker heraus, wie sich komplexe Zahlen darstellen lassen. Tatsächlich lassen sie sich wie

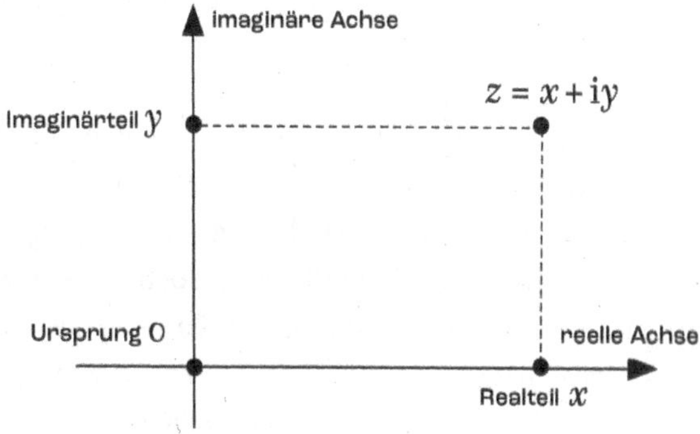

Abb. 21 Die komplexe Zahlenebene.

negative Zahlen in der realen Welt unterschiedlich interpretieren. Wie wir gleich sehen werden, kombiniert eine komplexe Zahl in der Elektrotechnik die Amplitude (Maximalgröße) eines oszillierenden Signals mit seiner Phase, und zwar in einem einzelnen und kompakten Paket. Dasselbe geschieht in der Quantenmechanik. Prosaischer gesprochen: Genauso, wie ein Modell reeller Zahlen auf eine Gerade verweist, verweist ein Modell komplexer Zahlen auf eine Ebene. So einfach ist das. Und wie viele einfache Ideen wurde sie jahrhundertelang übersehen.

Den ersten Hinweis auf diesen Durchbruch enthielt die 1685 erschienene *Algebra* von John Wallis. Er erweiterte die Standarddarstellung der reellen Zahlen als Gerade auf die komplexen Zahlen. Nehmen wir an, die Zahl sei $a + bi$. Der «Realteil» a ist nichts weiter als eine gewöhnliche reelle Zahl, daher können wir sie auf der üblichen Geraden der reellen Zahlen verorten, die man sich als eine feste Gerade in der Ebene vorstellen kann. Die verbleibende Komponente bi ist eine imaginäre Zahl, daher liegt sie nicht auf der Geraden. Der Koeffizient b ist jedoch reell, daher können wir im rechten Winkel zur reellen Zahlengeraden in dieser Ebene eine Gerade der Länge b zeichnen. Der so erhaltene Punkt in der Ebene entspricht $a + bi$. Heute sehen wir sofort, dass das diese Zahl als den Punkt in der Ebene mit den Koordinaten (a, b) darstellt, doch damals fand Wallis' Vorschlag keinen Rückhalt. Historisch wird der Verdienst im Allgemeinen Jean-Robert-Argand zugesprochen, der diesen Vorschlag 1806 publizierte, doch er war knapp von einem kaum bekannten dänischen Landvermesser, Caspar Wessel, geschlagen worden. Wessels Artikel von 1797 war jedoch in Dänisch verfasst und blieb unbeachtet, bis hundert Jahre später eine französische Übersetzung erschien. Beide

Autoren zeigten anhand euklidischer geometrischer Konstruktionen, wie sich zwei beliebige komplexe Zahlen addieren und multiplizieren lassen.

Schließlich wies der irische Mathematiker William Rowan Hamilton 1837 explizit darauf hin, dass sich eine komplexe Zahl als ein Paar reeller Zahlen darstellen lässt – die Koordinaten eines Punktes in der Ebene:

Komplexe Zahl = (erste reelle Zahl, zweite reelle Zahl)

Dann schrieb er die geometrischen Konstruktionen als zwei Formeln für das Addieren und Multiplizieren dieser Paare um. Ich zeige sie Ihnen, denn sie sind höchst einfach und elegant:

$$(a, b) + (c, d) = (a + c, b + d)$$
$$(a, b) \cdot (c, d) = (ac - bd, ad + bc)$$

Das mag auf den ersten Blick ein wenig kryptisch wirken, doch es erfüllt die Aufgabe wunderbar. Zahlen der Form $(a, 0)$ verhalten sich wie reelle Zahlen, und das geheimnisvolle i ist das Paar (0, 1) – das ist Wallis' Vorschlag, demzufolge imaginäre Zahlen im rechten Winkel zu reellen Zahlen stehen, geschrieben in Koordinatenform. Wie Hamiltons Formel uns sagt, gilt:

$$i^2 = (0, 1) \cdot (0, 1) = (-1, 0)$$

was wir bereits als die reelle Zahl –1 identifiziert haben. Aufgabe gelöst. Natürlich stellte sich dann heraus, dass Gauß dieselbe Idee 1831 in einem Brief an Wolfgang Bolyai geäußert, sie aber nicht publiziert hatte.

Was Gauß vielleicht nicht völlig klar war, Hamilton aber

erkannte, ist, dass diese beiden Formeln auch bewiesen, dass komplexe Zahlen allen üblichen algebraischen Regeln gehorchen, die zuvor nur für die reellen Zahlen galten. Regeln wie das Kommutativgesetz $xy = yx$ und des Assoziativgesetzes $(xy)z = x(yz)$, die die meisten von uns als gegeben hinnehmen, wenn wir zum ersten Mal mit Algebra in Kontakt kommen. Um zu beweisen, dass sie auch für komplexe Zahlen gelten, ersetzt man die Symbole durch reelle Zahlenpaare, wendet Hamiltons Formeln an und prüft, dass beide Seiten dieselben Paare ergeben, indem man genau dieselben algebraischen Regeln anwendet, die für reelle Zahlen gelten. Ganz einfach. Doch als es Gauß und Hamilton schließlich gelungen war, die zugrunde liegende Logik in Form von gewöhnlichen «reellen» Zahlenpaaren offenzulegen, hatten die Mathematiker sich ironischerweise derart an den Gebrauch komplexer Zahlen gewöhnt, dass sie weitgehend das Interesse daran verloren hatten, ihnen eine bestimmte logische Bedeutung zuzuordnen.

Zu den wichtigsten Anwendungsgebieten gehörten Probleme der Physik, wie magnetische und elektrische Felder, Gravitation und die Strömung von Flüssigkeiten. Bemerkenswerterweise passten einige grundlegende Gleichungen der komplexen Analysis (Analysis mit komplexen Zahlen) genau zu Standardgleichungen der mathematischen Physik. Daher ließen sich die physikalischen Gleichungen lösen, indem man Differentialrechnung mit komplexen Zahlen betrieb. Die Haupteinschränkung war, dass komplexe Zahlen in einer Ebene liegen. Daher musste auch die Physik in einer Ebene stattfinden oder einem Problem in einer Ebene äquivalent sein.

* * *

Komplexe Zahlen verleihen der Ebene eine systematische algebraische Struktur, die wunderbar zur Geometrie passt, also auch zu Bewegung. Man kann den Rest dieses Abschnitts als zweidimensionalen Probelauf für Fragen der dreidimensionalen Geometrie ansehen, dem Thema des nächsten Kapitels. Im Folgenden tauchen ein paar Formeln auf – schließlich ist es *Algebra* –, aber ich weiß nicht, wie sie sich vermeiden lassen, ohne dass alles ziemlich vage bleibt.

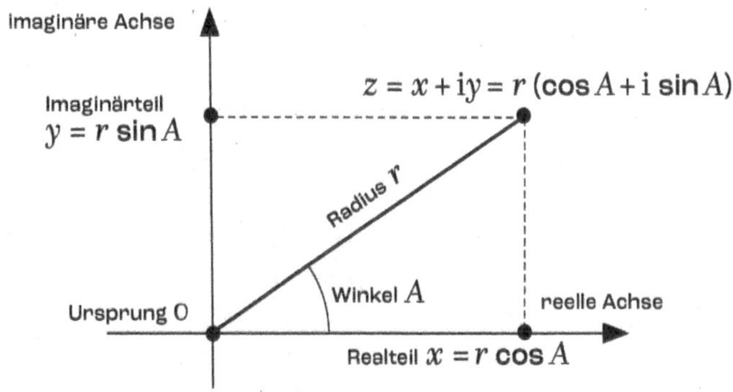

Abb. 22 Kartesische und Polarkoordinaten-Geometrie der komplexen Ebene. Hier entsprechen cos und sin den trigonometrischen Funktionen Cosinus und Sinus. (Tatsächlich definiert das Diagramm diese Funktionen.)

Wenn wir eine komplexe Zahl z in der Form $z = x + iy$ darstellen, wobei x und y reell sind, entspricht die zugrunde liegende Geometrie dem nach René Descartes benannten kartesischen Koordinatensystem, bei dem zwei Achsen senkrecht aufeinanderstehen: der Realteil x (horizontale Achse) und der Imaginärteil y (vertikale Achse). Es gibt jedoch noch ein weiteres wichtiges Koordinatensystem in der Ebene, die sogenannten Polarkoordinaten, die einen Punkt als Paar (r, A) darstellen, wobei r eine positive reelle Zahl ist und A ein Winkel. Beide Systeme sind eng miteinander verwandt: r ist der Abstand zwischen dem Ursprung 0 und z, und A ist der Winkel zwischen der reellen Achse und der Geraden, die den Ursprung 0 mit z verbindet.

Kartesische Koordinaten sind ideal, um zu beschreiben, wie sich Objekte ohne Drehung (Rotation) bewegen. Wenn ein Punkt $x + iy$ um a Einheiten in horizontaler und um b Einheiten in vertikaler Richtung verschoben wird, bewegt er sich zu $(x + iy) + (a + ib)$. Wenn wir diese Idee auf eine Punktmenge, also eine Liste von Werten für x und y, erweitern und eine feste komplexe Zahl $a + ib$ zu jedem Punkt der Menge addieren, dann verlagert sich die ganze Punktmenge um a Einheiten in horizontaler und um b Einheiten in vertikaler Richtung. Überdies ist diese Bewegung *starr*: Das ganze Objekt wird verschoben, ohne dass sich Form oder Größe verändern.

Ein anderer wichtiger Typ einer starren Bewegung ist die Rotation. Wiederum verändern sich weder Form noch Größe des Objekts, wohl aber seine Orientierung, und es dreht sich um einen bestimmten Winkel um ein Zentrum. Eine Schlüsselbeobachtung dabei ist, dass die Multiplikation mit i Punkte um 90° dreht, wobei das Zentrum im Ursprung des Koordinatensystems liegt. Darum bildet die y-Achse, die den «Imaginärteil» y von z darstellt, einen rechten Winkel mit der x-Achse, die den «Realteil» x darstellt. (Trotz des Namens ist der Imaginärteil eine reelle Zahl; er wird imaginär, wenn wir ihn mit i multiplizieren, um iy zu erhalten.)

Wenn wir eine Punktmenge um 90° drehen wollen, multiplizieren wir jeden Punkt der Menge mit i. Allgemeiner gesagt: Wenn wir eine Punktmenge um einen Winkel A drehen wollen,

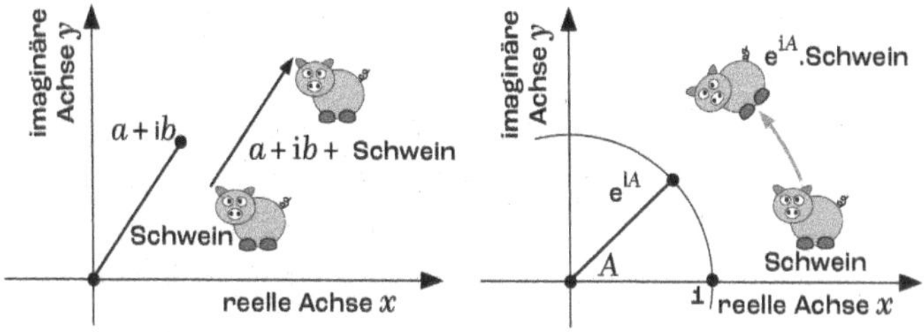

Abb. 23 Translation (links) und Rotation (rechts) der Punktmenge SCHWEIN unter Verwendung komplexer Zahlen.

zeigt ein bisschen Trigonometrie, dass wir alle Punkte mit der komplexen Zahl

$$\cos A + \mathrm{i} \sin A$$

multiplizieren müssen. Euler entdeckte eine bemerkenswerte und wunderbare Verbindung zwischen diesem Ausdruck und dem komplexen Pendant der Exponentialfunktion e^x, wobei e = 2,71828... die Basis des natürlichen Logarithmus ist. Wir können die Exponentialfunktion e^z einer komplexen Zahl z so definieren, dass sie dieselben grundsätzlichen Eigenschaften wie die reelle Exponentialfunktion hat und mit ihr übereinstimmt, wenn z reell ist. Es gilt daher:

$$e^{\mathrm{i}A} = \cos A + \mathrm{i} \sin A$$

Eine elegante Möglichkeit zu verstehen, warum das so ist, besteht darin, Differentialgleichungen zu verwenden: Mehr dazu in den Anmerkungen.[50]

Bei der Darstellung einer komplexen Zahl im Polarkoordinatensystem repräsentieren die Koordinaten den Punkt

$$r(\cos A + \mathrm{i}\sin A) = re^{\mathrm{i}A}$$

– eine einfache, kompakte Formel.

Die Schönheit der komplexen Zahlen besteht, wo es um Geometrie geht, darin, dass sie gleichzeitig zwei natürliche Koordinatensysteme aufweisen, nämlich kartesische und Polarkoordinaten. Für das Verschieben (Translation) eines Objekts gibt es im kartesischen Koordinatensystem eine einfache Formel, doch bei Polarkoordinaten führt eine Verschiebung zu einem großen Durcheinander. Die Drehung eines Objekts gehorcht im Polarkoordinatensystem einer einfachen Formel, führt im kartesischen Koordinatensystem aber zu einem großen Durcheinander. Wenn man komplexe Zahlen verwendet, kann man wählen, welche Art der Darstellung für die eigenen Zwecken am besten geeignet ist.

Diese geometrischen Eigenschaften der komplexen Algebra lassen sich für zweidimensionale Computergrafiken nutzen, doch wie sich herausgestellt hat, gewinnt man dadurch nicht viel, weil die Ebene einfach ist und Computer sich nicht an verzwickten Formeln stören. In Kapitel 7 werden wir sehen, dass ein ähnlicher Trick bei Computergrafiken in drei Dimensionen geradezu Wunder wirkt. Im Augenblick müssen wir der Geschichte über die komplexen Zahlen jedoch ein wenig Glanz verleihen, indem wir einige wirklich nützliche Anwendungen diskutieren.

* * *

Wie Mathematiker im Lauf der Zeit erkannten, sind komplexe Zahlen, auch wenn es ihnen an einer offensichtlichen physikalischen Interpretation mangelt, einfacher zu handhaben als reelle Zahlen und werfen Licht auf Eigenschaften reeller Zahlen, die sonst Rätsel aufgäben. So haben quadratische Gleichungen, wie Cardano und Bombelli feststellten, entweder zwei reelle Lösungen oder gar keine, und kubische Gleichungen haben entweder eine reelle Lösung oder drei. Bei komplexen Zahlen ist die Sache sehr viel einfacher: Quadratische Gleichungen haben stets zwei komplexe Lösungen und kubische Gleichungen stets drei. Was das angeht, so haben Gleichungen zehnten Grades zehn komplexe Lösungen, können aber 10, 8, 6, 4, 2 oder keine reelle Lösungen haben. Im Jahr 1799 bewies Gauß eine lang vermutete Tatsache, die von Paul Roth bereits 1608 formuliert und als Fundamentalsatz der Algebra bekannt wurde: Eine Polynomgleichung $n$ten Grades hat n komplexe Lösungen. Sämtliche Standardfunktionen der Analysis, wie Exponential-, Sinus- und Cosinus-Funktion und so weiter besitzen natürliche komplexe Pendants, und ihre Eigenschaften vereinfachen sich im Allgemeinen, wenn wir sie aus einer komplexen Perspektive betrachten.

Eine praktische Konsequenz ist, dass komplexe Zahlen zu einem Standardwerkzeug der Elektrotechnik geworden sind, vor allem deshalb, weil sie eine elegante und einfache Möglichkeit bieten, mit Wechselstrom umzugehen. Elektrizität ist ein Fluss von Elektronen, geladenen subatomaren Teilchen. Beim Gleichstrom, wie er zum Beispiel von Batterien erzeugt wird, fließen alle Elektronen in dieselbe Richtung. Beim Wechselstrom, wie er aus Sicherheitsgründen üblicherweise im Stromnetz genutzt wird, wechselt der Elektronenstrom ständig die Richtung. Die Kurve der Spannung (und des Stroms) sieht wie eine Cosinuskurve in der Trigonometrie aus.

Ein einfacher Weg, diese Kurve zu konstruieren, besteht darin, sich einen Punkt auf dem Rand eines rotierenden Rades vorzustellen. Nehmen wir einfachheitshalber an, das Rad habe einen Radius von 1. Wenn man sich die horizontale Projektion des rotierenden Punktes anschaut, bewegt er sich von einer Seite zur anderen und erreicht Extremwerte von +1 und −1. Wenn sich das Rad mit konstanter Geschwindigkeit dreht, ist der Graph dieser horizontalen Wegstrecke eine Cosinuskurve und der Graph der vertikalen Strecke eine Sinuskurve (fette schwarze Kurven in der Abbildung).

Der Ort des sich bewegenden Punktes ist das Paar reeller Zahlen (cos *A*, sin *A*), wobei der Winkel A durch die Verbindungslinie zwischen dem Punkt und dem Ursprung / Mittelpunkt und der horizontalen Achse gebildet wird.

Mithilfe von Hamiltons Trick können wir dies als die komplexe Zahl cos *A* + i sin *A* betrachten. Mit variierendem *A* bewegt sich diese Zahl in der komplexen Ebene ständig rund um den Einheitskreis. Wenn wir Kreise im Bogenmaß (Radiant) messen, beschreibt sie einem vollständigen Kreis, wenn *A* von 0 bis 2π zunimmt. Für *A* zwischen 2π und 4π beschreibt sie einen weiteren Kreis, und so fort; daher ist die Bewegung periodisch mit einer Periode von 2π.

Eulers Formel besagt implizit, dass dann, wenn *A* die reellen Zahlen durchläuft, der korrespondierende Wert von e^{iA} den Einheitskreis durchläuft. Diese Beziehung erlaubt uns, jede Aussage über eine oszillierende Funktion, die wie ein Sinus oder Cosinus geformt ist, in eine komplexe Exponentialfunktion umzuwandeln. Mathematisch ist eine Exponentialfunktion einfacher und leichter zu behandeln. Zudem lässt sich der Winkel *A* physikalisch ganz natürlich als Schwingungsphase deuten, das heißt, dass eine Veränderung von *A* durch Addition eines konstanten Winkels *B* die Sinus- und Cosinuskur-

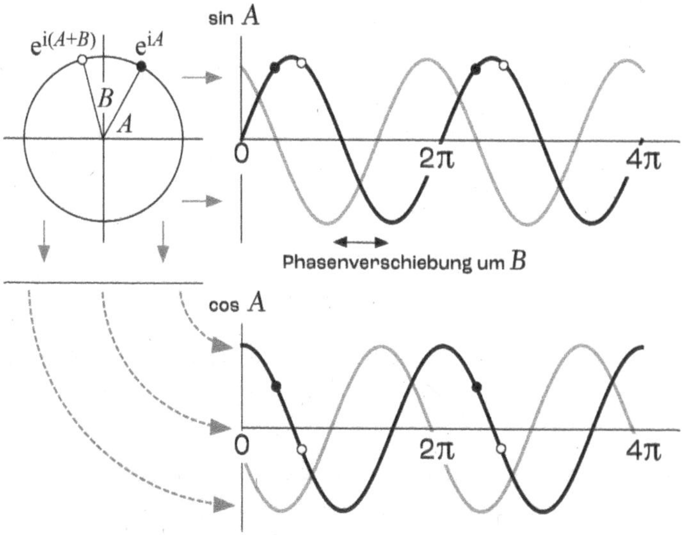

Abb. 24 Rotation in der komplexen Ebene ergibt in der Projektion periodische Oszillationen. Addition von B zu Winkel A verschiebt die Kurven nach links: eine Phasenverschiebung.

ven um den entsprechenden Betrag verschiebt (fette graue Kurven in der Abbildung 24).

Noch besser ist, dass sich die wesentlichen Differentialgleichungen für Spannung und Strom in Schaltkreisen unverändert auf die korrespondierenden komplexen Gleichungen übertragen lassen. Die physikalische Schwingung wird zum Realteil der komplexen Exponentialfunktion, und dieselben Methoden lassen sich auf Wechselstrom wie auf Gleichström anwenden. Es ist, als habe das reale Verhalten einen geheimen imaginären Kompagnon, und beide zusammen seien einfacher zu behandeln als einer allein. Elektroingenieure benutzen diesen mathematischen Trick routinemäßig, um ihre Berechnungen zu vereinfachen, selbst wenn sie Computer verwenden.

***

Bei dieser Anwendung in der Elektronik sieht es so aus, als seien die komplexen Zahlen so etwas wie ein mathematisches Kaninchen aus dem Hut des Zauberers, das den Ingenieuren das Leben ganz zufällig einfacher macht. Es gibt jedoch einen bemerkenswerten Kontext, in dem komplexe Zahlen absolut unverzichtbar sind und eine physikalische Bedeutung haben. Ich spreche von der Quantenmechanik.

Wigner stellte dieses Beispiel unplausibler Nützlichkeit in den Mittelpunkt seines Vortrags:

«Wir sollten nicht vergessen, dass der Hilbertraum der Quantenmechanik der komplexe Hilbertraum ist ... für den unbedarften Geist sind komplexe Zahlen sicherlich alles andere als natürlich oder einfach, und sie lassen sich aus physikalischen Beobachtungen nicht ableiten. Überdies ist die Verwendung von komplexen Zahlen in diesem Fall kein Rechentrick der angewandten Mathematik, sondern schon fast eine Notwendigkeit, wenn es um die Formulierung der Gesetze der Quantenmechanik geht.»

Und er erläutert nochmals, was er unter *unreasonable* versteht:

«Nichts in unserer Erfahrung lässt die Einführung dieser Größen vermuten. In der Tat: Wenn ein Mathematiker aufgefordert wird, sein Interesse an komplexen Zahlen zu begründen, so wird er mit einer gewissen Empörung auf die vielen wunderbaren Sätze in der Theorie der algebraischen Gleichungen hinweisen, auf Potenzreihen und auf analytische Funktionen im Allgemeinen, die ihren Ursprung der Einführung komplexer

Zahlen verdanken ... es fällt schwer, den Eindruck zu vermeiden, dass wir hier einem Wunder gegenüberstehen, vergleichbar ... den beiden Wundern der Existenz der Naturgesetze und der Fähigkeit des menschlichen Geistes, sie zu lüften.»

Die Quantenmechanik wurde um 1900 entwickelt, um das seltsame Verhalten von Materie im Bereich des Kleinsten zu erklären, in den die Physiker gerade vorzudringen begannen, und sie wurde rasch zur erfolgreichsten physikalischen Theorie, die die Menschheit bislang entwickelt hat. Auf der Ebene von Molekülen, Atomen und vor allem von subatomaren Teilchen, aus denen sich die Atome aufbauen, verhält sich Materie in überraschender und verblüffender Weise – so überraschend und verblüffend, dass überhaupt nicht klar ist, ob der Begriff «Materie» überhaupt angemessen ist. Wellen, wie Licht, verhalten sich manchmal wie Teilchen: Photonen. Teilchen, wie Elektronen, verhalten sich manchmal wie Wellen.

Dieser Welle-Teilchen-Dualismus wurde schließlich durch die Einführung mathematischer Gleichungen aufgelöst, die sowohl für Wellen als auch Teilchen gelten, auch wenn selbst heute vieles noch rätselhaft bleibt. In diesem Prozess durchläuft die Art und Weise, wie beide mathematisch dargestellt werden, eine Verwandlung in etwas fremdartig Wertvolles. Bis zu diesem Zeitpunkt charakterisierten Physiker den Zustand eines Teilchens durch eine kurze Liste von Zahlen: Masse, Größe, Ort, Geschwindigkeit, elektrische Ladung und so weiter. In der Quantenmechanik wird der Zustand eines Systems durch eine Welle beschrieben, oder genauer, durch die Wellenfunktion des Systems. Wie der Name schon sagt, handelt es sich dabei um eine mathematische Funktion mit wellenartigen Eigenschaften.

Eine Funktion ist eine mathematische Regel oder ein mathematischer Prozess, bei dem eine Zahl in spezieller Weise in eine andere Zahl umgewandelt wird. Allgemeiner gesagt, kann eine Funktion eine Liste von Zahlen in eine Zahl oder sogar in eine andere Liste von Zahlen umwandeln. Noch allgemeiner gesagt, kann eine Funktion nicht nur auf Zahlen angewendet werden, sondern auf Mengen mathematischer Objekte jeder Art. So wirkt beispielsweise die Funktion «Fläche» auf die Menge aller Dreiecke, und wenn man sie auf ein beliebiges Dreieck anwendet, ist das Ergebnis der Funktion die Fläche des Dreiecks.

Die Wellenfunktion eines Quantensystems wirkt auf die Liste der möglichen Messungen, die wir an einem System durchführen können, wie Orts- oder Geschwindigkeitskoordinaten. In der Klassischen Mechanik bestimmt gewöhnlich eine endliche Anzahl solcher Messungen den Zustand des Systems. In der Quantenmechanik kann diese Liste hingegen unendlich viele Variablen umfassen. Diese stammen aus dem sogenannten Hilbertraum, bei dem es sich (häufig) um einen unendlichdimensionalen Raum mit einem wohldefinierten Begriff von Abstand zwischen zwei beliebigen Elementen handelt.[51] Die Wellenfunktion liefert für jede Funktion im Hilbertraum eine einzelne Zahl, allerdings keine reelle Zahl, sondern eine komplexe.

In der Klassischen Mechanik ordnet eine Observable (eine Messgröße) jedem möglichen Zustand des Systems eine Zahl zu. Wenn wir beispielsweise die Entfernung zwischen Erde und Mond messen, erhalten wir als Ergebnis eine einzige Zahl, und das ist eine Funktion, die auf dem Raum aller möglichen Konfigurationen definiert ist, die Erde und Mond prinzipiell einnehmen können. In der Quantenmechanik sind die Observablen *Operatoren*. Ein Operator nimmt ein Element des Hilbertraums von Zuständen und wandelt es in eine komplexe Zahl um. Operatoren müssen einige wenige mathematische Regeln erfüllen. Eine davon ist Linearität. Stellen Sie sich vor, Sie haben zwei Zustände, x und y, und der Operator L gibt dafür $L(x)$ und $L(y)$ aus. In der Quantentheorie können sich Zustände überlagern – sich addieren – und $x + y$ ergeben. Linearität bedeutet, dass der Operator L dann $L(x) + L(y)$ ergeben muss. Der komplette Satz Regeln einen sogenannten Hermitischen Operator, der in Verbindung mit Abständen im Hilbertraum sehr handlich ist.

Physiker handhaben diese Räume und Operatoren in unterschiedlicher Weise, um bestimmte Quantensysteme darzustellen. Wenn sie sich für die Zustände von Ort und Impuls eines einzelnen Teilchens interessieren, besteht der Hilbertraum aus sämtlichen «quadratintegrierbaren» Funktionen, ist also unendlichdimensional. Wenn sie sich für den Spin eines einzelnen Elektrons interessieren, ist der Hilbertraum zweidimensional und besteht aus sogenannten «Spinoren». Ein Beispiel ist die Schrödingergleichung, die so aussieht:

$$i\hbar\frac{\mathrm{d}}{\mathrm{d}t}|\psi(t)\rangle = \hat{H}|(t)\rangle$$

Sie brauchen die Mathematik nicht zu verstehen, doch wir wollen uns die Symbole anschauen. Vor allem das erste Symbol: Es handelt sich um i, die Quadratwurzel von –1. Wir betrachten die Grundgleichung der Quantenmechanik, und das erste Symbol, auf das wir treffen, ist die imaginäre Zahl i.

Das nächste Symbol, $\hbar$, ist das Plancksche Wirkungsquantum (geteilt durch 2π), und es ist wirklich sehr, sehr klein: rund 10^{-34} Joulesekunden. Es ist ein in der Quantenmechanik für die Quanten verantwortlich – winzige, aber diskontinuierliche Sprünge in den Werten, die verschiedene Größen annehmen können. Dann gibt es da einen Bruch: d / d*t* steht für Zeit, und die d's weisen uns an, wie in der Differentialrechnung eine Veränderungsrate zu finden; also handelt es sich um eine Differentialgleichung. Die Symbolkombination $|\psi(t)\rangle$ ist die Wellenfunktion, die den Quantenzustand des Systems zum Zeitpunkt *t* spezifiziert; das ist also der Ausdruck, dessen Veränderungsrate wir wissen wollen. Und schließlich ist da noch $\hat{H}$, der sogenannte Hamilton-Operator: im Grunde die Energie.

Die übliche Interpretation der Wellenfunktion ist, dass sie keinen bestimmten individuellen Zustand darstellt, sondern die Wahrscheinlichkeit angibt, dass eine Beobachtung das System in diesem Zustand vorfindet. Wahrscheinlichkeiten sind jedoch reelle Zahlen zwischen 0 und 1, während die Ergebnisse der Wellenfunktion komplexe Zahlen jeder beliebigen Größe sind. Daher interessieren sich Physiker für die Amplitude (von Mathematikern als Betrag bezeichnet) der komplexen Zahl, die angibt, wie groß ihr Abstand vom Ursprung in der komplexen Ebene ist – das *r* bei den Polarkoordinaten. Sie stellen sich die Zahl als relative Wahrscheinlichkeit vor; wenn ein Zustand also eine Amplitude von 10 hat und ein anderer eine Amplitude von 20, dann ist der zweite Zustand doppelt so wahrscheinlich wie der erste.

Der Betrag sagt uns, wie weit entfernt vom Ursprung eine komplexe Zahl liegt, er sagt uns aber nicht, in welcher Richtung. Diese Richtung wird von einer andere reellen Zahl angezeigt, dem Winkel *A* in Polarkoordinaten. Mathematiker nennen diesen Winkel das Argument der komplexen Zahl, doch Physiker bezeichnen ihn als Phase – wie weit man im Kreis herumgehen muss. Daher hat die komplexe Wellenfunktion eine Amplitude, die die relative Wahrscheinlichkeit für das Zustandekommen dieser Beobachtung angibt, und ein Phase, die die Amplitude nicht verändert und fast unmöglich zu messen ist. Phasen beeinflussen die Art und Weise, wie sich Zustände überlagern, und damit auch die Wahrscheinlichkeiten, mit denen diese Überlagerungszustände auftreten, doch in der Praxis entziehen sie sich dem experimentellen Zugriff.

All das bedeutet, dass eine reelle Zahl allein nicht ausreicht, um einen Quantenzustand zu quantifizieren. Quantenmechanik lässt sich mithilfe konventioneller reeller Zahlen nicht einmal *formulieren*.

* * *

Auf die Frage «Welchen praktischen Nutzen haben komplexe Zahlen?» können wir auf all die Myriaden Anwendungen der Quantenmechanik verweisen, in dem sicheren Wissen, dass sie zwangsläufig auch Anwendungen komplexer Zahlen sind. Bis vor wenigen Jahrzehnten hätten sich die meisten Antworten auf Laborexperimente bezogen – Physik an vorderster Front, aber nicht die Art Dinge, die man in der Küche oder in seinem Wohnzimmer findet. Die moderne Elektronik hat all dies geändert, und viele unserer Lieblingsgeräte funktionieren aus quantenmechanischen Gründen. Ingenieure müssen solche Dinge von Grund auf und bis ins Einzelne verstehen, doch wir können uns einfach zurücklehnen und ihre Schöpfungen bewundern. Oder sie von Zeit zu Zeit verfluchen, wenn sie nicht das tun, was wir wollen, weil irgendein obskures technisches Detail bei der von uns gewählten Konfiguration des verdammten Dings dazwischenfunkt.

Mein frisch installiertes Glasfaserkabel ist ein gutes Beispiel. Es sieht aus wie ein konventionelles Kabel, ist aber Teil eines Übertragungssystems, das bereits heute auf Quantentechnologie beruht. Der Quantenteil steckt allerdings nicht in dem Kabel als solchem: Er steckt in den Geräten längs des Weges, die die Lichtpulse erzeugen, von denen der ganze Aufbau abhängig ist. Natürlich ist Licht in jedem Fall ein echtes Quantenphänomen, doch diese Geräte sind dafür *entworfen*, quantenmechanische Effekte zu nutzen, und würden ohne sie nicht funktionieren.

Der Begriff «Faser» bezieht sich auf ein vielsträngiges Kabel, dessen einzelne Stränge dünne Glasfäden sind, die Licht leiten. Sie sind so ausgelegt, dass das Licht nicht entweichen kann, da es von den Wänden reflektiert wird, sodass man die Kabel um Ecken herum verlegen kann und das Licht innerhalb des Kabels eingeschlossen bleibt. Die Information ist im Lichtstrahl als eine Reihe spitzer Pulse codiert. Die Telekommunikationsindustrie hat sich für optische Fasern entschieden, weil das mehrere Vorteile mit sich bringt. Die heute verfügbaren Glasfasern sind hochtransparent, sodass das Licht über weite Strecken transportiert werden kann, ohne dass sich das Signal abschwächt. Lichtpulse können viel mehr Information übertragen als die traditionellen Telefonleitungen aus Kupfer. Diese größere Bandbreite verleiht dem System seine höhere «Geschwindigkeit» – es geht nicht so sehr darum, wie rasch sich die Pulse bewegen, sondern darum, wie viele Pulse – also wie viel Information – in eine Faser oder in ein Kabel gepackt werden können. Glasfaserkabel sind überdies leichter als Kupferkabel und weniger anfällig für elektrische Interferenzen.

Ein optisches Kommunikationssystem besteht aus vier Hauptkomponenten: einem Transmitter (Lichtquelle), einem Kabel, um das Signal zu übertragen, einer Reihe von Verstärkern, die das Signal aufnehmen, bevor es zu schwach geworden ist, es verstärken und weiterschicken, und natürlich einem Empfänger (Detektor). Ich will mich hier auf den Transmitter konzentrieren. Ein solches Gerät muss Licht erzeugen und so kontrolliert werden können, dass das Licht als eine Reihe von Einzelpulsen abgegeben wird, die angeschaltet (1) oder ausgeschaltet (0) werden können, um eine Botschaft binär zu übermitteln. Dieses Umschalten muss außerordentlich rasch vor sich gehen, und alles muss höchst präzise sein. Vor allem die Wellenlänge («Farbe») des Lichts sollte einen einzigen bestimmten Wert haben. Und schließlich müssen die Pulse ihre Form beibehalten, sodass der Empfänger sie erkennen kann.

Das ideale (tatsächlich, das einzige) Gerät, das dafür infrage kommt, ist der Laser, eine Vorrichtung, die einen hochintensiven Strahl kohärenten Lichts einer bestimmten Wellenlänge emittiert. «Kohärent» bedeutet, dass sämtliche Wellen in dem Strahl in Phase miteinander schwingen, sodass sie einander nicht auslöschen. Ein Laser schafft das, indem er Licht (in Form von Photonen) zwischen zwei Spiegeln hin- und herschickt und so mittels einer positiven Rückkopplungsschleife eine ständig wachsende Kaskade von Photonen auslöst. Sobald der Strahl die nötige Intensität erreicht hat, wird er freigesetzt.

Die ersten Laser waren groß und plump, doch heute werden die meisten leichtgewichtigen Laser mittels derselben allgemeinen Prozesse hergestellt, die auch zur Produktion von mikroskopisch kleinen Schaltkreisen in Computer-Chips dienen – integrierten Halbleiter-Schaltkreisen. In den letzten dreißig Jahren sind fast alle Laser, die in der Consumer und Corporate Technology eingesetzt werden (wie Blu-Ray Player, die durch

Laser ermöglicht wurden, die blaues Licht erzeugen), Separate Confinement Heterostructure (SCH)-Laser. Dabei handelt es sich um Verfeinerungen von Quantum-Well-Lasern, die man sich als eine Art Sandwich vorstellen kann, deren mittlere Schicht als Quantensenke (*quantum well*) dient. Dies führt zu Wellenfunktionen, die eher wie eine Reihe von Stufen statt wie eine Kurve aussehen, daher sind die Energieniveaus gequantelt – scharf abgegrenzt und getrennt statt unscharf und ineinander übergehend. Diese Niveaus lassen sich durch ein geeignetes Design des Quantentopfs anpassen, um Licht der richtigen Frequenz für den Einsatz des Lasers zu schaffen.

Bei SCH-Lasern gibt es über und unter dem jeweils zwei weitere Schichten mit einem geringeren Brechungsindex als die mittleren drei Schichten, sodass das Licht in dem Lasertopf eingeschlossen wird. Es ist klar, dass man nicht herausfinden kann, wie man ein solches Quantengerät herstellt, ohne eine Menge Quantenmechanik anzuwenden. Schon die Faseroptik in den 1990er-Jahren verwendete Komponenten, die auf Quantenmechanik beruhten, und das gilt heute noch weit mehr.

Die Wahrscheinlichkeit ist hoch, dass in Zukunft eine Fülle neuartiger Quantengeräte unser Leben umwälzen wird. Die Heisenbergsche Unschärferelation der Quantenmechanik sagt uns, dass sich manche Observablen nicht gleichzeitig präzise messen lassen – wenn man beispielsweise genau weiß, wo sich ein Teilchen befindet, kann man nicht sicher wissen, wie schnell es sich bewegt. Mittels dieser Eigenschaften lässt sich herausfinden, ob eine unbefugte Person geheime Botschaften belauscht. Wenn die Lauscherin Eve heimlich den Quantenzustand eines vorbeikommenden Signals beobachtet – sagen wir, den Spin eines Photons –, verändert sich dieser Zustand, ohne dass sie beeinflussen könnte, in welcher Weise er sich

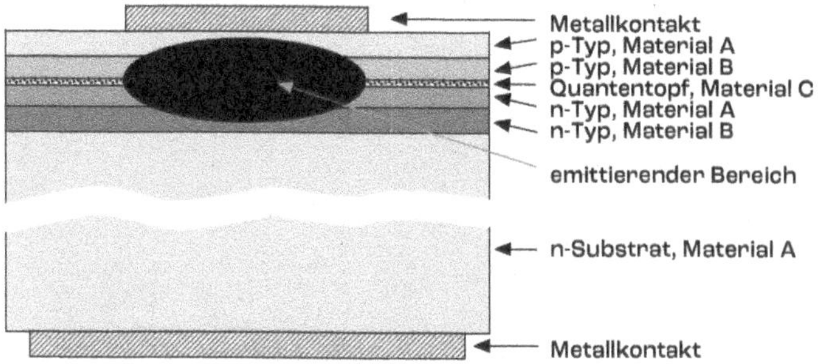

Abb. 25 Schematischer Aufbau eines SCH-Lasers. Die Begriffe n-Typ und p-Typ beziehen sich auf Halbleiter, bei denen die Ladung entweder von Elektronen oder von «Löchern», wo die Elektronen fehlen, transportiert wird.

verändert. Es ist wie eine in die Botschaft eingebaute Glocke, die immer dann läutet, wenn Eve sie zu lesen versucht.

Eine Möglichkeit, diese Idee umzusetzen, besteht in der Nutzung der Quantenphotonik, also der quantenmechanischen Eigenschaften von Photonen. Eine andere besteht darin, die Spins von Quantenteilchen zu manipulieren: das sich gerade entwickelnde Gebiet der Spintronik. Solche Geräte können mehr Information als ein konventionelles Signal übermitteln, indem sie zusätzliche Daten in den Spins der Teilchen verschlüsseln und nicht nur anzeigen, ob sie da sind oder nicht. Daher wird mein superschnelles Glasfaser-Breitband vielleicht schon bald von einem superduperschnellen spintronischen Breitband ersetzt, das weitaus mehr Information durch dasselbe Kabel schicken kann. Bis ein wirklich kluger Kopf die Sechsdimensionale hyperdefinierte sensorische Holografie entwickelt und sich die ganze zusätzliche Bandbreite einverleibt.

KAPITEL 7

Papa, kannst du Drillinge multiplizieren?

Meereswellen, die in ASSASSIN'S CREED: BLACK FLAG schön gegen dein Boot krachen? Mathe.
Kugeln, die dir in CALL OF DUTY: GHOSTS um die Ohren fliegen? Mathe.
Sonic kann schnell rennen, und Mario kann springen? Mathe.
In NEED FOR SPEED mit 130 Stundenkilometern in die Kurve gehen? Mathe.
Mit dem Snowboard in SSX einen Abhang hinabgleiten? Mathe.
Der Raketenstart in KERBAL SPACE PROGRAM? Mathe.

Forbes-Website: «This ist the Math behind Super Mario».

Ein mittelalterliches Dorf, mit strohgedeckten Häusern, Pferdekarren auf einer unbefestigten Straße, mit Getreidefeldern und Schafen. Das schmale Band eines Flusses schlängelt sich zwischen den dicht gedrängten Häusern hindurch und glänzt golden in der untergehenden Sonne. Wir sehen die Szene von oben, wie aus einem Flugzeug; der Ausblick kippt und dreht sich, während das Flugzeug herabstürzt und wieder abdreht. Aber es ist kein Flugzeug: Ein Schnitt auf einen Standpunkt am Boden zeigt die scharfen Umrisse eines Drachens. Im Anflug. Schnitt zurück auf die Drachenperspektive; der befindet sich jetzt im steilen Sturzflug über die Dächer, Flammen spuckend, während die ersten Reetdächer Feuer fangen ...

Es könnte ein Film sein, aber ebenso gut ein Computerspiel – heutzutage ist das kaum noch zu unterscheiden. So oder so ist es ein Triumph der Computergrafik – CGI.

Ist das Mathematik?

Oh, ja.

Dann muss es ganz neu sein.

Nicht ganz. Die *Anwendung* ist neu, und die Mathematik ist teilweise sowohl neu als auch anspruchsvoll, aber der Teil, um den es mir geht, ist etwa 175 Jahre alt. Und dieser Teil Mathematik war nie für die Computergrafik gedacht. Damals gab es noch gar keine Computer.

Diese Mathematik war eigentlich für ein allgemeineres Problem gedacht, unabhängig von irgendwelcher Hardware: Geometrie im dreidimensionalen Raum. Aus heutiger Sicht ist ihr Potenzial für eine Verbindung zur Computergrafik klar. Aber damals sah sie gar nicht nach Geometrie aus. Diese neue Mathematik sah aus wie Algebra. Nur brach sie eine der grundlegenden algebraischen Regeln, sodass sie doch nicht ganz wie Algebra aussah. Diese Mathematik wurde von dem irischen mathematischen Wunderkind Sir William Rowan Hamilton erdacht, der seine Schöpfung «Quaternionen» nannte. Ironischerweise hatte er gar nicht nach Quaternionen gesucht, und der Grund ist einfach: Das, wonach er gesucht hatte, gab es nämlich nicht.

* * *

Heute gibt es mehr Computer als Menschen auf der Welt. Die Zahl der Menschen liegt bei über 7,6 Milliarden. Aber es gibt mehr als 2 Milliarden Laptops und fast 9 Milliarden Smartphones und Tablets, die beide oft mehr Rechenleistung haben als der beste Supercomputer, den man 1980 kaufen konnte.[52] Zählt man die Minicomputer mit, die Hersteller in rasendem Tempo in Geschirrspüler, Toaster, Kühlschränke, Waschmaschinen und Katzenklappen einbauen, übersteigt die Zahl der Computer die der Menschen im Verhältnis vier zu eins.

Es ist schwer zu glauben, dass das nicht immer so war. Das Innovationstempo war explosionsartig. Die ersten Heimcomputer – Apple II, TRS-80, Commodore PET – kamen 1977 auf den Markt, vor kaum mehr als vierzig Jahren. Nahezu von Anfang an lag das Hauptanwendungsgebiet von Heimcomputern auf Computerspielen. Die Grafiken waren klobig, die Spiele äußerst schlicht. Einige bestanden nur aus Textbausteinen: «Du befindest dich in einem Labyrinth aus verschlungenen Gängen, die alle unterschiedlich sind.» Gefolgt von einer noch unheimlicheren Nachricht: «Du bist in einem Labyrinth aus verschlungenen, gleichartigen Gängen.»

Als Computer immer schneller wurden, Speicherplatz nahezu unbegrenzt zur Verfügung stand und die Preise fielen, wurden computergenerierte Bilder sehr viel überzeugender, so sehr, dass sie allmählich sogar die Filmindustrie eroberten. Der erste Animationsfilm in Spielfilmlänge, die *Toy Story*, wurde 1995 komplett am Computer produziert. Im Jahrzehnt davor hatte es schon einige kürzere Beispiele gegeben. Spezialeffekte sind inzwischen ultra-realistisch geworden und werden so häufig eingesetzt, dass wir sie kaum noch als solche erkennen. Als Peter Jackson die *Herr-der-Ringe*-Trilogie verfilmte, kümmerte er sich nicht um die Beleuchtung: Das wurde in der Nachbearbeitung von Computern erledigt.

Wir haben uns so sehr an hochwertige, schnell bewegte Grafiken gewöhnt, dass wir kaum noch innehalten und uns fragen, woher das alles kommt. Wann ist das erste Videospiel erschienen? Dreißig Jahre vor den Heimcomputern. Im Jahr 1947 meldeten die Fernsehpioniere Thomas Goldsmith jr. und Estle Ray Mann ein Patent für ein «Unterhaltungsgerät mit Kathodenstrahlröhre» an. Eine Kathodenstrahlröhre ist eine kurze, dicke Glasflasche mit einem breiten, leicht gewölbten Boden – dem Bildschirm – und einem schmalen Hals. Eine Vorrichtung im Hals fokussiert einen Elektronenstrahl auf den Bildschirm, Elektromagnete steuern die Richtung des Strahls und lassen ihn horizontal über den Bildschirm streichen, so wie das menschliche Auge es beim Lesen tut. Dort, wo der Strahl auf die Innenseite des Röhrenbodens trifft, regt er eine spezielle Beschichtung zum Leuchten an und erzeugt einen hellen Lichtpunkt. Die meisten Fernsehgeräte verwendeten Kathodenstrahlröhren als Bildschirm, bis um 1997 Flachbildschirme auf den Markt kamen. Die Inspiration für das Spiel von Goldsmith und Mann stammte von Radargeräten aus dem Zweiten Weltkrieg. Der Lichtpunkt stellte eine Rakete dar, und der Spieler versuchte, sie auf Ziele zu lenken, die auf Papier gezeichnet waren und auf den Bildschirm geklebt wurden.

Im Jahr 1952 erreichte der Großrechner EDSAC die schwindelerregenden Höhen des Spiels *Noughts and Crosses* (Tic-Tac-Toe, auch OXO genannt). Der große Publikumshit war *Pong*, ein frühes, von Atari herausgebrachtes Spiel für Spielhallen – ein vereinfachtes zweidimensionales Tischtennisspiel mit einem Ball, der von zwei Schlägern, einer für jeden Spieler, abprallte. Nach heutigen Maßstäben war die Grafik sehr simpel: zwei bewegliche Rechtecke für die Schläger und ein bewegliches Quadrat für den Ball; «Action» gab es so gut wie nicht, aber bis eine bessere Technologie verfügbar wurde, war *Pong* das Videospiel der ersten Wahl.

Unnötig zu sagen, dass es nicht in Hamiltons Absicht gelegen haben kann, dass seine mathematische Erfindung auf diese Weise genutzt wurde. Diese Idee brauchte weitere 142 Jahre, um zu keimen. Aber im Nachhinein können wir erkennen, dass diese Möglichkeit bereits in der Art des Problems angelegt war, das seine Entdeckung eigentlich lösen sollte. Es gibt viele Arten, Mathematik zu betreiben. Mathematiker können Problemlöser sein, die sich darauf konzentrieren, die Antwort auf eine bestimmte Frage zu finden, sei es eine praktische aus der realen Welt oder eine rein geistige aus der reinen Mathematik. Sie können Theorienentwickler sein und zahllose spezielle Theoreme in einem einheitlichen Begriffsrahmen organisieren. Sie können Einzelgänger sein, die unstet von einem Gebiet zum nächsten wandern und bearbeiten, worauf sie Lust haben. Oder sie können Werkzeugmacher sein, die neue Werkzeuge für Fragen entwerfen, die noch gar nicht gestellt wurden – eine Methode auf der Suche nach einer Anwendung.

Hamiltons Ruf beruht hauptsächlich auf seiner Arbeit als Theorienentwickler, aber die Quaternionen veranschaulichen seine Fähigkeiten als Werkzeugmacher. Er erfand sie, um eine algebraische Struktur für systematische Berechnungen über die Geometrie des dreidimensionalen Raumes bereitzustellen.

* * *

Hamilton wurde 1805 in Dublin, Irland, als viertes von neun Kindern geboren. Seine Mutter war Sarah Hutton und sein Vater Archibald Hamilton, ein Rechtsanwalt. Als William drei Jahre alt war, wurde er zu seinem Onkel James in Obhut gegeben, der eine Schule leitete. William zeigte schon sehr früh ein Talent für Sprachen, aber offenbar hat er sich auch viel Mathematik selbst beigebracht, und dieses Fach studierte er ab seinem 18. Lebensjahr am Trinity College in Dublin und erhielt hervorragende Noten. John Brinkley, Bischof von Cloyne, erklärte: «Dieser junge Mann, ich sage nicht *wird* der führende Mathematiker seines Jahrgangs sein, sondern er *ist* es.» Der Bischof hatte zweifellos recht, und 1837, noch als Student, wurde Hamilton zum Andrews-Professor für Astronomie und zum Königlichen Astronomen von Irland ernannt. Den Rest seines Berufslebens verbrachte er am Dunsink-Observatorium in der Nähe von Dublin.

In seinen berühmtesten Arbeiten ging es um Optik und Dynamik (Bewegungslehre), vor allem die Entdeckung einer bemerkenswerten Verbindung zwischen diesen beiden Bereichen der mathematischen Physik, die Hamilton in Form eines gemeinsamen mathematischen Konzepts formulierte. Heute sprechen wir von der Hamiltonfunktion, und sie führte zu großen Fortschritten in beiden Bereichen. Später stellte sich heraus, dass es genau das war, was man für die neumodische und sehr seltsame Theorie der Quantenmechanik brauchte.

Wir haben Hamilton im vorigen Kapitel kurz kennengelernt. Im Jahr 1833 löste er ein jahrhundertealtes quasi-philosophisches Rätsel, das den komplexen Zahlen ihr Geheimnis nahm und sie als Hochstapler entlarvte, die ihre scheinbare Neuheit nur einer listigen Verkleidung verdankten, während ihre wahre Natur nahezu trivial ist. Eine komplexe Zahl ist nach Hamilton nicht mehr und nicht weniger als ein geordnetes Paar reeller Zahlen, ausgestattet mit einem Satz Regeln für die Addition und Multiplikation von Paaren. Wie bereits erwähnt, kam diese Auflösung des Rätsels zu spät, um noch irgendjemand zu beeindrucken, und als Gauß die gleiche Idee hatte, hat er sich nicht einmal die Mühe gemacht, sie zu veröffentlichen. Nichtsdestotrotz erwies sich Hamiltons Sicht der komplexen Zahlen als sehr wertvoll, denn sie inspirierte ihn zur Schaffung der Quaternionen.

Für diese und andere mathematische Errungenschaften wurde Hamilton 1835 zum Ritter geschlagen. Die Quaternionen kamen später, und dann wussten nur wenige Menschen, außer Hamilton selbst und ein paar Anhängern, ihre Bedeutung zu schätzen. Ich glaube, dass zu seinen Lebzeiten die meisten Mathematiker und Physiker sein enthusiastisches Eintreten für die Quaternionen als eine Art Spleen ansahen – nicht gerade eine Verrücktheit, aber gefährlich nahe daran. Sie irrten sich. Seine neue Erfindung löste eine Revolution aus und führte die Mathematik in wildes, unerforschtes Gebiet. Man kann verstehen, warum die meisten ihr Potenzial nicht erkannten. Aber Hamilton wusste, dass er an etwas Bedeutendem dran war. Sein wildes Terrain bietet auch heute noch verlockende neue Erkenntnisse.

* * *

Fragen, über die sich nur wenige Gamer oder Kinobesucher Gedanken machen, sind: Wie funktioniert die Grafik? Wie werden diese Illusionen erzeugt? Was macht sie so überzeugend? Zugegeben: Man muss davon nichts verstehen, um das Spiel zu spielen oder den Film anzuschauen. Aber die historische Entwicklung, die Techniken, die erfunden werden mussten, und die Unternehmen, die sich auf CGI spezialisieren und Spiele entwickeln, brauchen jede Menge gut ausgebildete Fachleute, die wissen, wie die verschiedenen Tricks funktionieren, und zwar bis ins letzte technische Detail, und die die Fähigkeit und Kreativität besitzen müssen, sich neue Tricks auszudenken. Das ist keine Branche, in der man sich auf seinen Lorbeeren ausruhen kann.

Die grundlegenden geometrischen Prinzipien sind schon seit mindestens 600 Jahren bekannt. Während der italienischen Renaissance haben einige bedeutende Maler die Geometrie der perspektivischen Zeichnung immer besser verstanden. Diese Techniken ermöglichten Künstlern, realistische Bilder einer dreidimensionalen Welt auf einer zweidimensionalen Leinwand zu erzeugen. Das menschliche Auge funktioniert ähnlich, allerdings mit der Netzhaut anstelle der Leinwand. Eine vollständige Beschreibung ist kompliziert, aber in einfachen Worten gesagt, *projiziert* der Maler eine reale Szene auf eine flache Leinwand, indem er in Gedanken eine gerade Linie von jedem Punkt der realen Szene zum Auge des Betrachters zieht und den Schnittpunkt dieser Linie mit der Leinwand markiert. Albrecht Dürers wunderbarer Holzschnitt «Der Lautenzeichner» ist eine anschauliche Darstellung dieses Verfahrens.

Diese geometrische Beschreibung lässt sich in einer einfachen mathematischen Formel einfangen, die die drei Koordinaten eines Punktes im Raum in die zwei Koordinaten des entsprechenden Bildes auf der Leinwand umwandeln. Um die Formel anzuwenden, muss man lediglich die Positionen der Leinwand und des Auges des Betrachters relativ zum realen Objekt

Abb. 26 Albrecht Dürers «Lautenzeichner» illustriert die Projektion eines dreidimensionalen Objekts auf eine zweidimensionale Leinwand.

kennen. Aus praktischen Gründen wendet man diese als Projektion bezeichnete Transformation nicht auf jeden Punkt des Objekts an, sondern auf genügend Punkte, um eine gute Näherung zu erhalten. Diese Vorgehensweise ist in dem Holzschnitt sichtbar, der eine Reihe von Punkten in Form einer Laute zeigt, nicht den vollständigen Umriss der Laute. Feine Details, wie das Strohdach eines Hauses, die Wellen eines Flusses und natürlich Farben kann man dann über diese Punkte «drapieren». Dabei bedient man sich Methoden, die ich hier nicht näher erläutern möchte, weil das ein weiteres Buch füllen würde.

Im Grunde genommen steckt genau dies hinter dem Bild des Dorfes aus Sicht des Drachens. Der Computer hat bereits repräsentative Koordinaten aller wichtigen Merkmale des

Dorfes gespeichert. Die Netzhaut des Drachens spielt die Rolle der Leinwand. Wenn man weiß, wo und in welchem Winkel sie sich befindet, kann man die Formel verwenden, um zu berechnen, was der Drache sehen würde. Das ergibt ein Bild des Films, der das Dorf zu einem bestimmten Zeitpunkt zeigt. Auf dem nächsten Bild befindet sich das Dorf immer noch am selben Ort, aber der Drache und seine Netzhaut haben sich bewegt. Man berechne, wohin sie sich bewegt haben, wiederhole die Berechnung, und fertig ist das nächste Bild. Folgt man dem Weg des Drachen am Himmel, dann setzt sich Bild für Bild die Sicht des Drachen auf das, was er sieht, zusammen.

Natürlich darf man diese Beschreibung nicht wörtlich nehmen; sie gibt nur den Grundgedanken wieder. Es gibt spezielle Tricks, um die Berechnungen effizienter zu machen und so Computerrechenzeit zu sparen. Der Einfachheit halber ignorieren wir diese Tricks.

Die gleiche Art der Berechnung funktioniert für Szenen des ankommenden Drachen vom Boden aus gesehen. Jetzt brauchen wir eine weitere Gruppe von Punkten, um festzulegen, wo sich der Drache befindet, und der Bildschirm, auf den alles projiziert wird, befindet sich auf dem Boden, nicht im Drachen. Um genau zu sein, wollen wir bei der Sicht des Drachen bleiben. Von seinem Standpunkt aus ist sein Auge fixiert, und das Dorf scheint sich zu bewegen. Während er sich in Richtung Boden bewegt, scheint alles im Dorf größer zu werden, und es kippt und dreht sich, um seine eigenen Bewegungen nachzuahmen. Wenn er sich in die Wolken entfernt, schrumpft das Dorf, während sich die Wolken nähern. Die ganze Zeit über muss die Perspektive überzeugend bleiben, und der mathematische Schlüssel dazu ist, das Dorf als *starres* (und ziemlich komplexes) Objekt zu behandeln. Sie können sich ein Bild davon machen, indem Sie so tun, als seien Sie der Drache, sich ein Objekt vor die Augen halten und es hin und her bewegen, es dabei auf diese und jene Weise drehen.

Jetzt stellen wir alles im «Bezugssystem» des Drachen dar, das *relativ zum Drachen* fixiert ist. Das Dorf bewegt sich wie ein starrer Körper, was mathematisch bedeutet, dass der Abstand zwischen zwei beliebigen Punkten gleich bleibt. Aber der Körper als Ganzes kann sich im Raum bewegen. Es gibt zwei grundlegende Arten der Bewegung: Translation und Rotation. Bei der Translation gleitet der Körper geradlinig in eine bestimmte Richtung, ohne sich zu drehen. Bei der Rotation dreht sich der Körper um eine feste Achse, die Drehachse, und jeder Punkt bewegt sich um den gleichen Winkel in einer Ebene, die die Drehachse rechtwinklig schneidet. Die Drehachse kann eine beliebige Gerade im Raum sein, und der Winkel kann beliebig gewählt werden.

Jede starre Bewegung ist eine Kombination aus einer Translation und einer Rotatio. (Wobei die Translation auch um eine Null-Distanz erfolgen und die Rotation um einen Winkel von null erfolgen kann. Dann haben diese Transformationen keine Auswirkung.) Eigentlich stimmt das nicht ganz: Es gibt eine weitere mögliche starre Bewegung: eine Reflektion, die wie ein Spiegel wirkt. Aber man kann durch kontinuierliche Bewegungen keine Spiegelungen erhalten, also können wir sie ignorieren.

Jetzt haben wir den entscheidenden Schritt getan, um bewegte Drachen in Mathematik umzusetzen. Man muss nur wissen, wie sich die Koordinaten eines Punktes im Raum verändern, wenn man eine Translation oder Rotation durchführt. Danach kann man die Standardformel anwenden, um das Ergebnis auf einen Bildschirm zu projizieren. Es stellt sich heraus, dass Translationen einfach zu beschreiben sind. Das große Problem stellen Rotationen dar.

***

In zwei Dimensionen – einer Ebene – ist alles viel einfacher. Euklid hat um 300 v. Chr. die Geometrie der Ebene formalisiert. Allerdings hat er sie nicht auf starren Bewegungen aufgebaut. Stattdessen verwendete er kongruente Dreiecke – Dreiecke, die die gleiche Form und Größe haben, aber in unterschiedlichen Lagen. Im 19. Jahrhundert konnten Mathematiker ein solches Dreieckspaar als eine starre Bewegung interpretieren, eine Transformation in der Ebene, die das eine Dreieck mit dem anderen zur Deckung bringt. Georg Bernhard Riemann *definierte* die Geometrie durch bestimmte Arten von Transformationen.

Aus einer ganz anderen Richtung kommend, hatten Mathematiker auch die Berechnung starrer Bewegungen in der Ebene entwickelt; dies war ein unerwarteter Nebeneffekt einer neuen Entwicklung in der Algebra, die wir im vorigen Kapitel kennengelernt haben: die komplexen Zahlen. Um eine Form, wie das in Abbildung 23 abgebildete PIG, in der Ebene zu verschieben, addiert man zu jedem Punkt der Form eine feste komplexe Zahl hinzu. Um die Form um den Winkel A zu drehen, multipliziert man jeden Punkt mit e^{iA}. Als Sahnehäubchen auf dem Kuchen erwiesen sich komplexe Zahlen als ideal für die Lösung der Differentialgleichungen der Physik, aber nur im zweidimensionalen Raum.

All dies brachte Hamilton auf eine Idee, die zu einer Obsession wurde. Da die komplexen Zahlen für die Physik im zweidimensionalen Raum so effektiv waren, sollte es analoge «superkomplexe» Zahlen geben, die dasselbe für drei Dimensionen leisten. Wenn er ein solches neues Zahlensystem finden könnte, ließe sich die gesamte reale Physik beschreiben. Es lag sogar auf der Hand, wie man vorgehen musste. Da komplexe Zahlen *Paare* von reellen Zahlen sind, müssten diese hypothetischen superkomplexen Zahlen *Tripel* von reellen Zahlen sein. Eine reelle Zahl pro Dimension. Die Formel für das Addieren solcher Tripel (oder *triplets*, wie Hamilton sie oft bezeichnete, was auch Drilling heißt) lag auf der Hand – man addierte einfach die entsprechenden Komponenten. Damit waren die Translationen erledigt. Nun musste er nur noch herausfinden, wie man sie multipliziert. Aber all seine Versuche scheiterten, und spätestens 1842 war er so besessen von diesem Hindernis, dass es sogar seinen Kindern auffiel. Jeden Tag fragten sie ihn: «Papa, kannst du Drillinge multiplizieren?» Und jeden Tag schüttelte Hamilton selbstironisch den Kopf. Addieren oder subtrahieren, ja: multiplizieren – keine Chance.

Es ist oft schwierig, das genaue Datum zu bestimmen, an dem ein großer Durchbruch in der Mathematik gelingt, denn häufig gibt es eine lange und verworrene Vorgeschichte, in der Mathematiker auf die endgültige Entdeckung zusteuern. Doch manchmal lassen sich Zeit und Ort genau bestimmen. In diesem Fall ist es der 16. Oktober 1843, und der Ort ist Dublin. Man kann sogar die Uhrzeit genau angeben, denn Hamilton, damals Präsident der Königlich Irischen Akademie, war auf dem Weg zu einer Sitzung des Akademierats und ging mit seiner Frau auf einem Treidelpfad einen Kanal entlang. Als er auf der Brougham Bridge eine Verschnaufpause einlegte, kam ihm die Lösung des Problems, das ihn schon seit Jahren beschäftigte, urplötzlich in den Sinn, und er ritzte sie mit seinem Taschenmesser in das Mauerwerk:

$$i^2 = j^2 = k^2 = ijk = -1$$

Die Inschrift ist inzwischen verblasst, aber jedes Jahr schreitet eine Gruppe von Wissenschaftlern und Mathematikern den «Hamilton Walk» entlang, um die Erinnerung daran wachzuhalten.

Ohne Erklärung ist diese Inschrift hoffnungslos unverständlich. Selbst *mit* Erklärung mag sie auf den ersten Blick abwegig und sinnlos erscheinen, aber das ist bei großen mathematischen Durchbrüchen häufig der Fall. Sie brauchen Zeit, um zu wirken. Hätte Hamilton die komplexen Zahlen entdeckt, wäre die Regel einfach gewesen: $i^2 = -1$. Diese Gleichung ist der Schlüssel zum gesamten komplexen Zahlensystem; alles andere folgt, wenn man darauf besteht, dass die üblichen Regeln der Arithmetik weiterhin gelten. Fügt man nun j und k zu i hinzu, definieren Hamiltons Formeln ein umfassenderes System von Zahlen – oder zumindest zahlenähnlichen Objekten. Er nannte sie Quaternionen, weil sie vier Komponenten haben, wobei jede eine gewöhnliche reelle Zahl ist. Eine Komponente ist ein reelles Vielfaches einer Zahl namens i, die sich genauso wie die gewöhnliche imaginäre Zahl i verhält, und zwei weitere Komponenten sind Vielfache neuer Zahlen j und k. Ein typisches Quaternion ist also eine Kombination $a + bi + cj + dk$, wobei a, b, c, d vier gewöhnliche reelle Zahlen sind. Um dem Ganzen das Geheimnisvolle zu nehmen, kann man sagen, ein Quaternion ist ein Quadrupel (a, b, c, d) von reellen Zahlen, das einigen wenigen Rechenregeln gehorcht.

Am Tag nach seinem kleinen Akt von Vandalismus schrieb Hamilton an seinen Freund, den Mathematiker John Graves: «Irgendwie dämmerte mir, dass wir in irgendeiner Form eine vierte Dimension zulassen müssen, um mit Dreiergruppen rechnen zu können.» In einem Brief an seinen Vater schrieb er: «Ein Stromkreis schloss sich, und ein Funke sprang über.» Er sollte mehr recht behalten, als er ahnen konnte, denn heute spielt seine Entdeckung eine entscheidende Rolle in Milliarden von Stromkreisen und setzt Billiarden winziger Funken frei. Sie hören auf Namen wie PlayStation 4, Nintendo Switch und Xbox, und sie werden zum Spielen von Videospielen wie *Minecraft*, *Grand Theft Auto* und *Call of Duty* gebraucht.

Heute versteht man, warum Hamilton bei dem Versuch, Tripel zu multiplizieren, auf so viele Schwierigkeiten stieß. Es geht nämlich nicht. Er war davon ausgegangen, dass die üblichen Gesetze der Algebra gelten müssen, insbesondere, dass man durch jede Zahl ungleich Null dividieren kann, aber ganz gleich, welche Formel er auch versuchte, sie erfüllte nie alle notwendigen Gesetze. Algebraiker bewiesen später, dass diese Forderung zu logischen Widersprüchen führt. Wenn man will, dass alle Gesetze gelten, kann man nicht über komplexe Zahlen hinausgehen. Man sitzt in zwei Dimensionen fest. Wenn man mit Hamiltons Formeln herumspielt und annimmt, dass das Assoziativgesetz gilt, wird man schnell feststellen, dass er bereits ein Gesetz, das Kommutativgesetz der Multiplikation, verworfen hat. Zum Beispiel implizieren seine Formeln, dass $ij = k$ ist, während $ji = -k$ ist.

Hamilton war flexibel genug, dieses Gesetz aufzugeben, auch wenn das, gelinde gesagt, lästig war. Doch heute wissen wir, dass man auch dann noch kein in sich geschlossenes Zahlensystem aus Tripeln erhält. Ein schönes Theorem von Adolf Hurwitz, das 1923 veröffentlicht wurde, besagt, dass die reellen Zahlen, die komplexen Zahlen und die Quaternionen die einzigen «reellen Divisionsalgebren» sind. Das heißt, man kann das Gewünschte mit einer, zwei oder vier reellen Komponenten machen, *aber nicht mit drei*. Nur die reellen und komplexen Zahlen erfüllen das Kommutativgesetz. Durch Abschwächung des Assoziativgesetzes lässt sich auch ein System mit acht Komponenten konstruieren, die sogenannten Oktonionen oder Cayleyzahlen. Die nächste natürliche Anzahl von Komponenten wäre 16, aber jetzt versagt auch die abgeschwächte Form der Assoziativität. Das war's dann. Nichts anderes ist in dieser Richtung möglich. Dies ist eine dieser seltsamen Kuriositäten, die die Mathematik manchmal auftischt: In diesem Zusammenhang gibt es den nächsten Term in der Folge 1, 2, 4, 8, ... einfach nicht.

Also verbrachte der arme alte Sir William viele vergebliche Jahre damit, das Unmögliche zu versuchen. Sein letztendlicher Durchbruch beruhte darauf, dass er gleich zwei wichtige Prinzipien aufgab: dass die Multiplikation kommutativ sein und dass das «richtige» Zahlensystem für die dreidimensionale Physik drei Komponenten haben sollte. Ihm ist das große Verdienst zuzuschreiben, erkannt zu haben, dass man beides aufgeben musste, um weiterzukommen.

* * *

Hamiltons Name für sein neues System, Quaternionen, verweist auf ihren Bezug zu vier Dimensionen. Er förderte ihre Verwendung in vielen Bereichen der Mathematik und Physik und zeigte, dass ein spezieller Quaternionentyp, der «Vektorteil» $bi + cj + dk$, den dreidimensionalen Raum auf elegante Weise darstellen kann. Die Quaternionen kamen jedoch aus der Mode, als eine einfachere Grundlage entstand, die Vektoralgebra. Für die reine Mathematik und die theoretische Physik blieben die Quaternioen interessant, erfüllten aber nicht die

Hoffnungen ihres Schöpfers auf praktische Anwendungen. Jedenfalls bis Computerspiele und CGI in der Filmindustrie aufkamen.

Die Verbindung zu Quaternionen ergibt sich, weil CGI-Objekte im dreidimensionalen Raum gedreht werden müssen. Die beste Methode, dies zu tun, stützt sich auf die Hamilton'schen Quaternionen. Diese bieten ein einfaches algebraisches Instrumentarium, um die Auswirkungen von Drehungen schnell und genau zu berechnen. Hamilton wäre erstaunt gewesen, denn Filme gab es zu seiner Zeit nicht. Alte Mathematik kann radikal neue Anwendungen finden.

Der Vorschlag, Quaternionen in der Computergrafik zu verwenden, taucht erstmals 1985 in einem Aufsatz von Ken Shoemake, «Animating rotation with quaternion curves», auf.[53] Der Aufsatz beginnt mit der Feststellung: «Körper rollen und taumeln durch den Raum. In Computeranimationen tun dies auch Kameras. Die Drehungen dieser Objekte lassen sich am besten mithilfe eines Vier-Koordinaten-Systems beschreiben, den Quaternionen.» Shoemake erklärt weiter, dass Quaternionen den entscheidenden Vorteil haben, ein glattes «In-betweening» zu erlauben, d. h. die Interpolation von Bildern zwischen zwei gegebenen Endpunkten.

Bevor wir ins Detail gehen, lohnt es sich, ein paar Merkmale der Computeranimation zu erörtern, die seinen Ansatz begründen. Meine Darstellung ist stark vereinfacht, und es kommen auch viele andere Techniken zur Anwendung. Ein Film oder ein bewegtes Bild auf einem Computerbildschirm ist eigentlich eine Abfolge von Standbildern, die schnell hintereinander gezeigt werden, um die Illusion von Bewegung zu erzeugen. In den Anfängen der Animation – man denke an Walt Disneys Zeichentrickfilme – schufen Trickzeichner jedes dieser Standbilder als ein eigenständiges Kunstwerk. Es bedurfte großer Kunstfertigkeit, um realistische Bewegungen zu erzeugen (jedenfalls soweit eine sprechende Maus überhaupt realistisch sein kann). Verschiedene Tricks können den Prozess vereinfachen, z. B. ein einziger Hintergrund, der in einer Abfolge gleich bleibt, während man die sich verändernden Objekte überlagert.

Diese Methode ist sehr mühsam und unpraktisch für schnelle Action-Raumschlachten oder andere hochwertige Animationen. Stellen Sie sich vor: Sie animieren eine Sequenz aus einem Film oder Spiel, in der mehrere Raumschiffe interagieren. Jedes Raumschiff wurde bereits (auf einem Computer) von einem Grafiker entworfen. Es wird als eine feste Ansammlung von Punkten im Raum dargestellt, die so miteinander verbunden sind, dass sie ein Netz aus kleinen Dreiecken bilden. Diese wiederum können durch geeignete Zahlenlisten dargestellt werden – die Koordinaten der Punkte, und die Information, welche Punkte mit welchen verbunden sind. Computersoftware kann diese Datensammlung (und andere wie z. B. Farben) «rendern», um ein zweidimensionales Bild des Raumschiffs zu erzeugen. Dieses zeigt, wie das Raumschiff aussehen würde, wenn es in einer bestimmten Referenzposition platziert und von einem bestimmten Ort aus betrachtet wird.

Um das Raumschiff zu bewegen, ändert der Trickzeichner diese Zahlen in geeigneter Weise. Um es zum Beispiel an einen neuen Ort zu versetzen, wird ein festes Zahlentripel (der Verschiebungsvektor) zu allen Punkten addiert, während die Verbindungen erhalten bleiben. Dann wird diese neue Zahlenliste gerendert, um das nächste Standbild zu erhalten, und so weiter. Das Addieren eines Vektors geht einfach und schnell, aber

Objekte können sich auch im Raum drehen. Sie können sich um eine beliebige Achse drehen, und diese Achse kann sich ändern, wenn sich das Objekt bewegt. Auch Rotationen verändern die Zahlenlisten, aber auf kompliziertere Weise.

Oft weiß der Trickzeichner, wo das Objekt startet (z. B. auf dem Boden) und wohin es sich bewegen soll (in Richtung des fernen Monds). Die genaue Position auf dem zweidimensionalen Bildschirm ist entscheidend, denn das ist es, was der Betrachter sieht. Es muss entsprechend künstlerisch gestaltet sein und spannend aussehen. Start und Ziel werden also durch zwei sorgfältig berechnete Zahlenlisten dargestellt. Wenn die genaue Bewegung dazwischen weniger wichtig ist, kann der Computer angewiesen werden, zwischen Start und Ziel zu interpolieren. Das heißt, die zwei Listen werden durch eine mathematische Regel miteinander kombiniert, die den Übergang von der einen zur anderen Liste darstellt. Die Mittelung jedes Koordinatenpaars ergibt zum Beispiel ein Objekt auf halber Strecke zwischen Start und Ziel. Das ist jedoch in dieser Einfachheit nicht akzeptabel. In der Regel verzerrt es die Form des Raumschiffs.

Der Trick besteht darin, starre Bewegungen im Raum zu verwenden, um die Interpolation zu bewerkstelligen. Man könnte damit beginnen, das Raumschiff in den Mittelpunkt zu verschieben und es um 45° zu drehen. Wiederholt man dies, befindet sich das Schiff in seiner Endposition, aber um 90° gedreht. Um die Illusion einer kontinuierlichen Bewegung zu erzeugen, kann man wiederholt um 1/90 des Abstands zwischen Start- und Zielpunkt verschieben und dabei jedes Mal um 1° drehen. In der Praxis würde man noch viel kleinere Schritte verwenden.

Abstrakter ausgedrückt, kann man sich dieses Verfahren

mittels des «Konfigurationsraums» aller starren Bewegungen veranschaulichen. Jeder Punkt in diesem Raum entspricht einer einzigen starren Bewegung, und nahe gelegene Punkte ergeben benachbarte Bewegungen, sodass eine Abfolge benachbarter Bewegungen einer Folge von Bewegungen entspricht, die jeweils nahe an der vorhergehenden liegen. Wenn man diese Punkte der Reihe nach miteinander verbindet, erhält man einen polygonalen Pfad im Raum der starren Bewegungen. Wählt man die Schrittlänge sehr klein, erhält man einen praktisch kontinuierlichen Pfad. Damit hat sich die Aufgabe des «In-betweening» zwischen Startbild und Zielbild auf die Suche nach einem Pfad durch den Konfigurationsraum reduziert. Will man fließende Übergänge erreichen, sollte der gesuchte Pfad glatt sein, ohne abrupte Biegungen. Es gibt gute Methoden, um ein Polygon zu glätten.

Die «Dimension» dieses Konfigurationsraums – das heißt, die Anzahl der Koordinaten, die benötigt werden, um einen Punkt in diesem Raum zu definieren – beträgt sechs. Es gibt drei Dimensionen für Translationen: jeweils eine Koordinate für Nord-Süd, Ost-West und Oben-Unten. Dann braucht man noch zwei weitere, um die Position einer Drehachse zu definieren, und eine letzte für den Drehwinkel. Das ursprüngliche Problem, ein Objekt gleichmäßig in drei Dimensionen zu bewegen, ist nun zur Bewegung eines Punktes entlang eines glatten Pfades in sechs Dimensionen geworden. Dieses umgestaltete Animationsproblem, geeignete Pfade zu finden, kann nun mit Techniken der multidimensionalen Geometrie angegangen werden.

* * *

In der angewandten Mathematik geht die traditionelle Art, Rotationen eines starren Körpers zu behandeln, auf Euler zurück. Im Jahr 1752 bewies er, dass jede starre Bewegung, die das Objekt nicht spiegelt, entweder eine Translation oder eine Rotation um eine Achse ist.[54] Für Berechnungen kombinierte er jedoch drei Rotationen um die drei Achsen in der üblichen Koordinatendarstellung, eine Methode, die heute unter der Bezeichnung «Eulersche Winkel» bekannt ist. Shoemake, zum Beispiel, betrachtete die Ausrichtung eines Flugzeugs, die in der Luftfahrt mit drei Winkeln angegeben wird:

- Gier: Drehung um eine vertikale Achse, die die Richtung des Flugzeugs in einer horizontalen Ebene angibt.
- Nick: die Drehung um eine horizontale Achse durch die Tragflächen.
- Roll: Drehung um die Linie von der Nase zum Heck.

Das erste Problem bei dieser Art der Darstellung besteht darin, dass die Reihenfolge, in der die Drehungen angewendet werden, entscheidend ist. Drehungen lassen sich nicht vertauschen. Das zweite Problem ist, dass die Wahl der Achsen nicht eindeutig ist und verschiedene Anwendungsbereiche unterschiedliche Achsen verwenden. Drittens sind die Formeln für die Kombination von zwei aufeinanderfolgenden Drehungen, ausgedrückt in Eulerschen Winkeln, extrem kompliziert. Diese Einschränkungen verursachen in den grundlegenden Anwendungen der Luftfahrt keine allzu großen Probleme, denn dort geht es größtenteils um die Kräfte, die auf das Flugzeug in einer bestimmten Orientierung wirken. Für Computeranimationen jedoch, bei denen Objekte ganze Bewegungsabläufe durchlaufen, sind sie misslich.

Shoemake argumentierte, dass Quaternionen, obwohl weniger direkt, eine Möglichkeit zur Festlegung von Rotationen erlauben, die für Trickzeichner, insbesondere im Hinblick auf das In-betweening, viel bequemer ist. Ein Quaternion $a + bi + cj + dk$ hat einen skalaren Teil a und einen vektoriellen Teil $v = bi + cj + dk$. Um einen Vektor v durch ein Quaternion q zu drehen, multipliziert man v mit q^{-1} von links und mit q von rechts; so erhält man $q^{-1}vq$. Wie auch immer q beschaffen sein mag, das Ergebnis ist wieder ein Vektor mit einem von null verschiedenen Skalarteil. Die Hamiltonschen Regeln für die Multiplikation von Quaternionen zeigen bemerkenswerterweise, dass *jede* Drehung einem bestimmten Quaternion entspricht. Der skalare Teil ist der Cosinus des halben Winkels, um den sich das Objekt dreht; der Vektorteil zeigt entlang der Drehachse, und seine Länge entspricht dem Sinus des halben Winkels. Das Quaternion codiert also die gesamte Geometrie der Drehung, mit der kleinen Unannehmlichkeit, dass die natürlichen Formeln mit der Hälfte des Winkels und nicht mit dem vollen Winkel funktionieren.[55]

Quaternionen vermeiden Verzerrungen, die sich anhäufen können, wenn ein Objekt viele Male gedreht wird, was ja häufig vorkommt. Computer können exakte Berechnungen mit ganzen Zahlen durchführen, aber reelle Zahlen sind nicht mit perfekter Genauigkeit darstellbar, sodass sich winzige Fehler einschleichen. Mit den üblichen Methoden zur Darstellung von Transformationen ändert das manipulierte Objekt seine Form ein wenig, was mit dem Auge gut zu erkennen ist. Nimmt man dagegen ein Quaternion und verändert die Zahlen leicht, ist das Ergebnis immer noch ein Quaternion, und es stellt immer noch eine Drehung dar, denn *jedes* Quaternion entspricht irgendeiner Drehung. Nur ist dann die Drehung nicht ganz die exakte. Das Auge reagiert weniger empfindlich auf solche Fehler, und sie lassen sich leicht kompensieren, wenn sie zu groß werden.

* * *

Quaternionen sind eine Möglichkeit, realistische Bewegungen in drei Dimensionen zu erzeugen, aber bis jetzt gilt das, was ich beschrieben habe, nur für starre Objekte. Für Raumschiffe vielleicht, für Drachen sicher nicht. Wie kann man also einen realistischen Drachen in CGI erstellen? Eine gängige Methode gilt nicht nur für Drachen, sondern für fast alles, und wir werden mit einem Dinosaurier arbeiten, weil ich geeignete Bilder zur Verfügung habe. Dieser Ansatz reduziert die Bewegung eines beweglichen Objekts auf die einer Menge miteinander verbundener starrer Objekte. Für die starren Körper kann man jede gewünschte Methode verwenden, nur mit zusätzlichen Anpassungen, um sie korrekt miteinander zu koppeln. Wenn man insbesondere Quaternionen zum Drehen und Verschieben starrer Objekte verwendet, kann man die gleichen Methoden auch auf einen beweglichen Dinosaurier zuschneiden.

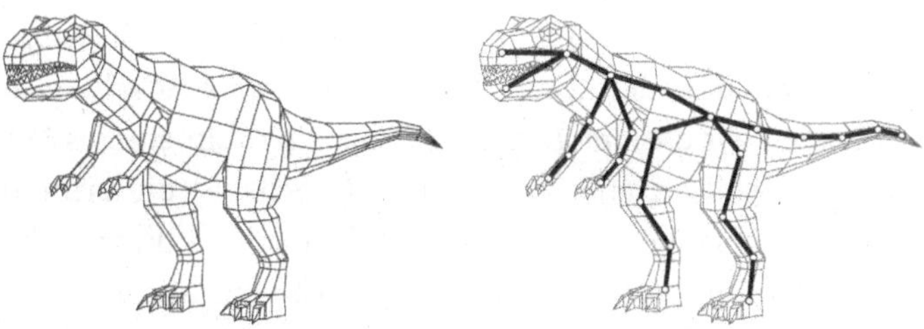

Abb. 27 Links: Grobes Netz über einem Tyrannosaurus Rex.
Rechts: Punkteraster für ein rudimentäres Skelett.

Der erste Schritt ist die Erstellung eines dreidimensionalen digitalen Modells des Dinosauriers, worin seine Oberfläche ein kompliziertes Netz aus flachen Polygonen ist – Dreiecke, Rechtecke, weniger regelmäßige Vierecke. Die für diese Aufgabe verwendete Software stellt die Form geometrisch dar, und man kann sie verschieben, drehen, Details heranzoomen usw., wobei jede Bewegung auf dem Computerbildschirm angezeigt wird. Die Software manipuliert jedoch nicht die Geometrie als solche, sondern eine Liste von numerischen Koordinaten für die Punkte, an denen sich die Polygone treffen. Tatsächlich ist die Mathematik, die die Software für die Zeichnung des Dinosauriers verwendet, so ziemlich die gleiche wie die, die für die Animation des Ergebnisses sorgt. Der Hauptunterschied besteht darin, dass der Dinosaurier in diesem Stadium fixiert ist und der Standpunkt gedreht und verschoben wird. Bei der Animation dagegen kann der Standpunkt fixiert bleiben, während sich der Dinosaurier bewegt; es kann sich aber auch, wie bei dem herabstürzenden Drachen, der Standpunkt verändern.

Bis jetzt haben wir also einen groben, starren Dinosaurier. Wie versetzen wir ihn in Bewegung? Auf keinen Fall tun wir, was die Trickzeichner zu Zeiten von Micky Maus tun mussten: das Bild immer wieder neu zeichnen, wobei der Dinosaurier in einer jeweils leicht veränderten Position dargestellt wurde. Wir wollen, dass der Computer die ganze Arbeit macht, also reduzieren wir unseren Dinosaurier auf ein rudimentäres Skelett: eine kleine Anzahl starrer Stäbe («Knochen»), die an ihren Enden miteinander verbunden sind. Wir führen diese Stäbe durch den Körper, seine Gliedmaßen, Schwanz und Kopf. Es ist kein anatomisch korrektes Skelett, nur ein Gerüst, mit dem wir die wichtigsten Teile des Tieres darstellen können. Dieses

Skelett wird ebenfalls als Koordinatenliste für die jeweiligen Endpunkte jedes Knochens dargestellt.

Ein sehr effizienter Weg, realistische Bewegungen zu erhalten, insbesondere von Menschen oder humanoiden Lebewesen, ist das *Motion Capture* (Bewegungserfassung). Um dreidimensionale Daten zu erhalten, führt ein Schauspieler die gewünschten Bewegungen vor einer oder mehreren Kameras aus. Dabei sind weiße Punkte an Schlüsselstellen wie seinen Füßen, Knien, Hüften und Ellbogen angebracht, und der Computer analysiert ein Video des Schauspielers, um herauszuarbeiten, wie sich die Punkte bewegen. Mit diesen Daten wird dann das Skelett animiert. Genau so wurde Gollum in der *Herr der Ringe*-Trilogie animiert. Wenn man seltsame, nicht menschlich wirkende (aber realistische) Bewegungen realisieren will, dann muss sich der Schauspieler natürlich auf eine entsprechend seltsame Weise bewegen.

Wie auch immer man das Skelett animiert, sobald man mit dem Ergebnis zufrieden ist, wird das Skelett mit dem Netz «drapiert», also überzogen. Das heißt, man kombiniert die beiden Koordinatenlisten, indem man zusätzliche Verknüpfungen zwischen den Positionen der Knochen und den umgebenden Teilen des Netzes herstellt. Dann vergessen wir für einen Großteil des Prozesses das Raster und animieren das Skelett. Hier zahlt sich die Vorarbeit an den starren Bewegungen aus, denn jeder Knochen ist starr, und sie sollen sich in drei Dimensionen bewegen. Außerdem müssen wir der Bewegung Beschränkungen auferlegen, damit das Skelett weiterhin zusammenhält. Wenn wir einen Knochen bewegen, müssen sich auch die Enden der mit ihm verbundenen Knochen bewegen, also translatieren wir diese Endkoordinaten in die richtigen Positionen. Dann können wir auch diese Knochen starr bewegen, was sich natürlich auf die daran befestigten Knochen auswirkt ... und so kann man Knochen für Knochen das gesamte Skelett leicht bewegen. Wir können die Füße bewegen, um ihn laufen zu lassen, den Schwanz nach oben oder unten oder zur Seite bewegen, sein gefährliches Maul öffnen – aber das alles machen wir nur mit dem Skelett. Das ist einfacher, schneller und *billiger*, weil das Skelett viel weniger Teile hat.

Wenn wir damit zufrieden sind, dass sich das Skelett wie gewünscht bewegt, kann es sinnvoll sein, das Netz wieder darüberzuziehen, beginnend mit dem ersten Bild der Bewegung. Die Animationssoftware sorgt dann dafür, dass das Netz den Bewegungen des Skeletts in aufeinanderfolgenden Bildern folgt, ohne dass wir mehr als einen oder zwei Mausklicks machen müssen. Auf diese Weise können wir überprüfen, ob die Animation immer noch realistisch aussieht, wenn der Dinosaurier den Bewegungen seines Skeletts folgt.

Nun kann man der Kreativität freien Lauf lassen. Man kann die Position der «Kamera», des von der Software verwendeten Blickwinkels, für eine Nahaufnahme hineinzoomen, den laufenden Dinosaurier aus der Entfernung betrachten, was auch immer. Wir können andere Kreaturen erschaffen, vielleicht eine Herde von Herbivoren, die vor dem monströsen Tyrannosaurus fliehen. Auch dies geschieht zunächst mit Skeletten, über die dann Netze drapiert werden. Wir können jede Kreatur einzeln animieren und sie dann alle zu einer Jagdszene zusammenstellen.

Da es sich bei den Skeletten nur um Strichzeichnungen handelt, haben wir zu diesem Zeitpunkt möglicherweise nichts getan, um zu verhindern, dass zwei Kreaturen den gleichen Raum einnehmen. Weitere Verbesserungen der Software können vor solchen Kollisionen warnen. Wenn wir die Netze über die Skelette ziehen, werden die vorderen Polygone die hinteren überlappen, und da Dinosaurier nicht transparent sind, müssen wir die entsprechenden Bereiche entfernen. All dies geschieht durch einfache Berechnungen in der Koordinatengeometrie, allerdings ziemlich vielen. Bis Computer wirklich schnell wurden, war das nicht machbar. Heutzutage ist es Routine.

Es gibt noch mehr zu tun, denn ein Dinosaurier, der aussieht wie eine Ansammlung vieler Polygone, ist nicht besonders beeindruckend. Wir müssen realistische Hautmuster über die Polygone legen, dann Farben auswählen, vielleicht realistische Texturen erstellen – Fell sieht ganz anders aus als Schuppen. Jeder Schritt erfordert eine andere Software, die unterschiedliche mathematische Techniken verwendet. Dieser Schritt wird Rendering genannt und setzt das endgültige Bild zusammen, das auf dem Bildschirm erscheint, wenn wir den Film sehen. Das Herzstück des Ganzen sind jedoch Milliarden von Berechnungen, die Punkte und Kanten starr verschieben.

Diese mathematischen Methoden haben noch einen weiteren Vorteil. Wir können jederzeit entscheiden, ob etwas nicht ganz richtig ist, und es ändern. Wenn wir einen grünen Dinosaurier statt eines braunen haben wollen, müssen wir nicht alles noch einmal zeichnen. Wir verwenden das gleiche Skelett, das gleiche Netz, die gleichen Bewegungen und die gleiche Hauttextur und ändern lediglich die Farbe.

Bei der Animation eines Films oder eines Spiels verwenden Expertenteams eine Reihe von Standardsoftwarepaketen, die die Industrie entwickelt hat, um diese Prozesse auszuführen. Um Ihnen einen Eindruck von der Komplexität dieser Aktivitäten zu vermitteln, will ich einen Blick auf einige der Unternehmen und Softwarepakete werfen, die für die Produktion des Films *Avatar* verwendet wurden.

Der Großteil der Animation wurde von dem Unternehmen Weta Digital in Neuseeland durchgeführt, das für seine Arbeit an *Herr der Ringe* und *Der Hobbit* berühmt ist. Industrial Light & Magic, 1975 von George Lucas gegründet, um Spezialeffekte für den ersten *Star-Wars*-Film zu erstellen, schuf 180 solcher Sequenzen, vor allem die Flugzeuge in der letzten Schlacht. Die restlichen Unternehmen, in Großbritannien, Kanada und den USA angesiedelt, fügten wichtige Spezialdetails hinzu, wie Kontrollraumbildschirme und «Heads-up»-Displays auf Visieren, und simulierten damit die Technologie der Zukunft. Autodesk Maya kümmerte sich um die meisten dieser Aufnahmen. Luxology Modo wurde für das Modelldesign verwendet, insbesondere den Kampfhubschrauber *Scorpion*. Houdini zeichnet für die Hell's-Gate-Szenen und Innenausstattungen verantwortlich. Die außerirdischen Kreaturen wurden mit ZBrush entworfen. Autodesk Smoke besorgte die Farbkorrektur, Massive simulierte die außerirdische Vegetation, und Mudbox kümmerte sich um die fließenden Berge. Erste Konzeptzeichnungen und Texturen wurden mit Adobe Photoshop erstellt. Insgesamt waren etwa ein Dutzend Unternehmen beteiligt, die 22 verschiedene Software-Tools und unzählige speziell programmierte Zusatzmodule verwendeten.

***

In diese Mixtur für die CGI-Animation fließt nun eine sehr ausgefeilte Mathematik ein. Die Ziele sind immer, die Aufgabe des Trickzeichners so einfach wie möglich zu gestalten, realistische Ergebnisse zu erzielen und die Kosten und den Zeitaufwand gering zu halten. Wir wollen alles, wir wollen es jetzt, und wir wollen es billig.

Nehmen wir zum Beispiel an, das Filmstudio hat eine Bibliothek von Animationen eines Dinosauriers, der verschiedene Bewegungsabläufe beherrscht. In einem galoppiert er in einem «Gangzyklus» vorwärts, einem Teil einer sich periodisch wiederholenden Bewegung. In einem anderen springt er in die Luft und stürzt ab. Nun möchten Sie eine Sequenz erstellen, in der er einem kleinen Pflanzenfresser hinterhergaloppiert und auf ihn draufspringt. Ein effizienter Ansatz bestünde darin, etwa ein Dutzend Gangzyklen des Galopps aneinanderzureihen und dann den Sprung am Ende hinzuzufügen. Natürlich würde man dann alles so anpassen, dass die Wiederholung der gleichen Animation nicht offensichtlich wird, aber für den Anfang reicht das.

Es ist sinnvoll, die Sequenzen auf der Skelettebene miteinander zu verknüpfen. Alles andere, wie das Drapieren von Netzen und das Hinzufügen von Farbe, kann später erfolgen. Also macht man das Naheliegende und verknüpft zwölf Kopien des Galopp-Zyklus mit einem Sprung und sieht sich an, wie es wirkt.

Es sieht grauenhaft aus.

Die einzelnen Teile sind alle in Ordnung, aber sie fügen sich nicht nahtlos aneinander. Das Ergebnis sind Ruckelbilder, die nicht überzeugen.

Bis vor Kurzem hätte man nur die Möglichkeit gehabt, die Verknüpfungen von Hand zu modifizieren, vielleicht durch Einfügen einiger neuer Bewegungssequenzen. Und selbst dann wäre es eine knifflige Angelegenheit gewesen. Neuere Entwicklungen in mathematischen Techniken lassen hoffen, das Problem weitaus besser lösen zu können. Die Idee ist, Glättungsmethoden zu verwenden, um Lücken zu füllen und abrupte Übergänge abzumildern. Der entscheidende Schritt besteht darin herauszufinden, wie man dies mit einem einzelnen Knochen im Skelett oder allgemeiner mit einer einzelnen Kurve tun kann. Danach kann man das Skelett aus den einzelnen Knochen zusammensetzen.

Das Gebiet der Mathematik, das derzeit auf dem Prüfstand steht, heißt «Shape Theory» (eine Erweiterung der Homotopietheorie). Beginnen wir also mit der offensichtlichen Frage: Was ist eine «Shape», eine Form?

In der gewöhnlichen Geometrie treffen wir auf eine Menge Standardformen: Dreieck, Quadrat, Parallelogramm, Kreis. Wenn man diese Formen in der Koordinatengeometrie interpretiert, werden sie zu Gleichungen. In der Ebene zum Beispiel sind die Punkte (x, y) auf einem Einheitskreis genau diejenigen, die die Gleichung $x^2 + y^2 = 1$ erfüllen. Eine andere sehr bequeme Art, den Kreis darzustellen, ist die Verwendung eines sogenannten *Parameters*. Dabei handelt es sich um eine Hilfsvariable, etwa t, die wir uns als Zeit vorstellen können. Dazu kommen Formeln für die Abhängigkeit von x und y von t. Wenn t einen bestimmten Zahlenbereich durchläuft, ergibt jeder Wert von t zwei Koordinaten $x(t)$ und $y(t)$. Wenn die Formeln richtig sind, definieren diese Punkte den Kreis.

Die parametrischen Standardformeln für einen Kreis sind trigonometrisch:

$$x(t) = \cos t, y(t) = \sin t$$

Es ist jedoch auch möglich, die Erscheinungsweise des Parameters in der Formel zu ändern und trotzdem einen Kreis zu erhalten. Wenn wir zum Beispiel aus t t^3 machen, dann ergibt

$$x(t) = \cos t^3, y(t) = \sin t^3$$

ebenfalls einen Kreis – und es ist derselbe Kreis. Dieser Effekt tritt auf, weil der Zeitparameter mehr Informationen vermittelt als nur, wie x und y variieren. Bei der ersten Formel bewegt sich der Punkt mit konstanter Geschwindigkeit, wenn t variiert. Bei der zweiten ist das nicht der Fall.

Die Shape Theory ist eine Möglichkeit, diesen Mangel an Eindeutigkeit zu umgehen. Als Form im Sinne der Shape Theory bezeichnet man eine Kurve, die als ein Objekt betrachtet wird, das nicht von einer bestimmten parametrischen Formel abhängt. Zwei parametrische Kurven gelten also als die gleiche Form, wenn man den Parameter ändern und die eine Formel in die andere umwandeln kann, z. B. indem man t in t^3 verändert. Im Laufe des letzten Jahrhunderts haben Mathematiker eine Standardmethode für diese Art von Manipulation entwickelt. Diese liegt nicht direkt auf der Hand, denn sie erfordert eine ziemlich abstrakte Sichtweise.

Der erste Schritt besteht darin, nicht nur eine parametrische Kurve zu betrachten, sondern den «Raum» *aller möglichen* parametrischen Kurven. Dann nennt man zwei «Punkte» in diesem Raum (d. h. zwei parametrische Kurven) äquivalent, wenn man durch eine Parameteränderung von einem zum anderen gelangen kann. Eine «Form» wird dann als Äquivalenzklasse von Kurven definiert – die Menge aller Kurven, die zu einer bestimmten Kurve äquivalent sind.

Dies ist eine allgemeinere Version des Tricks, den man in der Modularithmetik verwendet. Bei den ganzen Zahlen modulo 5 z. B. besteht der «Raum» aus allen ganzen Zahlen, und zwei ganze Zahlen sind äquivalent, wenn ihre Differenz ein Vielfaches von 5 ist. Es gibt fünf Äquivalenzklassen:

Alle Vielfachen von 5
Alle Vielfachen von 5 plus 1
Alle Vielfachen von 5 plus 2
Alle Vielfachen von 5 plus 3
Alle Vielfachen von 5 plus 4.

Warum hört die Aufzählung hier auf? Weil ein Vielfaches von 5 durch Addition von 5 nur ein größeres Vielfaches von 5 ist.

In diesem Fall hat die Menge der Äquivalenzklassen, die mit $\mathbb{Z}_5$ bezeichnet wird, sehr viel nützliche Struktur. In Kapitel 5 wurde gezeigt, dass vieles Grundlegende in der Zahlentheorie auf genau dieser Struktur beruht. Wir sagen, $\mathbb{Z}_5$ ist der «Quotientenraum» der ganzen Zahlen modulo 5. Genau das erhält man, wenn man so tut, als seien Zahlen, die sich durch 5 unterscheiden, identisch.

Etwas Ähnliches passiert, wenn man zum Formenraum (*shape space*) übergeht. Anstelle der ganzen Zahlen haben wir den Raum aller parametrischen Kurven. Statt Zahlen um Vielfache von 5 zu verändern, ändern wir die Parameterformel. So erhalten wir einen Quotientenraum, der den Raum aller parametrischen Kurven modulo Änderungen des Parameters beschreibt. Das klingt wahrscheinlich sinnlos, aber es ist ein Standardtrick, dessen Wert über einen langen Zeitraum hinweg deutlich geworden ist. Er ist unter anderem deshalb sinnvoll, weil der Quotientenraum die natürliche Beschreibung der Objekte ist, an denen wir interessiert sind. Ein weiterer Grund ist, dass der Quotientenraum normalerweise interessante Strukturen des ursprünglichen Raums übernimmt.

Für den Raum der Formen ist das interessanteste Strukturelement ein Maß für den Abstand zwischen zwei Formen. Man nehme einen Kreis und deformiere ihn leicht: Man erhält eine geschlossene Kurve, die nahe am Kreis, aber doch anders ist. Verformt man den Kreis stark, erhält man eine geschlossene Kurve, die sich intuitiv *stärker* unterscheidet: Sie ist «weiter weg». Diese Intuition kann präzisiert werden, und man kann beweisen, dass der Formenraum ein sinnvolles und natürliches Konzept der Entfernung birgt: eine Metrik.

Sobald ein Raum über eine Metrik verfügt, kann man alle möglichen nützlichen Dinge tun. Man kann insbesondere kontinuierliche von diskontinuierlichen Veränderungen unterscheiden, und man kann sogar noch weitergehen und glatte Veränderungen von nicht glatten unterscheiden. Und damit sind wir wieder bei dem Problem, Animationssequenzen zusammenzufügen. Zumindest können wir mit dieser Metrik für den Formenraum Unstetigkeiten oder mangelnde Glätte erkennen, und zwar durch Berechnen statt durch Sichten. Aber das ist noch nicht alles.

In der Mathematik gibt es viele Glättungsmethoden, die eine diskontinuierliche Funktion in eine stetige oder eine nicht glatte Funktion in eine glatte Funktion umwandeln. Wie man herausgefunden hat, kann man diese Techniken auf den Formenraum anwenden, sodass eine zusammengesetzte Sequenz mit einer plötzlichen Unstetigkeit automatisch modifiziert werden kann, indem der Computer die richtigen Berechnungen anstellt, um diese Unstetigkeit zu beseitigen. Es ist nicht einfach, aber machbar, und es ist auch kosteneffizient. Für die bloße Berechnung des Abstands zwischen zwei Kurven werden Optimierungsmethoden ähnlich denjenigen verwendet, die wir schon beim Problem des Handlungsreisenden kennengelernt haben. Die Glättung einer Sequenz beinhaltet die Lösung einer Differentialgleichung, ähnlich der Fourier-Gleichung für den Wärmetransport, der wir in den

Kapiteln 9 und 10 begegnen werden. Nun wird eine ganze animierte Kurvenfolge in eine andere animierte Sequenz «transportiert», wodurch Diskontinuitäten geglättet werden. Das wiederum entspricht der Glättung einer Rechteckwelle durch den Wärmefluss.[56]

Ähnliche abstrakte Formulierungen ermöglichen auch die Umwandlung von Animationen in ähnliche, aber unterschiedliche Animationen. Eine Sequenz, die Dinosaurier beim Gehen zeigt, kann so verändert werden, dass das Tier läuft. Dabei geht es nicht nur darum, die Aktion zu beschleunigen, denn die Art und Weise, wie ein Tier rennt, unterscheidet sich sichtbar von der Art und Weise, wie es geht. Diese Methodik steckt noch in den Kinderschuhen, aber sie deutet stark darauf hin, dass sich mathematisches Denken auf hohem Niveau in künftigen Filmanimationen sehr bezahlt machen könnte.

Dies sind nur einige der Möglichkeiten, wie die Mathematik zur Animationstechnik beiträgt. Andere Errungenschaften schaffen vereinfachte Versionen von physikalischen Prozessen, etwa zur Simulation von Meereswellen, Schneeverwehungen, Wolken und Bergen. Immer wird angestrebt, realistische Ergebnisse zu erhalten und gleichzeitig die Berechnungen so einfach wie möglich zu halten. Es gibt inzwischen umfangreiche mathematische Theorien für die Darstellung menschlicher Gesichter. In *Rogue One*, ein Teil der *Star Wars*-Serie, wurden die Schauspieler Peter Cushing (1994 verstorben) und Carrie Fisher (2016 verstorben) digital nachgebildet, indem ihre Gesichter über die von Doppelgängern drapiert wurden. Das gelang nicht sonderlich überzeugend, und die Fans protestierten lautstark. In *Die letzten Jedi* entschied man sich für eine bessere Methode: Man wählte Ausschnitte von Fisher aus früheren Filmen und fügte sie zusammen, wobei das Drehbuch entsprechend angepasst wurde. Allerdings war immer noch eine Menge CGI nötig, um ihre Kleidung passend zu verändern. Tatsächlich wurde fast alles außer ihrem Gesicht digital gerendert – Kopf, Frisur, Körper, Kleidung.[57]

Die gleichen Techniken werden bereits zur Erstellung von Deep Fakes zum Zweck der politischen Propaganda verwendet. Filmen Sie jemanden, der rassistische oder sexistische Bemerkungen macht oder betrunken zu sein scheint; dann drapieren Sie das Gesicht des Gegners darüber und stellen es in die sozialen Medien. Selbst wenn die Fälschung entdeckt wird, haben Sie Ihr Ziel längst erreicht, denn Gerüchte verbreiten sich schneller als Fakten. Mathematik und die davon abgeleitete Technologie kann sowohl zum Schlechten als auch zum Guten eingesetzt werden. Es kommt eben darauf an, wie wir sie nutzen.

KAPITEL 8

Boing!

Eine Feder im technischen Sinn ist ein elastisches Objekt, das seine ursprüngliche Form zurückgewinnt, wenn es, nachdem es zusammengepresst oder auseinandergezogen wurde, wieder losgelassen wird. Sie dient zur Speicherung von mechanischer Energie, indem sie eine konstante Spannung ausübt oder Bewegung absorbiert. Federn werden in praktisch allen Industriezweigen verwendet, von der Automobilindustrie über die Bauindustrie bis zur Möbelindustrie.

Confederation of British Industry, Product Factsheet: Springs in Europe (2015)

Vor Kurzem haben wir eine neue Matratze gekauft. Diejenige, die wir gewählt haben, enthält 5900 Sprungfedern. Eine Werbebroschüre des Kaufhauses zeigte dicht gepackte Anordnungen von locker gewundenen Sprungfedern mit einer Schicht kleinerer Federn darüber. Die wirklich hochwertigen Matratzen weisen *innerhalb* der Hauptschicht weitere 2000 Sprungfedern auf. Die heutige Technologie ist weit von den Tagen entfernt, als eine Matratze gewöhnlich 200 ziemlich große und nicht besonders bequeme Sprungfedern aufwies.

Eine Feder gehört zu den Bauteilen, die allgegenwärtig sind, aber selten zur Kenntnis genommen werden – es sei denn, sie funktionieren nicht richtig. Es gibt Ventilfedern in Automotoren, lange dünne Schraubendruckfedern in Druckkugelschreibern und Federn aller Größen und Formen in Computertastaturen, Toastern, Türgriffen, Uhren, Trampolins, Sofas und Blu-Ray-Playern. Wir bemerken sie nicht, weil sie sich im Inneren unserer Geräte und Möbel verstecken; sie sind aus den Augen und daher auch aus dem Sinn. Federn sind wirtschaftlich ein richtig großes Geschäft.

Wissen Sie, wie Federn hergestellt werden? Ich wusste es jedenfalls nicht, bis 1992 eines Tages mein Bürotelefon klingelte.

«Hallo, Len Reynolds am Apparat. Ich bin Ingenieur bei der Spring Research and Manufacturers Association in Sheffield und habe Ihr Buch über Chaostheorie gelesen. Darin haben Sie eine Methode erwähnt, wie man die Form eines chaotischen Attraktors aus Beobachtungen ableiten kann. Ich denke, dass könnte uns helfen, ein Problem zu lösen, das wir in der industriellen Federnherstellung schon seit zwanzig Jahren haben. Ich habe es mit meinem ZX81 an einigen Testdaten ausprobiert.»

Der Sinclair ZX81 war einer der ersten Heimcomputer für den Massenmarkt; ein Fernseher diente als Bildschirm und eine Kassette als Softwarespeicher. Das Gerät war etwa so groß wie ein Buch, bestand aus Plastik und besaß einen großartigen 1K-Speicher. Man konnte zusätzliche 16K im hinteren Teil anstecken, vorausgesetzt, man sorgte dafür, dass es nicht abfiel. Ich baute einen Holzrahmen, um die RAM-Erweiterungseinheit an Ort und Stelle zu halten, andere benutzten Blu-Tack (eine Klebemasse).

Es war nicht gerade die modernste Rechnertechnik, aber

Lens vorläufige Ergebnisse waren doch so vielversprechend, dass er vom Department of Trade and Industry einen Zuschuss von 90 000 Pfund (damals rund 150 000 Dollar, entspricht rund 175 000 Euro) bekam und nochmals entsprechende Mittel (in Naturalien, nicht in Geld) von einem Konsortium von Feder- und Drahtherstellern. Das reichte zur Finanzierung eines dreijährigen Projekts zur Verbesserung der Qualitätskontrolle für Federdraht und führte zu zwei weiteren Projekten über fünf Jahre. Man schätzte, dass das Ergebnis dieser Forschung der Federn- und Drahtindustrie pro Jahr Einsparungen von 18 Millionen Pfund (rund 20 Millionen Euro) bringen könnte.

Es gibt buchstäblich Tausende derartiger Anwendungen von Mathematik auf industrielle Probleme; so etwas geschieht tagein, tagaus, bleibt aber meist unbemerkt. In vielen Fällen handelt es sich um Geschäftsgeheimnisse, die durch Vertraulichkeitsvereinbarungen geschützt sind. Von Zeit zu Zeit veröffentlichen britische Organisationen wie das Engineering and Physical Sciences Research Council oder das Institute of Mathematics and its Applications kurze Fallstudien über einige dieser Projekte, und dasselbe geschieht in den USA und anderswo. Ohne diese Projekte und viele andere gezielte Nutzungen von Mathematik durch große und kleine Unternehmen weltweit würde keiner der Apparate und Geräte existieren, die wir tagein, tagaus benutzen. Es ist jedoch eine verborgene Welt, und nur wenige von uns vermuten überhaupt, dass es sie gibt.

In diesem Kapitel werde ich den Deckel von den drei Projekten lüften, an denen ich beteiligt war. Nicht, weil sie besonders wichtig wären, sondern weil ich weiß, worum es bei ihnen ging. Die wesentlichen Ideen wurden vorwiegend in industriellen

Fachzeitschriften veröffentlich und sind öffentlich zugänglich. Ich möchte Ihnen zeigen, dass die Art und Weise, wie Mathematik in der Industrie genutzt wird, oft indirekt und überraschend ist – und eine Prise glücklichen Zufalls spielt ebenfalls oft eine Rolle.

Wie Lens Telefonanruf.

* * *

Das Problem, das die Draht- und Federindustrie seit einem Vierteljahrhundert plagte, war ebenso einfach wie grundsätzlich. Federn (hergestellt von Federn-produzierenden Unternehmen) nehmen Draht (hergestellt von Draht-produzierenden Unternehmen) und lassen ihn durch Federwickel- oder Federwindemaschinen laufen, um Federn herzustellen. Von Zeit zu Zeit weigert sich eine Lieferung Draht jedoch, sich in der richtigen Weise zu wickeln, selbst wenn die Maschine von einem sehr geübten Maschinisten bedient wird. Die üblichen Qualitätskontrollmethoden Anfang der 1990er-Jahre konnten guten Draht nicht von schlechtem unterscheiden. Beide bestanden dieselben Tests, was chemische Zusammensetzung, Zugfestigkeit und so weiter anging. Optisch ließ sich schlechter Draht nicht von gutem unterscheiden. Doch wenn guter Draht in eine Wickelmaschine eingespeist wurde, kam die Feder heraus, wie man sie sich wünschte. Wurde schlechter Draht eingespeist, sah das, was herauskam, entweder wie eine Feder aus, hatte aber die falsche Größe, oder war im schlimmsten Fall nicht mehr als ein hoffnungsloses Drahtgewirr.

Zu versuchen, den Draht zu wickeln, war kein effizienter oder effektiver Test. Wenn der Draht schlecht war, blockierte er eine teure Wickelmaschine einige Tage lang, bis der Operator schließlich überzeugt war, dass aus diesem Posten Draht niemals Federn werden würden. Da der Draht die üblichen Tests jedoch bestanden hatte, konnte der Hersteller aber leider mit Fug und Recht darauf beharren, dass mit dem Draht nichts verkehrt war; es musste an der Einstellung der Wickelmaschine liegen. Beide Industrien bedauerten diese Pattsituation; beide wünschten sich eine zuverlässige Methode, um herauszufinden, wer recht hatte, und beide hätten gern herausgefunden, dass es nicht ihr Fehler war.

Als wir das Projekt starteten, war der erste Schritt, die Mathematiker zu einem Besuch in ein Unternehmen mitzunehmen, das Federn herstellte, und ihnen zu zeigen, wie aus Draht Federn werden. Daher dreht sich alles um Geometrie.

Die häufigsten Federn sind Druckfedern. Drückt man ihre Enden enger zusammen, drücken sie zurück. Das einfachste Design ist eine Helix, wie eine Wendeltreppe. Stellen Sie sich einen Punkt vor, der sich mit konstanter Geschwindigkeit im Kreis bewegt, nun verschieben Sie ihn mit konstanter Geschwindigkeit senkrecht zur Kreisfläche. Die Kurve, die der Punkt dann im Raum beschreibt, ist eine Spirale. Aus praktischen Gründen sind schraubenförmige Federn oft an beiden Enden geschlossen (Ganghöhenreduktion), als ob der sich bewegende Punkt zuerst einen Kreis in der Ebene beschriebe, bevor er beginnt, sich rechtwinklig zum Kreis zu bewegen und dann bei der letzten Windung aufhört, sich in diese Richtung zu bewegen. Damit verhindert man, dass sich die Feder mit den Enden in etwas verheddert und schützt Menschen davor, dieses Etwas zu sein.

Mathematisch ist eine Helix durch zwei Eigenschaften charakterisiert, ihre Krümmung und ihre Torsion. Die Krümmung gibt an, wie schwach oder stark die Helix gebogen ist.

Die Torsion gibt an, wie stark sie sich aus der Ebene herausschraubt, in Bezug auf die Richtung, in der sie gekrümmt ist. (Offensichtlich gibt es auch eine technische Definition, doch wir wollen uns hier nicht in der Differentialgeometrie von Raumkurven verheddern.) Bei einer Helix sind beide Größen konstant. Wenn man eine Helix daher von der Seite anschaut, haben die Windungen denselben Abstand voneinander und sind im selben Winkel geneigt – eine Folge der konstanten Geschwindigkeit längs der Helixachse. Wenn man von einem Ende auf die Helix schaut, richten sich alle Windungen hintereinander aus und bilden einen Kreis: das ist die gleichförmige Bewegung im Kreis. Ein kleiner Kreis korrespondiert mit einer starken Krümmung, ein großer mit einer geringen Krümmung, eine steil ansteigende Helix mit einer starken Torsion, eine langsam ansteigende mit einer geringen Torsion.

Eine Wickelmaschine setzt diese Eigenschaften mechanisch um, und zwar auf wunderbar einfache Weise. Die Wickelmaschine speist den Draht von einer großen Rolle, die als Abwickelgerät bezeichnet wird, an einem kleinen Werkzeug, nicht mehr als einem starren Stück Metall, vorbei. Dadurch wird der Draht in einer bestimmten Richtung gebogen und erhält gleichzeitig einen kleinen Stoß im rechten Winkel dazu. Das Biegen führt zu einer Krümmung und der Stoß zu einer Verwindung. Während weiter Draht eingespeist wird, wickelt die Maschine eine Helixwindung nach der anderen. Sobald die Helix lang genug ist, schneidet eine andere Maschine sie ab, und die Wickelmaschine ist bereit, die nächste Feder zu erzeugen. Eine zusätzliche Vorrichtung reduziert die Torsion nahe des Federendes auf null, damit diese Windungen abgeflacht und geschlossen werden können. All das geht recht schnell vor sich – mehrere Federn pro Sekunde. *Ein* Hersteller produzierte auf jeder Wickelmaschine winzige Federn aus Spezialdraht mit einer Rate von 18 pro Sekunde.

Firmen, die Draht und Federn herstellen, sind im Allgemeinen eher kleine und mittelgroße Unternehmen. Sie agieren eingezwängt zwischen sehr großen Zulieferbetrieben, wie British Steel, und sehr großen Kunden, wie Automobil- und Matratzenunternehmen, daher stehen sie, was ihre Gewinnspannen angeht, beidseitig unter Druck. Kein einzelner Hersteller kann die Kosten für eine eigene Forschungsabteilung tragen, daher ist SRAMA (Spring Research and Manufacturers Association, inzwischen umbenannt in Institute of Spring Technology, IST) eine Art gemeinsamer Forschungs- und Entwicklungsoperation, ein Gemeinschaftsprojekt, finanziert von den Mitgliedsunternehmen. Len und seine Kollegen bei SRAMA hatten bei dem Wicklungsproblem, von den Fehlschlägen ausgehend, schon einige Fortschritte gemacht. Krümmung und Torsion der wachsenden Wicklungen hingen von Materialeigenschaften des Drahtes ab, zum Beispiel von seiner Plastizität: Wie schwierig oder einfach es ist, ihn zu biegen. Wenn die Wicklung eine hübsche, regelmäßige Helix bildet, sind diese Eigenschaften überall im Draht gleich (homogen). Wenn das nicht der Fall ist, dann nicht. Daher ging eine schlechte Verwindbarkeit wahrscheinlich auf unregelmäßige Schwankungen der Materialeigenschaften im Draht zurück. Die Frage war, wie man solche Schwankungen feststellen konnte.

Die Antwort war, den Draht zum Winden zu zwingen, indem man ihn um einen Metallstab wickelte, so ähnlich, als ob man Spaghetti um eine Gabel wickelt. Dann kann man den Abstand zwischen aufeinanderfolgenden Windungen messen. Wenn die Abstände alle in etwa gleich sind, ist es ein guter Draht. Wenn sie unregelmäßig sind, ist es ein schlechter Draht.

Außer, dass manche Drähte ziemlich stark variieren konnten und man trotzdem Federn daraus herstellen konnte. Vielleicht nicht so akkurat wie aus wirklich gutem Draht, aber für manche Zwecke doch gut genug. Daher war die zentrale Frage: Wie quantifiziert man das Ausmaß, in dem der Draht noch verwertbar ist, d. h. ordnet der Verwertbarkeit eine Zahl zu?

Die SRAMA-Ingenieure wandten all die üblichen statistischen Methoden auf die Messreihen an, aber nichts war wirklich eng mit der Verwindbarkeit verknüpft. An dieser Stelle kam mein Buch über Chaostheorie ins Spiel.

* * *

Chaostheorie, ein von den Medien erfundener Name, ist Mathematikern besser bekannt als Teil der umfassenderen Theorie der nichtlinearen Dynamik, in der es darum geht, wie sich Systeme verhalten, wenn ihr zeitabhängiges Verhalten von einer speziellen mathematischen Regel bestimmt wird. Man messe den Zustand des Systems *jetzt*, wende die Regel an und leite den Zustand ab, den das System eine sehr kleine Zeitspanne später haben wird. Dann wiederhole man den Vorgang. Während die Zeit verrinnt, kann man den Zustand des Systems so weit in die Zukunft berechnen, wie man will. Diese Technik ist der dynamische Teil. «Nichtlinear» bedeutet, einfach gesagt, dass die Regel keine Proportionalität zwischen dem zukünftigen Zustand und dem gegenwärtigen Zustand oder zur Differenz zwischen dem gegenwärtigen und einem Referenzzustand herstellt. Bei kontinuierlich variierender Zeit wird die Regel durch eine Differentialgleichung formuliert, die die Rate, mit der sich die Variablen des Systems verändern, mit ihren gegenwärtigen Werten verknüpft.

Es gibt auch eine diskrete Version, wo die Zeit Schritt für Schritt vergeht, die von einer Differenzgleichung beschrieben wird: Der Zustand nach einem Schritt ergibt sich, wenn man die Regel auf den gegenwärtigen Zustand anwendet. Mit dieser diskreten Version kann man das Wickelproblem lösen. Zum Glück ist dies die leichter verständliche Variante. Und so funktioniert sie:

Zustand zum Zeitpunkt 0 → Zustand zum Zeitpunkt 1 → Zustand zum Zeitpunkt 2 → ...

Wobei der Pfeil bedeutet «wende die Regel an». Wenn die Regel beispielsweise lautet «verdoppele die Zahl» und wir mit dem Anfangszustand 1 beginnen, dann ergeben die Folgeschritte die Folge von Zuständen 1, 2, 4, 8, ..., jedes Mal eine Verdopplung. Das ist eine lineare Regel, da der Output proportional zum Input ist. Eine Regel wie «quadriere und subtrahiere 3» ist nicht linear, und in diesem Fall ergibt sich folgende Zustandsfolge

$$1 \to -2 \to 1 \to -2 \to \dots$$

in der die gleichen beiden Zahlen wieder und immer wieder auftauchen. Das ist eine «periodische» Dynamik, ganz ähnlich, beispielsweise, dem Zyklus der Jahreszeiten. Das zukünftige Verhalten ist, wenn man den Anfangszustand kennt, völlig vorhersehbar: Es alterniert lediglich zwischen 1 und −2.

Wenn die Regel hingegen lautet «quadriere und subtrahiere 4», erhalten wir

$$1 \to -3 \to 5 \to 21 \to 437 \to \dots$$

Und die Zahlen werden immer größer (mit Ausnahme der zweiten Zahl). Die Folge ist noch immer vorhersagbar: Man muss nur immer weiter die Regel anwenden. Da sie deterministisch ist – es gibt keine Zufallsfaktoren –, wird jeder Folgewert ausschließlich von dem vorangehenden Wert bestimmt, daher ist *die gesamte Zukunft* vollständig vorhersagbar.

Dasselbe gilt für Versionen mit kontinuierlich verlaufender Zeit, auch wenn die Vorhersagbarkeit in diesem Fall nicht so offensichtlich ist. Eine Zahlenfolge dieser Art wird als Zeitfolge bezeichnet.

Inspiriert von Galileo Galilei und Newton, entdeckten Mathematiker und Naturwissenschaftler unzählige Regeln dieses Typs, wie Galileis Regel für den Ort eines unter dem Einfluss der Schwerkraft fallenden Körpers und Newtons Gravitationsgesetz. Dieser Prozess führte zu der Annahme, dass jedes mechanische System deterministischen Regeln folgt und daher vorhersagbar ist. Der große französische Mathematiker Henri Poincaré entdeckte jedoch eine Lücke in dieser Argumentation, die er 1890 publizierte. Newtons Gravitationsgesetzt impliziert, dass zwei Himmelskörper, wie ein Stern und ein Planet, sich auf elliptischen Bahnen um ihr gemeinsames Massezentrum bewegen, das in diesem Fall gewöhnlich im Inneren des Sterns liegt. Die Bewegung ist periodisch, wobei die Periode der Zeitspanne entspricht, die es braucht, einen Umlauf zu vollenden und zum Startpunkt zurückzukehren. Poincaré untersuchte nun, was geschieht, wenn man drei Körper betrachtet (Sonne, Planet, Mond), und stellte fest, dass die resultierende Bewegung in manchen Fällen extrem unregelmäßig ist. Später erkannten Mathematiker, die diese Entdeckung im Nachhinein aufgriffen, dass diese Art Unregelmäßigkeit die Zukunft eines solchen Systems unvorhersagbar macht. Die Lücke in dem «Beweis» für Vorhersagbarkeit ist, dass er nur dann gültig ist, wenn man den Anfangszustand messen und sämtliche Berechnungen mit absoluter Genauigkeit durchführen kann – präzise auf unendlich viele Dezimalstellen. Anderenfalls können selbst winzige Abweichungen exponentiell schnell wachsen, bis sie den wahren Wert völlig verwischen. Das ist Chaos oder, genauer gesagt, deterministisches Chaos. Selbst wenn man die Regeln kennt und diese keine Zufallsfaktoren aufweisen, lässt sich die Zukunft in der Praxis unter Umständen nicht voraussagen, selbst wenn sie theoretisch vorhersagbar ist. Tatsächlich kann das Verhalten zu irregulär sein, dass es wie zufällig aussieht. In einem echten Zufallssystem liefert der momentane Zustand keinerlei Information über den nächsten Zustand. In einem chaotischen System gibt es subtile Muster. Die verborgenen Muster hinter dem Chaos sind geometrischer Natur und lassen sich sichtbar machen, indem man Lösungen der Modellgleichungen als Kurven im Raum aufträgt, deren Koordinaten die Zustandsvariablen sind. Manchmal nähern sich diese Kurven nach einer Weile einer komplexen geometrischen Form an. Wenn Kurven von verschiedenen Startpunkten aus alle auf dieselbe Form zulaufen, nennen wir dieses Gebilde einen Attraktor. Der Attraktor kennzeichnet die verborgenen Muster, die in dem chaotischen Verhalten stecken.

Ein Standardbeispiel sind die Lorenz-Gleichungen, ein kontinuierliches dynamisches System, das ein strömendes Gas modelliert, wie warme Luft in der Atmosphäre. Diese Gleichung hat drei Variable. In einem Diagramm mit einem dreidimensionalen Koordinatensystem, das zeigt, wie sie sich verändern, bewegen sich die Lösungskurven allesamt schließlich auf ein Gebilde zu, die wie eine Maske aussieht: der

Lorenz-Attraktor. Chaos erwächst daraus, dass die Lösungskurven zwar auf (nun ja, sehr nahe an) diesem Attraktor herumwandern. Unterschiedliche Lösungen, aber auf ganz verschiedene Weise. Eine Lösung kann beispielsweise sechs Mal die linke Schleife und dann sieben Mal die rechte Schleife durchwandern, eine nahe gelegene Kurve hingegen acht Mal links herum und dann drei Mal rechts herum wandern. Daher ist die vorhergesagte Zukunft dieser Kurven sehr verschieden, auch wenn sie von sehr ähnlichen Werten der Variablen ihren Ausgang nehmen.

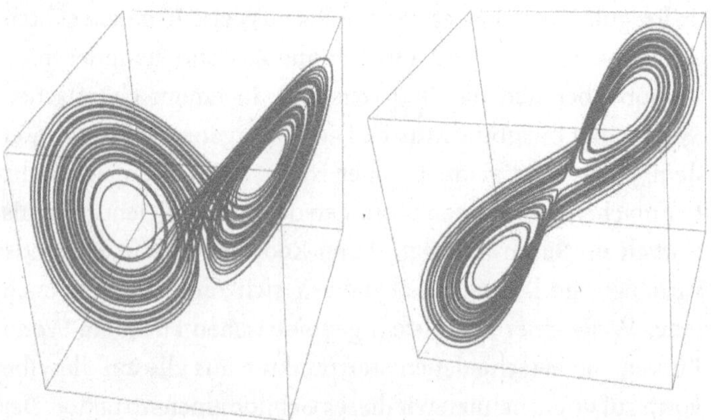

Abb. 28 Links: Lorenz-Attraktor. **Rechts:** Rekonstruktion seiner Topologie aus einer einzigen Variablen.

Kurzzeitprognosen sind jedoch zuverlässiger. Zunächst bleiben zwei benachbarte Kurven eng beieinander. Erst später beginnen sich ihre Wege zu trennen. Daher ist ein chaotisches System auf kurze Sicht vorhersagbar – im Gegensatz zu einem echten Zufallssystem, das völlig unvorhersagbar ist. Das ist eines der verborgenen Muster, die deterministisches Chaos von Zufälligkeit unterscheiden.

Wenn wir mit einem bestimmten mathematischen Modell arbeiten, kennen wir alle Variablen und können mithilfe eines Computers berechnen, wie sie sich verändern. Wir können den Attraktor sichtbar machen, indem wir diese Veränderungen in einem Koordinatensystem grafisch darstellen. Wenn wir ein reales System betrachten, das möglicherweise chaotisch ist, sind wir manchmal nicht in einer derart privilegierten Situation. Im schlimmsten Fall können wir vielleicht nur eine einzige der Variablen messen. Da wir die anderen nicht kennen, können wir den Attraktor nicht darstellen.

An dieser Stelle kommt Lens Gedankenblitz ins Spiel. Mathematiker haben raffinierte Methoden entwickelt, um einen Attraktor aus der Messung einer einzelnen Variablen zu «rekonstruieren». Die einfachste ist die Packard-Takens-Methode, auch als Gleitfenster-Methode (*sliding window reconstruction*) bekannt, die von Norman Packard und Floris Takens entwickelt wurde. Im Rahmen dieses Verfahrens werden neue «falsche» Variablen eingeführt, indem man ein und dieselbe Variable zu verschiedenen Zeitpunkten misst. Statt uns die ursprünglichen drei Variablen gleichzeitig anzusehen, schauen wir uns nur eine einzige Variable an, aber in einem Fenster, das drei Zeitschritte lang ist. Dann schieben wir das Fenster einen Schritt weiter und machen dasselbe nochmals und wiederholen diesen Prozess viele Male. Die rechte Abbildung zeigt, wie das für den Lorenz-Attraktor funktioniert. Die rechte ist mit der linken Abbildung nicht *identisch*, aber wenn man den Zeitschritt nicht sehr unglücklich wählt, weisen die beiden Abbildungen dieselbe Topologie auf: der rekonstruierte Attraktor ist eine kontinuierlich verzerrte Version des tatsächlichen Attraktors. Hier sehen beide Bilder wie eine Maske mit zwei Augenlöchern aus, doch die eine ist eine verdrehte Version der anderen.

Diese Methode liefert ein qualitatives Bild des Attraktors, das uns sagt, welche *Art* von Chaos wir zu erwarten haben. Len fragte sich daher, ob derselbe Trick wohl bei seinen Federdaten funktionieren würde, und erstellte ein zweidimensionales Diagramm, wobei er aufeinanderfolgende Lücken zwischen den Wicklungen als Zeitreihe betrachtete und die Gleitfenstermethode zur Rekonstruktion anwandte. Er erhielt jedoch keine klare geometrische Form wie eine Maske, sondern eine verschwommene Punktwolke. Das ließ vermuten, dass die Folge von Lücken in dem fachspezifischen, von Mathematikern benutzten Sinne nicht chaotisch war.

Also ließ sich die Methode nicht anwenden?

Oh doch! Was Lens Aufmerksamkeit erregte, war die allgemeine *Form* dieser verschwommenen Wolke. Die Drahtproben waren mühsam in einer Wickelmaschine getestet worden, daher wusste er, welche Proben gut, schlecht oder mittelmäßig gewesen waren. Konnte die rekonstruierte Punktwolke ihm sagen, was in welche Kategorie fiel? Offensichtlich konnte sie das. Wenn der Draht wirklich gut war, sich leicht wickeln ließ und sehr präzise Federn ergab, war die Wolke klein und annähernd rund. Wenn der Draht akzeptabel war, sich gut wickeln ließ, aber Federn variablerer Größe ergab, war die Wolke größer, aber noch immer annährend kreisförmig. Wenn der Draht jedoch schlecht war und sich nicht zu Federn wickeln ließ, war die Wolke lang und dünn wie eine Zigarre.

Falls dieses Muster auch bei anderen Proben fortbestand, konnte man auf den langsamen, teuren Wickelmaschinentest verzichten und stattdessen Form und Größe der verschwommenen Punktwolke benutzen, um guten, mittelmäßigen und schlechten Draht zu charakterisieren. Das würde das Problem lösen, einen preisgünstigen, effizienten Test für Wickelbarkeit zu finden. Tatsächlich spielt es *keine Rolle*, ob der Abstand der Windungen zufällig, chaotisch oder etwas von beidem ist. Man muss nicht genau wissen, wie die Materialeigenschaften längs des Drahtes variieren – nicht einmal, um welche Eigenschaften es sich eigentlich handelt. Und man muss sicherlich keine sehr komplizierten Berechnungen in der Elastizitätstheorie anstellen, die durch ebenso komplizierte Experimente bestätigt werden müssen, um zu verstehen, wie sich diese Variationen in eine gute oder schlechte Wickelbarkeit übersetzen lassen. Alles, was man wissen muss, ist, wie das Gleitfensterdiagramm guten Draht von schlechtem unterschiedet, und das lässt sich überprüfen, indem man das Verfahren an weiteren Drahtproben testet und mit dem Verhalten der Drähte an der Wickelmaschine vergleicht.

Nun wurde auch klar, warum auf die Daten angewandte statistische Standardmaße wie Mittelwert (Durchschnitt) und Varianz (Streuung) nicht hilfreich waren. Diese Messgrößen ignorieren die Reihenfolge, in der die Daten auftreten: wie jeder Abstand mit den vorangegangenen verknüpft ist. Wenn man die Zahlen mischt, bleiben Mittelwert und Varianz unverändert, während sich die Form der Punktwolke drastisch ändern kann. Und das ist höchstwahrscheinlich der Schlüssel zur Herstellung guter technischer Federn.

Um diese Erkenntnisse genauer zu untersuchen, bauten wir eine Qualitätskontrollmaschine, FRACMAT, die eine Testspule um einen Metallstab wickelte, die Windungen mit einem Lasermikrometer scannte, um die aufeinanderfolgenden Lücken zu vermessen, diese Zahlen in den Computer eingab, auf sie die Gleitfenstermethode anwandte, um eine Punktwolke zu konstruieren, die am besten passende Ellipse für die Wolke berechnete, um zu sehen, ob sie kreis- oder zigarrenförmig und wie groß sie war, und dann ausrechnete, wie gut oder schlecht die Drahtprobe war. Die Rekonstruktionsmethode war eine praktische Anwendung der Chaos*theorie* auf ein Problem, das, technisch gesprochen, wahrscheinlich nicht einmal chaotisch war. Tatsächlich war die DTI-Finanzierung auch nicht für Forschung, sondern für den Technologietransfer gedacht; wir übertrugen die Rekonstruktionsmethode von der Mathematik der chaotischen Dynamik auf Zeitreihen von Beobachtungen eines möglicherweise nicht chaotischen Realweltproblems. Und das war genau das, was wir tun würden, so unsere Erklärung gegenüber dem DTI.

* * *

Chaos ist nicht nur ein Modewort für «Zufälligkeit». Chaos ist auf kurze Sicht vorhersagbar. Wenn Sie würfeln, so sagt uns dieser Wurf nichts darüber, wie der nächste ausfallen wird. Ganz gleich, welche Zahl ich jetzt würfe, beim nächsten Wurf sind alle Zahlen 1, 2, 3, 4, 5, 6 gleich wahrscheinlich. Dabei gehen wir allerdings davon aus, dass der Würfel fair ist. Chaos ist anders. Wenn Chaos ein Würfel wäre, würde es Muster geben. Vielleicht könnte auf eine geworfene 1 nur eine 2 oder eine 5 folgen, auf eine gewürfelte 2 hingegen nur eine 4 oder eine 6, und so weiter. Das nächste Ergebnis lässt sich in einem gewissen Maße vorhersagen, doch der fünfte oder sechste Wurf nach dem Start könnte jede beliebige Zahl zwischen 1 und 6 sein. Je weiter man in die Zukunft schauen möchte, desto unsicherer werden die Vorhersagen.

Das zweite Projekt, DYNACON, erwuchs aus dem ersten, als wir erkannten, dass es möglich sein könnte, diese kurzzeitige Vorhersagbarkeit des Chaos auszunutzen, um eine Wickelmaschine zu kontrollieren. Wenn es gelänge, die Länge der Federn während der Produktion zu messen und Trends in den Zahlen zu erkennen, die dafür sprachen, dass die Maschine tatsächlich chaotisch arbeitete, wäre es vielleicht möglich, die schlechten Federn kommen zu sehen und die Maschine so zu justieren, dass sie diese Tendenz kompensiert. Die Hersteller hatten bereits Methoden entwickelt, die Länge der Feder während des Produktionsprozesses zu messen, um nicht passende Federn auszusortieren, doch wir wollten mehr: nicht die schlechten nach ihrer Herstellung aussortieren, sondern verhindern, dass sie überhaupt hergestellt wurden. Nicht perfekt, aber ausreichend, um zu vermeiden, dass viel Draht verschwendet wurde.

In der Mathematik geht es meist um Präzision. Eine Zahl ist (oder ist nicht) gleich 2. Die Zahl gehört (oder gehört nicht) zur Menge der Primzahlen. Die wirkliche Welt ist oft viel verschwommener. Ein Messwert kann nahe bei 2 liegen, aber nicht gleich 2 sein; überdies kann es sein, dass das Ergebnis, wenn man dieselbe Größe nochmals misst, ein wenig abweicht. Auch wenn eine Zahl nicht «fast prim» sein kann, kann sie zweifellos «fast eine ganze Zahl» sein. Diese Beschreibung passt zum Beispiel auf Zahlen wie 1,99 oder 2,01. Im Jahr 1965 formulierten Lotfi Zadeh und Dieter Klaua unabhängig voneinander eine präzise mathematische Beschreibung dieser Art der Unschärfe, die sogenannte Theorie unscharfer (*fuzzy*) Mengen, zusammen mit einem verwandten Konzept, der Fuzzy-Logik.

In der konventionellen Mengenlehre gehört ein Objekt (beispielsweise eine Zahl) entweder zu einer bestimmten Menge oder nicht. In der Fuzzy-Mengenlehre gibt es ein präzises numerisches Maß für den *Grad*, mit dem ein Objekt zur Menge gehört. So kann die Zahl 2 zur Hälfte oder auch nur zu einem Drittel zur Menge gehören. Wenn dieses Maß 1 beträgt, gehört die Zahl definitiv zu der Menge, bei 0 gehört sie definitiv nicht dazu. Nur bei 0 und bei 1 haben wir es mit der konventionellen Mengenlehre zu tun. Erlauben wir Werte zwischen 0 und 1, umfasst der Grad an Fuzzy-Zugehörigkeit die Grauzone zwischen diesen beiden Extremen.

Einige prominente Mathematiker beeilten sich, diese Idee abzutun, und behaupteten entweder, bei der Fuzzy-Mengenlehre handele es sich lediglich um eine Wahrscheinlichkeitstheorie in Verkleidung, oder sie argumentierten, die Logik der meisten Menschen sei so unscharf, dass man nicht auch noch darauf bestehen müsse, dass die Mathematik denselben Weg einschlage. Was einige Akademiker dazu veranlasst, neue Ideen sofort derart abzutun, verblüfft mich immer wieder, besonders dann, wenn ihre Begründung für diese Haltung keinen Sinn ergibt. Niemand schlug vor, die Standardlogik durch Fuzzy-Logik zu *ersetzen*. Sie ist lediglich ein weiteres Werkzeug im Werkzeugkasten. Auch wenn die Fuzzy-Mengenlehre auf den ersten Blick an die Wahrscheinlichkeitstheorie erinnert, sind die Regeln anders und auch die Interpretation. Wenn eine Zahl mit einer Wahrscheinlichkeit von ½ zu einer Menge gehört und Sie ein Frequentist (Anhänger des frequentistischen Wahrscheinlichkeitsbegriffs) sind, dann sagen Sie, dass die Zahl, wenn wir das Experiment viele Male wiederholen, in rund der Hälfte der Fälle zur Menge gehört. Wenn Sie eine Bayesianer sind, beträgt Ihre Zuversicht, dass die Zahl zu der Menge gehört, 50 Prozent. In der Fuzzy-Mengenlehre gibt es jedoch kein Zufallselement. Die Zahl gehört definitiv *zur* Menge – doch der Zugehörigkeitsgrad ist nicht 1. Er beträgt *genau* ½. Und was die Stichelei über mangelnde Logik angeht: Fuzzy-Logik hat präzise Regeln, und jedes Argument, das sie benutzt, ist entweder korrekt oder inkorrekt – je nachdem, ab es sich an diese Regeln gehalten hat oder nicht. Ich vermute, der Begriff *fuzzy* (unscharf, verschwommen) hat einige Leute zu der Annahme verleitet, die Regeln selbst seien biegsam und unscharf definiert, ohne dass sie sich die Mühe gemacht hätten, genauer hinzuschauen. Das ist definitiv nicht der Fall.

Ein anderes Problem, das die Situation zweifellos kompliziert, ist der Grad, in dem Fuzzy-Mengen und Fuzzy-Logik etwas Wertvolles zur Mathematik beitragen. Es ist allzu einfach, ausgedehnte formale Systeme aufzubauen, die wenig mehr sind als ein pompöses Durcheinander inhaltsfreier Formeln – «abstrakter Unsinn». Vermutlich war es allzu verführerisch. Zadehs Einfall in diesem Licht zu sehen, vor allem, weil die Basis alles andere als tiefschürfend oder schwierig war. Nun mag Probieren über Studieren gehen, doch der Wert von Mathematik lässt sich auf unterschiedliche Weise beurteilen, und intellektuelle Tiefe ist nur eine davon. Eine andere, die für dieses Buch recht relevant ist, ist *Nützlichkeit*. Und viele, beinahe triviale mathematische Ideen haben sich als außerordentlich nützlich herausgestellt. Die Dezimalschreibweise, zum Beispiel. Brillant, innovativ, schlau, wegweisend – aber nicht tiefschürfend. Ein Kind kann sie verstehen.

Fuzzy-Logik und Fuzzy-Mengen erfüllen das Tiefenkriterium vielleicht nicht, zumindest im Vergleich zur Riemannhypothese oder Fermats Letztem Satz. Doch sie haben sich tatsächlich als sehr nützlich erwiesen. Sie kommen immer dann ins Spiel, wenn wir uns der Genauigkeit der Daten, die wir erheben, nicht völlig sicher sind. Fuzzy-Mathematik wird inzwischen auf so unterschiedlichen Gebieten eingesetzt wie Linguistik, Entscheidungsfindung, Datenanalyse und Bioinformatik. Sie kommt zum Zuge, wenn sie den Job besser erledigt als irgendeine Alternative, und wir können sie problemlos ignorieren, wenn das nicht der Fall ist.

Ich möchte bei der Fuzzy-Mengenlehre nicht weiter ins Detail gehen, denn das ist nicht nötig, um unser zweites Projekt zu verstehen. Wir probierten verschiedene Methoden durch, um vorherzusagen, wann die Wickelmaschine im Begriff war, schlechte Federn zu produzieren, und passten die Maschine entsprechend an. *Eine* Methode ist unter Fachleuten nach ihren Entwicklern Tomahiro Takagi und Michio Sugeno als Takagi-Sugeno-Fuzzy-Regler bekannt.[58] Dieses Modell realisiert im präzisen Formalismus der Fuzzy-Mathematik Regelsysteme, die selbst unscharf (*fuzzy*) sind. In diesem Fall haben die Regeln die Form «wenn die (notwendigerweise unscharfe) Messung der gegenwärtigen Feder X ist, dann führe *Y* durch, um die Wickelmaschine anzupassen». Die Regeln berücksichtigen auch die vorangegangene Anpassung, gemeinsam mit einer Schätzung der Störungen, die durch variable Materialeigenschaften des Drahtes, Abnutzung der Werkzeugmaschine und so weiter hervorgerufen werden. All diese Daten sind unscharf, und das gilt auch für die Eingriffe, die man vornimmt; der mathematische Formalismus handhabt dies automatisch, um die Wickelmaschine quasi im Lauf anzupassen.

Für unser Projekt versuchten wir es mit drei verschiedenen Reglermethoden. Zunächst ließen wir die Maschine mit ausgeschaltetem Reglersystem laufen, um einen Standard

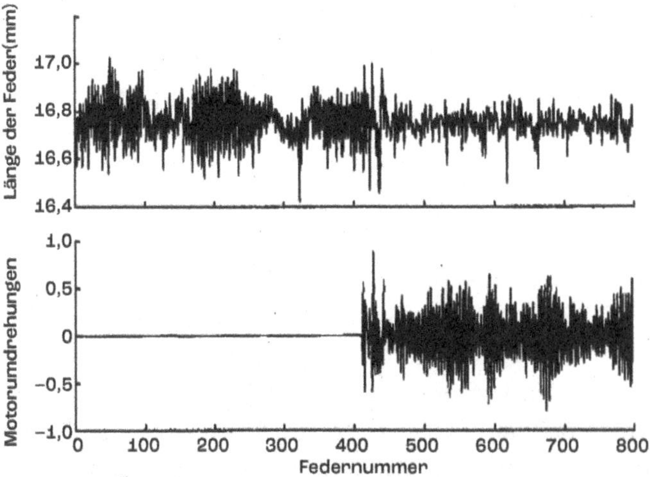

Abb. 29 Auswirkung des Anschaltens des Takagi-Sugeno-Reglers. Die Federnummer ist horizontal aufgetragen. **Oben:** Gemessene Federlänge. **Unten:** Aktivität des Reglers, gemessen anhand der Drehungen des geregelten Motors. Die Federn 1–400 sind ohne Regler hergestellt, und die Längenvariabilität ist groß. Die Schraubenfedern 401–800 wurden gewickelt, während der Regler eingeschaltet war: Die Variabilität ist sichtlich geringer.

zu erhalten, von dem aus sich beurteilen ließ, wie effizient irgendein Reglersystem ist. Die erhaltenen Daten halfen auch, verschiedene Parameter in mathematischen Modellen abzuschätzen. Als Nächstes ließen wir die Maschine mit einem Integralregler laufen, der eine bestimmte mathematische Formel benutzte, um die Veränderung in der Anpassung von einer Feder zur nächsten vorherzusagen. Und schließlich benutzten wir einen selbst optimierenden Fuzzy-Regler, der seine eigenen Regeln entsprechend der gemessenen Federlängen aus dem Stand heraus feinabstimmt. Bei Baustahl betrug die Standardabweichung der Federlänge – ein Maß für deren

Variabilität – 0,077 ohne Regler, 0,065 mit Integralregler und 0,039 mit dem selbst optimierenden Fuzzy-Regler. Also funktionierte die Fuzzy-Logik-Methode am besten und halbierte die Variabilität.

* * *

Ein anderes Grundprinzip der Mathematik lautet: Wenn man einmal etwas gefunden hat, das gut funktioniert, so nutzt man es bis zum Gehtnichtmehr. Eine nachweislich brauchbare Idee lässt sich oft auch unter ähnlichen, aber doch anderen Umständen nutzen. Unser drittes Projekt, ebenfalls Teil von DYNACON, ging auf FRACMAT zurück, doch wir modifizierten die Testanlage, um sie an die Bedürfnisse einer Industrie anzupassen, die der Druckfederherstellung ähnelt, aber statt Draht Bandstahl verwendet.

Höchstwahrscheinlich haben Sie einige Produkte, die von der Bandindustrie hergestellt wurden, bei sich zu Hause. In Großbritannien enthält jeder Stecker eine Sicherung, die von Kupferklemmen gehalten wird. Diese Klemmen werden aus einer großen Rolle dünnem, schmalem Kupferband hergestellt. Eine Maschine führt Metallstreifen an einer Reihe annähernd kreisförmig angeordneter Werkzeuge vorbei, die alle zum Mittelpunkt weisen, wo das Band durchläuft. Jedes Werkzeug biegt das Band an einer bestimmten Stelle um einen bestimmten Winkel, locht es oder führt eine andere erforderliche Operation aus. Schließlich schneidet ein Schneidegerät die fertige Klemme ab, die in einen Behälter fällt. Eine typische Maschine kann zehn oder mehr Klemmen pro Sekunde herstellen.

Derselbe Prozess dient zur Herstellung einer riesigen Palette kleiner Metallgegenstände. Eine britische Firma hat sich auf Klemmen spezialisiert, die die Abstützungen für abgehängte Decken zusammenhalten und stößt jeden Tag Hunderttausende davon aus. Genauso, wie die Druckfederhersteller Probleme haben zu beurteilen, ob ein Draht sich gut wickeln lassen wird, haben die Klemmenhersteller Probleme zu beurteilen, ob eine bestimmte Bandprobe sich so biegen lässt, wie sie soll. Die Quelle des Problems ist eine ähnliche: variable Materialeigenschaften, wie die Plastizität im Band. Daher erschien es vernünftig, dieselbe Methode der Gleitfenster-Rekonstruktion auf Bandstahl anzuwenden.

Es ist jedoch nicht sinnvoll, ein Metallband zu zwingen, eine Druckfeder zu bilden. Dazu hat es die falsche Form, und Wickeln spielt für die Klemmenherstellung keine Rolle. Die Schlüsselgröße ist, wie stark sich das Band bei einem bestimmten Kraftaufwand biegt. Nach vielem Nachdenken bauten wir die Testmaschine um und entwarfen etwas viel Einfacheres. Man führt das Band zwischen drei Laufwalzen hindurch, sodass die Walze in der Mitte es zwingt, sich zu biegen. Man gibt der mittleren Walze auf einer harten Feder ein wenig Bewegungsfreiheit und misst, wie weit sie sich bewegt, wenn das Band unter ihr hindurchläuft. Der Streifen wird gebogen und dann wieder begradigt, und man kann die Kraft messen, die nötig ist, um ihn zu biegen. Hat das Band keine durchgehend gleiche Plastizität, dann gilt das auch für diese Biegekraft.

Statt Einzelmessungen der Windungsabstände beim Draht mithilfe eines Lasermikrometers haben wir es hier mit kontinuierlichen Kraftmessungen zu tun. Die Maschine misst zudem die Oberflächenreibung, die, wie sich herausstellte, einen bedeutenden Effekt auf die Qualität hat. Die Datenanalyse ist jedoch weitgehend dieselbe. Diese Testmaschine ist kleiner als FRACMAT und einfacher zu bauen, und als Bonus ist der Test zerstörungsfrei: Das Metallband wird in seinen ursprünglichen Zustand zurückversetzt und kann, wenn man es wünscht, wieder zur Herstellung verwendet werden.

* * *

Was haben wir gelernt?

Wahrscheinlich haben wir der Draht- und der Federindustrie eine Menge Geld gespart, daher haben wir gelernt, dass diese Art mathematischer Datenanalyse einen Wert hat, der sich in Euro und Cent messen lässt. In einem gewissen Maße überzeugte allein die Existenz von FRACMAT die Drahthersteller, ihr Herstellungsverfahren zu verbessern, was wiederum den Druckfederherstellern zugutekam. Die Testmaschinen sind noch immer in Gebrauch, und das IST dient weiterhin als gemeinsame Ressource für zahllose kleine Unternehmen und führt die Testungen für sie durch.

Wir haben gelernt, dass die Gleitfenster-Rekonstruktion selbst dann nützlich sein kann, wenn nicht bekannt ist, ob die Daten von einer hübschen, sauberen, mathematisch präzisen chaotischen Dynamik stammen. Variieren Materialeigenschaften von Draht im mathematischen Sinne chaotisch? Wir wissen es nicht. Und wir *mussten* es auch nicht wissen, um das neue Testverfahren und die neue Maschine zu entwickeln. Mathematische Methoden sind nicht auf den spezifischen Kontext beschränkt, für den sie ursprünglich entwickelt wurden. Sie sind übertragbar.

Wir haben gelernt, dass ein Trick, der in einem neuen Kontext funktioniert – Regler –, beim Versuch, ihn zu übertragen, nicht unbedingt so funktioniert wie gedacht. Dann muss man nach anderen Methoden Ausschau halten, die *wirklich* funktionieren – Fuzzy-Logik.

Wir haben gelernt, dass diese Art Transfer manchmal erstaunlich gut funktioniert. In mancher Hinsicht sogar besser als beim ersten Versuch. Unsere Maschine für Bandstahl funktioniert auch bei Draht und ist zerstörungsfrei.

Und vor allem haben wir gelernt: Wenn Menschen mit sehr unterschiedlicher Expertise ihre Kräfte im Team vereinen, um ein gemeinsames Problem zu lösen, können sie es in einer Weise lösen, die kein einzelnes Teammitglied allein gefunden hätte. Während die Menschheit weiter ins 21. Jahrhundert schreitet und sich in jeder Hinsicht neuen und miteinander wechselwirkenden Problemen, vom Sozialen bis zum Technischen, gegenübersieht, ist das eine sehr wichtige Erkenntnis.

KAPITEL 9

Vertraue mir, ich bin ein Transformer

Ein Patient besucht zum ersten Mal einen Arzt.
«Wen haben Sie vor mir konsultiert?», fragt der Doktor.
«Den Dorfapotheker.»
«Und was für einen dämlichen Rat hat Ihnen dieser Dummkopf gegeben?»
«Er sagte mir, ich solle zu Ihnen kommen.»

Autor unbekannt

Die Art und Weise, wie der Autor zu diesen Gleichungen kommt, ist nicht frei von Problemen, und sein Vorgehen, sie zu integrieren, lässt noch einiges zu wünschen übrig, was Allgemeinheit und, mehr noch, Strenge betrifft.

Bericht über die von Joseph Fourier für den Mathematikpreis des Pariser Instituts von 1811 eingereichte Arbeit

Heutzutage ist ein Besuch in einem Krankenhaus oft mit einem Scan verbunden. Es gibt viele Arten von Scannern: Magnetresonanztomografie, PET-Scans, Ultraschall ... Einige zeigen bewegte Bilder in Echtzeit, andere erzeugen dreidimensionale Bilder mithilfe von Computertricks (also Mathematik). Das Bemerkenswerteste an diesen technischen Wunderwerken ist, dass sie zeigen, was *im* Körper vor sich geht. Vor nicht allzu langer Zeit hätte man das noch für Magie gehalten. Eigentlich sieht es immer noch so aus.

Vor 1895 mussten die Ärzte ihre Sinne einsetzen, um herauszufinden, woran die Patienten litten. Sie konnten den Körper abtasten, um eine Vorstellung von Form, Größe und Lage einiger innerer Organe zu bekommen; sie konnten den Herzschlag abhören und den Puls fühlen; sie konnten die Temperatur messen und Körperflüssigkeiten riechen, fühlen und schmecken. Aber die einzige Möglichkeit herauszufinden, wie das Innere des menschlichen Körpers wirklich aussieht, bestand darin, ihn aufzuschneiden. Manchmal konnten sie nicht einmal dies tun, weil religiöse Autoritäten das Sezieren verboten, obwohl es auf dem Schlachtfeld durchaus üblich war, wenn auch nicht aus medizinischen Gründen. Dieselben Autoritäten billigten häufig diese Art des Aufschlitzens, solange sie nur gegen Andersgläubige eingesetzt wurde.

Eine neue Ära begann am 22. Dezember 1895, als der deutsche Physikprofessor Wilhelm Röntgen die Hand seiner Frau fotografierte und dabei ein Bild erhielt, das die Knochen ihrer Finger zeigte. Es war schwarz-weiß, wie fast alle Fotos zu dieser Zeit, und ziemlich unscharf, aber die Möglichkeit, in einen lebenden Körper hineinzuschauen, war beispiellos. Seine Frau war erschrocken. Als sie das Foto eines Teils ihres eigenen Skeletts sah, sagte sie: «Ich habe meinen Tod gesehen.»

Röntgens Entdeckung war ein glücklicher Zufall. Im Jahr 1785 führte der Versicherungsmathematiker William Morgan einige Experimente durch, bei denen er in einer Glasröhre elektrischen Strom durch ein Teilvakuum leitete. Dabei entstand ein schwaches Leuchten, das am besten im Dunkeln zu sehen war, und er stellte seine Ergebnisse der Royal Society of London vor. Bis 1869 hatten Physiker, die auf dem Gebiet der Entladungsröhren experimentierten, eine seltsame neue Art von Strahlung entdeckt, die sie Kathodenstrahlen nannten, weil sie von der Kathode (der negativen Elektrode) der Röhre ausgingen. Der Physikprofessor Fernando Sanford veröffentlichte 1893 einen Artikel über «elektrische Fotografie». Er konstruierte eine Röhre mit einem dünnen Aluminiumblech an einem Ende, in das er ein Loch schnitt. Wenn der Strom eingeschaltet wurde, trat das, was das schwache Leuchten verursachte, durch das Loch, traf auf eine fotografische Platte und reproduzierte die Form des Lochs. Seine Entdeckung wurde von der Presse aufgegriffen – die Schlagzeile des *San Francisco Examiner* lautete: «Ohne Objektiv oder Licht, Fotos mit Platte und Objekt in der Dunkelheit aufgenommen». Es war faszinierend, verblüffend und scheinbar nutzlos, aber die Physiker waren höchst interessiert und versuchten weiter zu verstehen, was passiert war.

Röntgen erkannte, dass es sich bei dem seltsamen Leuchten um eine Art Strahlung handelte, die dem Licht ähnelte, aber unsichtbar war. Er nannte sie X-Strahlen, wobei das «X» in alter Tradition darauf hinwies, dass ihre Natur unbekannt war. (Im angelsächsischen Sprachraum heißen die Röntgenstrahlen nach wie vor *X-rays*, also X-Strahlen.) Dass diese Strahlen ein Blatt Pappe durchdringen konnten, entdeckte er offenbar rein zufällig – mit Sicherheit lässt sich das nicht sagen, denn seine Aufzeichnungen sind nicht erhalten geblieben. Daraufhin fragte er sich sofort, was sie sonst noch durchdringen könnten.

Abb. 30 Röntgens Aufnahme der Hand seiner Frau.

Ein dünnes Aluminiumblech offenbar nicht, denn auf dem Foto ist nur das Loch zu sehen. Bücher, ja; wissenschaftliche Papiere, ja; die Hand seiner Frau, ja. Röntgenstrahlen öffneten ein noch nie da gewesenes Fenster in einen lebenden menschlichen Körper. Röntgen erkannte sofort ihr medizinisches Potenzial, und die Medien machten es schnell publik. Im Jahr 1896 veröffentlichte allein die Zeitschrift *Science* 23 Artikel über Röntgenstrahlen; diese waren in jenem Jahr Gegenstand von über tausend wissenschaftlichen Artikeln.

Bald stellte sich heraus, dass Röntgenstrahlen zwar keinen offensichtlichen Schaden anrichten, aber bei wiederholter oder langfristiger Exposition zu Hautverbrennungen und Haarausfall führen konnten. In einem solchen Fall wurde ein Kind, dem in den Kopf geschossen worden war, in ein Labor der Vanderbilt University gebracht, und John Daniel machte eine Röntgenaufnahme mit einer Belichtungszeit von einer Stunde. Drei Wochen später bemerkte er eine kahle Stelle am Schädel des Kindes, wo er die Röntgenröhre angesetzt hatte. Trotz dieser Hinweise waren viele Ärzte weiterhin davon überzeugt, dass Röntgenstrahlen unbedenklich seien, und schoben solche Schäden auf die Wirkung von ultravioletter Strahlung oder Ozon, bis die amerikanische Röntgenologin Elizabeth Fleischmann 1905 an Komplikationen starb, die durch Röntgenstrahlen verursacht worden waren. Die medizinischen Anwendungen wurden zwar fortgesetzt, aber nun mit größerer Vorsicht, und bessere fotografische Platten verkürzten die Belichtungszeit. Heute ist man sich darüber im Klaren, dass die Gesamtstrahlendosis, so nützlich Röntgenstrahlen auch sein mögen, auf ein absolutes Minimum beschränkt werden muss. Es hat eine Weile gedauert. Ich erinnere mich, dass man in den 1950er-Jahren, als ich etwa zehn Jahre alt war, in manchen Schuhgeschäften mit einem Röntgengerät prüfte, ob die Füße gut in die anprobierten Schuhe passten.

Röntgenaufnahmen hatten eine Reihe von Mängeln. Sie waren schwarz-weiß: schwarze Bereiche, wo die Strahlen nicht durchdrangen, weiße, wo sie durchdrangen, und dazwischen Grautöne. Oder, was häufiger vorkam, umgekehrt, da es einfacher war, ein fotografisches Negativ zu erstellen. Die Knochen waren deutlich zu erkennen, die Weichteile blieben weitgehend unsichtbar. Die größte Schwierigkeit war jedoch die Zweidimensionalität des Bildes. Die Abbildungen aller

Organe zwischen Röntgenquelle und Fotoplatte waren überlagert, was die Struktur des Körperinneren «verflachte». Natürlich konnte man versuchen, mehr Röntgenaufnahmen aus anderen Richtungen zu machen, aber die Interpretation der Ergebnisse erforderte Geschick und Erfahrung, und zusätzliche Aufnahmen erhöhten die Strahlendosis.

Wäre es nicht toll, wenn es eine Möglichkeit gäbe, das Innere des Körpers dreidimensional abzubilden?

* * *

Zufälligerweise hatten Mathematiker bereits einige grundlegende Entdeckungen zu genau dieser Frage gemacht und gezeigt, dass man aus vielen zweidimensionalen «verflachten» Bildern aus vielen verschiedenen Richtungen auf die dreidimensionale Struktur der Quelle dieser Bilder rückschließen kann. Ihre Motivation waren jedoch nicht die Röntgenstrahlung und die Medizin. Sie verfolgten lediglich eine Methode weiter, die ursprünglich zur Lösung von Problemen bei Wellen und Wärmetransport erfunden worden war.

Die ganze Geschichte kann einige Stars aufbieten. Da ist zunächst Galilei, der Kugeln einen Abhang hinunterrollen ließ und erfreulich einfache mathematische Regelmäßigkeiten entdeckte, was die Strecke anging, die sie nach einer bestimmten Zeit zurücklegten. Dann kam Newton, der grundlegende Gesetzmäßigkeiten in den Bewegungen der Planeten fand. Newton leitete beide Bewegungsmuster aus mathematischen Gleichungen für die Dynamik eines Systems von Körpern ab, auf die Kräfte einwirken. In seinem monumentalen Werk *Philosophiae Naturalis Principia Mathematica* (Mathematische Grundsätze der Naturphilosophie, gewöhnlich abgekürzt als *Principia*) erklärte Newton seine Ideen mithilfe der klassischen Geometrie, aber ihre «sauberste» mathematische Formulierung ging auf eine andere seiner Entdeckungen zurück, die Infinitesimalrechnung, die der Philosoph Gottfried Wilhelm Leibniz unabhängig von Newton ebenfalls gefunden hatte. Durch diese Formulierung erkannte Newton, dass die grundlegenden Naturgesetze durch Differentialgleichungen ausgedrückt werden können – Gleichungen über die Änderungs*geschwindigkeit*, der wichtige Größen im Laufe der Zeit unterliegen. So ist die Geschwindigkeit eines Körpers die Änderungsrate seines Ortes, und die Beschleunigung die Änderungsrate der Geschwindigkeit.

Galileis Regelmäßigkeiten nehmen die einfachste Form an, wenn man sie mithilfe der Beschleunigung ausdrückt: Eine rollende Kugel bewegt sich mit konstanter Beschleunigung. Ihre Geschwindigkeit nimmt daher linear mit der Zeit zu. Ihr Ort ergibt sich aus der ständig zunehmenden Geschwindigkeit, was bedeutet, dass ihre Position proportional zum *Quadrat* der verstrichenen Zeit wächst, falls sie zum Zeitpunkt Null aus der Ruhelage startet. Newton verband diese Idee mit einem anderen einfachen Gesetz, nämlich dem, dass die Schwerkraft umgekehrt proportional zum Quadrat der Entfernung wirkt, und leitete daraus ab, dass sich die Planeten auf elliptischen Bahnen bewegen, was frühere empirische Herleitungen von Johannes Kepler erklärte.

Mathematiker auf dem europäischen Kontinent griffen diese Entdeckungen auf und wandten Differentialgleichungen auf eine Vielzahl physikalischer Phänomene an. Wasser- und Schallwellen werden von der Wellengleichung bestimmt, während Elektrizität und Magnetismus ebenfalls ihre eigenen Gleichungen haben, ähnlich wie die Gleichung für die Schwerkraft. Viele dieser Gleichungen sind «partielle» Differentialgleichungen, die Änderungsraten im Raum mit Änderungsraten in der Zeit in Beziehung setzen. Für ihr alljährliches Preisausschreiben wählte die französische Akademie der Wissenschaften 1811 das Problem des Wärmetransports. Heiße Körper kühlen ab, und Wärme fließt entlang von Materialien, die sie leiten, weshalb der Metallgriff eines Kochtopfs beim Kochen ziemlich heiß werden kann. Die Akademie wollte eine mathematische Beschreibung dieses Vorgangs, und eine partielle Differentialgleichung erschien plausibel, da sich die Wärmeverteilung sowohl in der Zeit als auch im Raum ändert.

Joseph Fourier hatte der Akademie bereits 1807 eine Arbeit über den Wärmetransport geschickt, die jedoch nicht veröffentlicht wurde. Die erneute Herausforderung inspirierte Fourier dazu, seine partielle Differentialgleichung für den Wärmefluss weiterzuentwickeln, und er gewann den Preis. Seine «Wärmeleitungsgleichung» besagt in mathematischer Form, dass sich die Wärme an einem bestimmten Ort im Laufe der Zeit verändert, indem sie in benachbarte Regionen des Raums diffundiert, ähnlich einem Tintentropfen auf Löschpapier.

Schwierig wurde es, als Fourier versuchte, seine Gleichung zu lösen, wobei er von einem einfachen Fall ausging: Wärmeleitung in einem Metallstab. Er fand eine einfache Lösung für den Fall, dass die anfängliche Wärmeverteilung im Stab wie eine Sinus- oder Cosinuskurve aussieht. Dann bemerkte er, dass er kompliziertere Anfangsverteilungen behandeln konnte, indem er viele Sinus- und Cosinuskurven überlagerte. Er fand sogar eine Formel, die genau beschreibt, wie viel jeder Term beiträgt: Man multipliziere die Formel für die anfängliche Wärmeverteilung mit dem entsprechenden Sinus oder Cosinus und integriere sie. Dies veranlasste ihn zu einer kühnen

Behauptung: Seine Formel, die jetzt Fourier-Reihe genannt wird, löst das Problem für *jede* nur denkbare anfängliche Wärmeverteilung. Insbesondere behauptete er, sie funktioniere sogar für eine diskontinuierliche Wärmeverteilung wie eine Rechteckwelle: eine konstante Temperatur in der einen Hälfte des Balkens, eine andere Temperatur in der anderen.

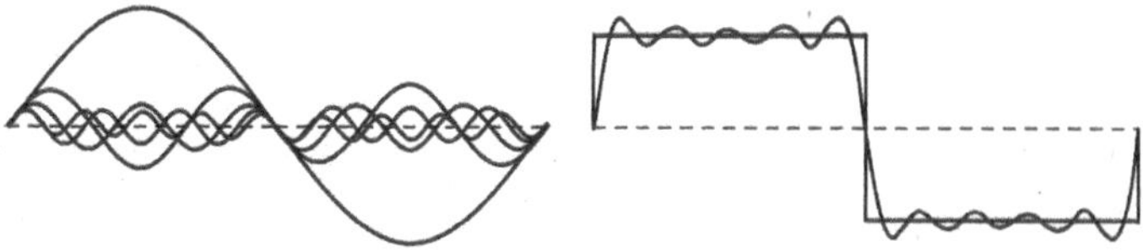

Abb. 31 Wie man aus Sinus- und Cosinuskurven eine Rechteckwelle erhält. **Links:** Die einzelnen Sinus- und Cosinuskomponenten. **Rechts:** Die Summe der ersten fünf Terme der Fourier-Reihe approximieren eine Rechteckwelle. Weitere Terme der Reihe (nicht abgebildet) verbessern die Näherung.

Mit dieser Behauptung geriet er mitten in einen jahrzehntealten Streit. Dasselbe Problem, ja dieselbe Integralformel, war bereits bei den Forschungen von Euler und Bernoulli zur Wellengleichung aufgetaucht. Dort ist das Standardbeispiel eine idealisierte Geigensaite, und es ist nicht möglich, die Saite in Schwingung zu versetzen, wenn man sie unstetig macht: Sie reißt einfach. Physikalische Intuition legt also nahe, dass es mit der Darstellung unstetiger Funktionen Schwierigkeiten geben könnte, und mathematische Intuition gibt zusätzlich zu bedenken, ob die trigonometrische Reihe *konvergiert.* Das heißt, ob die Summe von unendlich vielen Sinusschwingungen sinnvoll ist und, wenn ja, ob sie sich zu einer diskontinuierlichen Rechteckwelle oder zu etwas anderem aufaddieren lässt.

Ohne abwertend sein zu wollen, bestand ein Teil des Problems darin, dass Fourier wie ein Physiker dachte, während seine Kritiker wie Mathematiker dachten. Physikalisch gesehen, ergibt eine Rechteckwelle als Wärmemodell durchaus Sinn. Der Metallstab wird als Linie idealisiert dargestellt – genauso wie Euler und Bernoulli eine Geigensaite idealisiert haben. Wenn sich die Wärme gleichmäßig entlang der Hälfte dieser Linie verteilt und die andere Hälfte viel kälter ist, ist das natürliche Modell eine Rechteckwelle.

Keines der beiden Modelle entspricht der Realität, aber die damalige Mechanik befasste sich mit idealisierten Objekten wie Punktmassen, vollkommen elastischen Stößen, unendlich dünnen, vollkommen starren Stäben und so weiter. Eine Rechteckwelle befand sich da in guter Gesellschaft. Außerdem sagt Fouriers Lösung mathematisch voraus, dass die Diskontinuität sofort durch Diffusion geglättet wird und zu einer steilen, aber stetigen Kurve wird, die sich langsam abflacht, was physikalisch sinnvoll ist und die mathematische Diskontinuität beseitigt. Leider waren diese Argumente zu schwammig, um Mathematiker zu überzeugen, die wussten, dass unendliche Reihen subtil und lästig sein können. Die Verantwortlichen der Akademie einigten sich auf einen Kompromiss: Fourier erhielt den Preis, aber seine Arbeit wurde nicht veröffentlicht.

Fourier ließ sich nicht abschrecken und veröffentlichte seine Arbeit 1822 als *Théorie analytique de la chaleur* (*Analytische Theorie der Wärme*). Als größtes Ärgernis für alle Kritiker wurde er dann noch zum Sekretär der Akademie ernannt und veröffentlichte seine preisgekrönte Arbeit in unveränderter Form in der Zeitschrift der Akademie. *Touché!*

Es dauerte etwa ein Jahrhundert, um die mathematischen

Fragen zu klären, die Fouriers Behauptungen aufgeworfen hatten. Im Großen und Ganzen hatte er in vielen Dingen recht, aber in einigen entscheidenden Dingen lag er auch falsch. Seine Methode funktionierte tatsächlich für die Rechteckwelle, abgesehen von einigen vorsichtigen Änderungen, was genau *an* der Diskontinuität geschah. Aber sie funktionierte definitiv nicht für kompliziertere Anfangsverteilungen. Ein vollständiges Verständnis ergab sich erst, nachdem Mathematiker einen allgemeineren Begriff des Integrals entwickelt hatten, zusammen mit topologischen Begriffen, die sich am besten in mengentheoretischer Sprache ausdrücken lassen.

Lange bevor die mathematische Gemeinschaft schließlich klärte, was Fourier vorhatte, griffen Ingenieure die Grundidee auf und machten sie sich zu eigen. Sie erkannten, dass die Essenz seiner Arbeit eine mathematische Transformation war, die heute als Fourier-Transformation bezeichnet wird und die ein komplexes, zeitlich veränderliches Signal als Kombination einfacher Signale mit unterschiedlichen Frequenzen neu interpretiert. Die Fourier-Transformation besagt, wie man zwischen Zeit- und Frequenzdarstellung mit nahezu der gleichen Formel hin und zurück wechselt, was eine Art «Dualität» zwischen den Darstellungen erzeugt.

Diese Dualität bedeutet, dass man die Transformation rückgängig machen und das ursprüngliche Signal aus den dadurch erzeugten Frequenzen wiederherstellen kann, so wie man eine Münze von Kopf auf Zahl und wieder zurück dreht. Der Vorteil dieses Verfahrens für die Technik ist, dass einige Merkmale, die in der Darstellung des zeitlichen Verlaufs schwer zu erkennen sind, in der Frequenzdarstellung offensichtlich werden. Es kann auch andersherum funktionieren, d. h., man hat zwei sehr unterschiedliche Methoden zur Analyse derselben

Daten, und jede hebt auf natürliche Weise bestimmte Eigenschaften hervor, die der anderen entgehen.

So sieht beispielsweise die Reaktion eines hohen Gebäudes auf ein Erdbeben in der Zeitdarstellung zufällig und chaotisch aus. In der Frequenzdarstellung kann man jedoch mehrere große Spitzen bei bestimmten Frequenzen erkennen. Dies sind die Resonanzfrequenzen, bei denen das Gebäude heftig auf das Erdbeben reagiert. Um das Gebäude so zu konstruieren, dass es bei einem Erdbeben nicht zusammenbricht, muss man genau diese Frequenzen unterdrücken. Eine praktische Lösung, die bei einigen Gebäuden angewandt wird, besteht darin, das gesamte Gebäude auf einen Betonsockel weit unten im Fundament zu stützen, der sich seitwärts bewegen kann. Diese seitliche Bewegung wird dann durch das Anbringen großer Gewichte oder Federn «gedämpft».

Eine weitere Anwendung geht auf die Entdeckung der Struktur der DNA durch Francis Crick und James Watson zurück. Ein Schlüsselbeweis dafür, dass sie recht hatten, war die Röntgenbeugungsaufnahme eines DNA-Kristalls. Die Technik besteht darin, einen Röntgenstrahl durch den Kristall zu leiten, wodurch die Strahlen abgelenkt und reflektiert werden, was als «Beugung» bezeichnet wird. Die Wellen neigen dazu, sich bei bestimmten Winkeln zu bündeln, die durch das Beugungsgesetz von Lawrence und William Bragg bestimmt werden, und als Ergebnis ist auf der Aufnahme eine komplizierte geometrische Anordnung von Punkten zu sehen. Dieses Beugungsmuster ist im Wesentlichen eine Art Fourier-Transformation der Atompositionen im DNA-Molekül. Durch Anwendung der Umkehrtransformation (eine komplizierte Computerberechnung, die heute viel einfacher ist als damals) lässt sich die räumliche Form des Moleküls herleiten. Wie bereits gesagt, macht die Transformation manchmal strukturelle Merkmale deutlich, die im Original nur schwer zu erkennen sind. In diesem Fall mussten Crick und Watson die Rücktransformation gar nicht berechnen; aufgrund ihrer Erfahrung mit anderen Röntgenbeugungsbildern wussten sie sofort, dass es sich bei dem Molekül um eine Art Helix handelte. Weitere Ideen führten zu der berühmten Doppelhelix, die später durch die Fourier-Transformation bestätigt wurde.

Dies sind nur zwei praktische Anwendungen der Fourier-Transformation und ihrer zahlreichen Verwandten. Weitere sind die Verbesserung des Radioempfangs, die Beseitigung von Rauschen, das durch Kratzer auf alten Schallplatten verursacht wird, die Verbesserung der Leistung und Empfindlichkeit von Sonarsystemen, die in U-Booten eingesetzt werden, und die Beseitigung unerwünschter Vibrationen in Autos bereits in der Konstruktionsphase.

All diese Maßnahmen haben nichts mit Wärmeleitung zu tun. Einfach nur verblüffende Wirksamkeit. Worauf es ankommt, ist nicht die physikalische Interpretation des Problems – auch wenn das die ursprüngliche Arbeit durchaus beeinflusst haben mag –, sondern seine mathematische Struktur. Die gleichen Methoden lassen sich auf jedes Problem mit derselben oder einer ähnlichen Struktur anwenden, und hier kommen die Scanner ins Spiel.

Auch Mathematiker interessierten sich für die Fourier-Transformation und formulierten sie in der Sprache der Funktionen. Eine Funktion ist eine mathematische Regel für die Umwandlung einer Zahl in eine andere Zahl, z. B. «Bilde ihr Quadrat» oder «Ziehe die Kubikwurzel». Alle traditionellen Funktionen wie Polynome, Wurzeln, die Exponentialfunktion, der Logarithmus und die trigonometrischen Funktionen

Sinus, Cosinus, Tangens usw. gehören dazu, aber es können auch kompliziertere «Regeln» auftreten, die nicht in Formeln ausgedrückt werden, wie die Rechteckwelle, die Fourier so viel Schwierigkeiten gemacht hat.

So gesehen, wird bei der Fourier-Transformation eine Funktion eines Typs (das ursprüngliche Signal) in eine andere Funktion eines anderen Typs (die Liste der Frequenzen) transformiert. Es gibt auch eine Umkehrtransformation oder inverse Transformation, die die Wirkung der ersten rückgängig macht. Der Aspekt der Dualität, dass die inverse Transformation der Transformation selbst nahezu gleicht, ist ein eleganter Bonus. Der richtige Kontext sind Räume von Funktionen mit bestimmten Eigenschaften: Funktionenräume. Die in der Quantentheorie verwendeten Hilberträume (Kapitel 6) z. B. sind Funktionenräume, in denen die Werte der Funktion komplexe Zahlen sind; ihre Mathematik ist eng mit der der Fourier-Transformation verwandt.

Alle wissenschaftlich arbeitenden Mathematiker haben einen sehr starken Reflex entwickelt. Wenn jemand auf eine neue Idee kommt, die bemerkenswerte und nützliche Eigenschaften hat, fragen sie sich sofort, ob es andere, ähnliche Ideen gibt, die denselben Trick unter anderen Umständen ausnutzen. Gibt es andere Transformationen wie die von Fourier? Andere Dualitäten? Reine Mathematiker gehen solchen Fragen auf ihre eigene abstrakte und allgemeine Art und Weise nach, während angewandte Mathematiker (und Ingenieure und Physiker und wer weiß, wer noch) sich fragen, wie all diese Dinge genutzt werden können. In diesem Fall hat Fouriers cleverer Trick eine ganze Industrie von Transformationen und Dualitäten ins Leben gerufen, die auch heute noch nicht vollständig erforscht sind.

* * *

Unter diesen Variationen über das Fourier-Thema war auch eine, die die Tür zu modernen medizinischen Scannern öffnete. Ihr Erfinder hieß Johann Radon. Er wurde 1887 im böhmischen Tetschen, dem heutigen Děčín in der Tschechischen Republik, geboren. Er war, soweit bekannt, freundlich, sympathisch, ruhig und gelehrt. Dennoch war er nicht besonders schüchtern und hatte keine Probleme, Kontakte zu knüpfen. Wie viele Akademiker und Experten liebte er die Musik, und bevor es Radio und Fernsehen gab, trafen sich die Menschen oft zur Zerstreuung und Unterhaltung in ihren Wohnungen. Radon spielte sehr gut Geige und war ein hervorragender Sänger. Als Mathematiker beschäftigte er sich zunächst mit der Variationsrechnung, dem Thema seiner Doktorarbeit, die ihn auf natürliche Weise in das neue und schnell wachsende Gebiet der Funktionalanalysis führte. Dieses Gebiet, das von polnischen Mathematikern unter der Leitung von Stefan Banach ins Leben gerufen wurde, deutete die Schlüsselideen der klassischen Analysis in Form von unendlichdimensionalen Funktionenräumen um.

In den Anfängen der Analysis konzentrierten sich die Mathematiker auf die Berechnung der Ableitung einer Funktion und ihres Integrals, also ihrer Änderungsrate und der Fläche unter ihrem Graphen. Mit den Fortschritten im Thema konzentrierte sich die Aufmerksamkeit auf allgemeine Eigenschaften der beiden Operationen Differenzieren und Integrieren und darauf, wie sich diese bei zusammengesetzten Funktionen verhalten. Was passiert mit den Integralen zweier Funktionen, wenn man sie addiert? Besondere Eigenschaften von Funktionen traten in den Vordergrund: Stetigkeit (keine Sprünge)? Differenzierbarkeit (gleichmäßig veränderlich)? Ganzzahlig (ergibt die Fläche einen Sinn)? Wie hängen diese Eigenschaften zusammen? Wie funktioniert das Ganze, wenn man einen Grenzwert einer Folge von Funktionen oder die Summe einer unendlichen Reihe nimmt? Welche *Art* von Grenzwert oder Summe?

Banach und seine Kollegen formulierten diese allgemeineren Fragen in Form von «Funktionalen». So wie eine Funktion eine Zahl in eine Zahl verwandelt, so verwandelt ein Funktional eine Funktion in eine Zahl oder eine andere Funktion. «Integrieren» und «Differenzieren» sind Beispiele dafür. Ein toller Trick, den die polnischen Mathematiker neben anderen entdeckt haben, ist, dass man Theoreme über Funktionen von Zahlen in Theoreme über Funktionale von Funktionen umwandeln kann. Die daraus resultierende Aussage kann wahr sein oder auch nicht: Der Spaß besteht darin herauszufinden, was davon zutrifft. Die Idee hat sich durchgesetzt, weil sich relativ prosaische Theoreme über Funktionen in scheinbar viel tiefere Theoreme über Funktionale verwandeln, aber oft lassen sich die gleichen einfachen Beweise anwenden. Der andere Trick bestand darin, all die technischen Fragen zur Integration komplizierter Formeln in Sinus und Logarithmus usw. zu ignorieren und die Grundlagen neu zu überdenken. Worum ging es bei der Analysis *wirklich*? Es stellte sich heraus, dass das grundlegendste Merkmal der Analysis darin besteht, den Abstand zwischen zwei Zahlen zu bestimmen. Dies wird durch ihre Differenz gemessen, und zwar so, dass das Ergebnis positiv ist. Eine Funktion ist stetig, wenn kleine Unterschiede im Eingangswert zu kleinen Unterschieden im Ausgangswert führen. Um die Ableitung einer Funktion zu finden, erhöht man die Variable, den Eingangswert, um einen kleinen Betrag und sieht sich an, wie sich die Funktionswerte im Verhältnis zu diesem kleinen Betrag verändern. Um ähnliche Spielchen auf der nächsthöheren Ebene mit Funktionen zu treiben, muss man definieren, was der Abstand zwischen zwei *Funktionen* bedeutet. Es gibt viele Möglichkeiten, dies zu tun. Man kann die Differenz zwischen ihren Werten an einem beliebigen Punkt betrachten und diese klein machen (für alle Punkte). Man kann das Integral dieser Differenz klein machen. Jede Wahl führt zu einem anderen «Funktionenraum», der alle Funktionen mit bestimmten Eigenschaften enthält und mit einer eigenen «Metrik» oder «Norm» ausgestattet ist. In der Analogie zu Zahlen und Funktionen spielt der Funktionenraum die Rolle der Menge der reellen oder komplexen Zahlen, und ein Funktional ist eine Regel zur Umwandlung einer Funktion in einem Funktionenraum in eine Funktion in einem anderen Funktionenraum. Die Fourier-Transformation ist ein besonders wichtiges Beispiel für ein Funktional, das eine Funktion in eine Folge von Fourier-Koeffizienten umwandelt. Die Rücktransformation geht den umgekehrten Weg: Zahlenfolgen werden zu Funktionen.

Unter diesem Gesichtspunkt fügen sich große Teile der klassischen Analysis plötzlich zu Beispielen für die Funktionalanalysis zusammen. Funktionen einer oder mehrerer reeller oder komplexer Variablen können als recht einfache Funktionale auf recht einfachen Räumen betrachtet werden – der Menge der reellen Zahlen, der Menge der komplexen Zahlen oder endlichdimensionalen Vektorräumen, die durch Folgen solcher Zahlen gebildet werden. Eine Funktion mit drei Variablen ist einfach ein(e) Funktion(al), die / das auf dem Raum aller Tripel der reellen Zahlen definiert ist. Ausgefallenere Funktionen, wie «Integrieren», sind z. B. auf dem Raum aller stetigen Abbildungen vom dreidimensionalen Raum auf die reellen Zahlen definiert; die Metrik in diesem Raum ist: «Integrieren Sie das Quadrat der Differenz der Werte der beiden betreffenden Funktionen». Der Hauptunterschied liegt in den *Räumen*: Die reellen Zahlen und der dreidimensionale Raum sind endlichdimensional, aber der Raum aller stetigen Funktionen ist unendlichdimensional. Die Funktionalanalysis ist wie die gewöhnliche Analysis, arbeitet aber in einem unendlichdimensionalen Raum.

Eine weitere wichtige Neuerung aus dieser Zeit passte ebenfalls gut in dieses Schema: eine neue, allgemeinere und besser nachvollziehbare Integrationstheorie, die von Henri Lebesgue unter dem Namen «Maßtheorie» eingeführt wurde. Ein Maß ist eine Größe wie Fläche oder Volumen, das einer Menge von Punkten in einem Raum eine Zahl zuweist. Das Neue daran ist, dass diese Menge äußerst kompliziert sein kann, obwohl einige Mengen *so* kompliziert sind, dass selbst Lebesgues Konzept der Maßtheorie nicht auf sie anwendbar ist.

Die Variationsrechnung, Radons Dissertationsthema, *schreit* förmlich nach «Funktional», sobald man feststellt, dass es um Funktionen (nicht Zahlen) mit optimalen Eigenschaften geht. Folglich war es für Radon ein ganz natürlicher Schritt, von der klassischen Variationsrechnung zur Funktionalanalysis überzugehen. Er tat dies mit großem Erfolg, und mehrere wichtige Ideen und Theoreme in der Maßtheorie und Funktionalanalysis sind nach ihm benannt.

Dazu gehört auch die Radon-Transformation, auf die er 1917 stieß. Aus Sicht der Funktionalanalysis ist sie mit der Fourier-Transformation mathematisch eng verwandt. Man geht von einem ebenen Bild aus, das man sich als Schwarz-Weiß-Aufnahme mit Regionen in verschiedenen Grautönen vorstellen kann. Die Schattierung kann durch eine reelle Zahl zwischen 0 (schwarz) und 1 (weiß) dargestellt werden. Man kann das Bild in eine beliebige Richtung zusammenquetschen und die Zahlen für die hellen und dunklen Bereiche addieren, um so eine Projektion des Bildes zu erhalten. Die Radon-Transformation erfasst alle diese gequetschten Projektionen in alle Richtungen. Das wirklich Bedeutsame daran ist die inverse Transformation, mit der man das Originalbild aus diesen Projektionen rekonstruieren kann.

Soweit ich weiß, hat Radon seine Transformation aus rein mathematischen Gründen untersucht. In seinem Aufsatz über die Transformation werden keine Anwendungen erwähnt; er geht höchstens kurz auf die Beziehungen zur mathematischen Physik ein, insbesondere zur Potenzialtheorie, die die gemeinsame Grundlage von Elektrizität, Magnetismus und Gravitation bildet. Er scheint viel mehr auf die Mathematik und mögliche Verallgemeinerungen konzentriert. In späteren Arbeiten untersuchte er eine dreidimensionale Analogie, bei der eine Verteilung von Licht und Dunkelheit im Raum in alle möglichen Ebenen gequetscht wird, und fand auch für diesen Vorgang eine Rekonstruktionsformel. Später entdeckten andere Mathematiker Verallgemeinerungen für höhere Dimensionen. Radon könnte durch Röntgenstrahlen motiviert worden sein, die genau diese Art von Projektion auf die Verteilung von Organen und Knochen im menschlichen Körper durchführen und «hell» und «dunkel» als Unterschiede in der Lichtdurchlässigkeit für Röntgenstrahlen interpretieren. Aber es sollte noch ein ganzes Jahrhundert dauern, bis seine Entdeckung in Geräten praktische Anwendung fand, deren Fähigkeiten, das Innere des menschlichen Körpers zu erforschen, fast wie ein Wunder erscheinen.

* * *

CAT-Scanner (Computer Assisted Tomography; deutsch: computergestützte Tomografie) – heute oft CT-Scanner (Computertomografie) genannt – erzeugen mithilfe von Röntgenstrahlen dreidimensionale Bilder vom Inneren des menschlichen Körpers. Diese werden in einem Computer gespeichert und können so verarbeitet werden, dass sie Knochen und Muskeln darstellen oder Krebstumore lokalisieren. Andere Arten von Scannern, wie Ultraschall, werden ebenfalls häufig eingesetzt. Wie kann ein Scanner herausfinden, was sich im Körper befindet, ohne ihn aufzuschneiden? Wir alle wissen, dass Röntgenstrahlen weiche Gewebe leicht durchdringen, während härteres Gewebe wie Knochen undurchlässiger für sie ist. Aber ein Röntgenbild zeigt nur die durchschnittliche Dichte des Gewebes, wenn man es aus einer bestimmten Richtung betrachtet. Wie kann dies in ein dreidimensionales Bild umgewandelt werden? Radon beginnt seine Arbeit mit dem Hinweis, dass er dieses Problem gelöst hat:

«Integriert man eine geeigneten Regularitätsbedingungen unterworfene Funktion zweier Veränderlichen x, y – eine *Punktfunktion* $f(P)$ in der Ebene – längs einer beliebigen Geraden g, so erhält man in den Integralwerten $F(g)$ eine *Geradenfunktion*. Das in Abschnitt A vorliegender Abhandlung gelöste Problem ist die Umkehrung dieser linearen Funktionaltransformation, d. h., es werden folgende Fragen beantwortet: Kann jede, geeigneten Regularitätsbedingungen genügende Geradenfunktion auf diese Weise entstanden gedacht werden? Wenn ja, ist dann f durch F eindeutig bestimmt, und wie kann es ermittelt werden?»

Seine Antwort, die inverse Radon-Transformation, besteht in einer Formel, die die innere Anordnung von Geweben – genauer gesagt, ihren Grad an Durchlässigkeit für Röntgenstrahlen – aus der Gesamtmenge der Projektionen in alle Richtungen rekonstruiert.

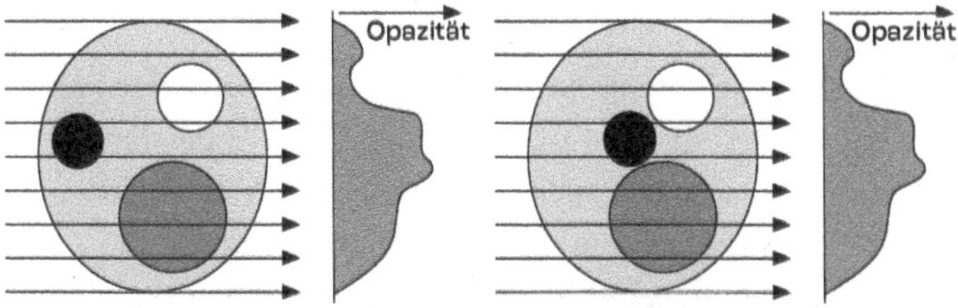

Abb. 32 Je dunkler eine Region ist, desto undurchsichtiger ist sie. **Links:** Die Abtastung eines einzelnen Schnitts durch den Körper aus einer einzigen Richtung ergibt ein Diagramm der beobachteten Opazität für Röntgenstrahlen nur in dieser Richtung. **Rechts:** Verschiedene interne Anordnungen ergeben denselben Graphen.

Um zu sehen, wie diese Transformation funktioniert, beschreiben wir zunächst, was ein einzelner Scan (Projektion) des Körpers zeigen kann. Ein solcher Scan wird von einem zweidimensionalen Schnitt durch den Körper aufgenommen. Das Bild zeigt eine schematische Darstellung paralleler Röntgenstrahlen, die durch eine Scheibe des Körpers treten, der mehrere innere Organe mit unterschiedlicher Durchlässigkeit für Röntgenstrahlen enthält. Während die Strahlen diese Organe durchqueren, variiert die Intensität der Strahlen, die auf der anderen Seite wieder herauskommen. Je undurchsichtiger das Organ entlang dieses Strahls ist, desto geringer ist die Intensität. Wir können grafisch darstellen, wie die beobachtete Intensität mit der Position des Strahls variiert.

Ein einziges Bild dieser Art drückt die Graustufenverteilung im Inneren des Körpers entlang der Strahlenrichtung flach zusammen. Technisch gesehen, handelt es sich um eine Projektion der Verteilung in dieser Richtung. Es ist ziemlich klar, dass eine einzelne Projektion dieser Art uns nicht genau sagen kann, wie die Organe angeordnet sind. Wenn wir zum Beispiel das schwarze Organ in Richtung des Strahls bewegen, ändert sich die Projektion nicht. Wenn wir jedoch einen weiteren Scan machen, der den Körper aus einer dazu senkrechten Richtung betrachtet, hat die veränderte Position der schwarzen Scheibe eine sichtbare Auswirkung auf die Kurve, die die Durchlässigkeit anzeigt. Man kann noch mehr Informationen über die räumlichen Positionen der Organe und Gewebe erhalten, und das ist intuitiv einsichtig, indem man eine ganze Reihe von Scans macht, jeder leicht gedreht im Vergleich zum vorherigen, bis wir den Körper aus einer großen Anzahl von Richtungen aufgenommen haben. Aber reichen diese Informationen aus, um die Positionen der Organe genau zu bestimmen?

Radon hat Folgendes bewiesen: Betrachtet man den Schnitt durch den Körper aus allen möglichen Richtungen, kann man die zweidimensionale Graustufenverteilung von Geweben und Organen aus den eindimensionalen Durchlässigkeitskurven bestimmen. Tatsächlich ist die Methode sehr einfach: die sogenannte Rückprojektion. Dabei wird die Graustufenverteilung längs der Projektionsrichtung verschmiert, und zwar gleichmäßig. So erhält man einen quadratischen Bereich, der mit grauen Streifen gefüllt ist. Je höher der Wert der Undurchlässigkeit ist, desto dunkler ist der entsprechende Streifen. Intuitiv verteilen wir die graue Farbe gleichmäßig entlang des

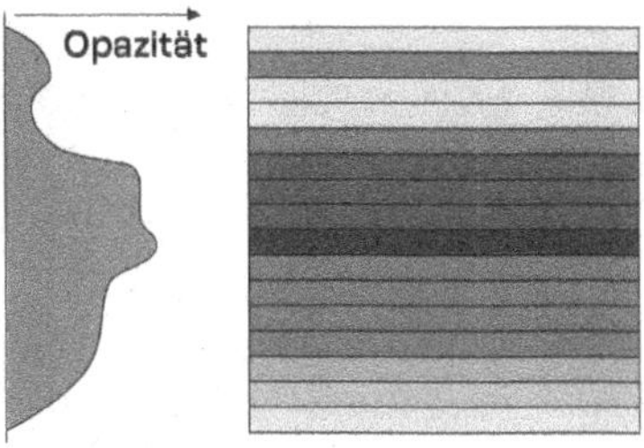

Abb. 33 Wie man den Undurchlässigkeitsgraph in eine Abfolge von Graustufenstreifen umwandelt, die sich entlang der Röntgenstrahlenrichtung erstrecken.

Streifens, weil wir der Projektion nicht entnehmen können, wo sich ein bestimmtes Organ befindet.

Dies kann man für jede Richtung der ursprünglichen Scanserie tun. Die Radonsche Inversionsformel besagt nun, dass dann, wenn alle diese Streifenbilder um den entsprechenden Winkel gekippt und übereinandergelegt werden und man ihre Graustufenwerte an jedem Punkt addiert, das Ergebnis – entsprechend skaliert – die ursprüngliche Verteilung der inneren Organe rekonstruiert. Die folgende Abbildung zeigt, wie dies funktioniert, wenn die ursprüngliche Form ein Quadrat ist und man es durch Rückprojektion aus 5 und 100 verschiedenen Richtungen rekonstruiert. Je mehr Winkel wir verwenden, desto besser ist das Ergebnis.

Sobald wir die Dichteverteilung des Gewebes in einer einzigen Schicht rekonstruiert haben, schieben wir den Körper ein kleines Stück weiter und wiederholen den Vorgang. Und so weiter und so fort, bis wir den Körper konzeptionell wie ein geschnittenes Brot aufgeteilt haben. Dann können wir die Scheiben wieder zusammensetzen, indem wir sie im Com-

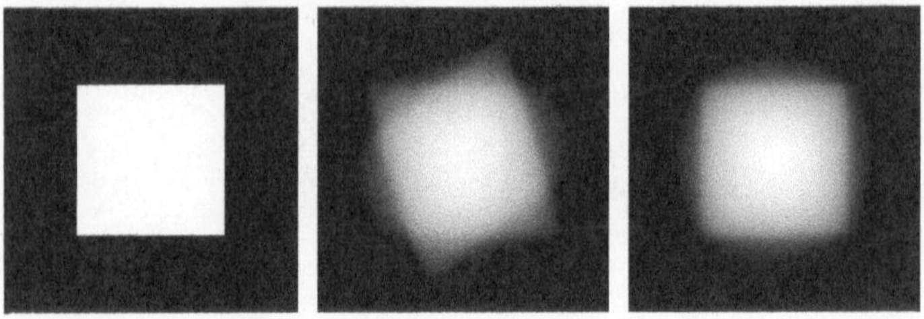

Abb. 34 Links: Ein Quadrat. **Mitte:** Rückprojektion aus 5 Richtungen. **Rechts:** Rückprojektion aus 100 Richtungen.

puter «stapeln» und so eine vollständige Beschreibung der dreidimensionalen Verteilung des Gewebes erhalten. Diese Methode, dreidimensionale Strukturen aus einer Reihe von zweidimensionalen Schnitten zu rekonstruieren, ist als Tomografie bekannt und wird seit Langem beim Mikroskopieren verwendet, um das Innenleben fester Objekte wie Insekten oder Pflanzen sichtbar zu machen. Die grundlegende Technik besteht darin, das Objekt in Wachs einzubetten und dann sehr dünne Scheiben mit einem Gerät abzuschneiden, das wie ein Miniatur-Wurstschneider aussieht und Mikrotom genannt wird (von griechisch *mikros* ‹klein› und *temnein* ‹schneiden›). CT-Scanner machen von demselben Prinzip Gebrauch, nur dass sie die Scheiben mit Röntgenstrahlen und mathematischen Tricks schneiden.

Danach ist es routinemäßige mathematische Technik, die dreidimensionalen Daten nachzubearbeiten und alle möglichen Informationen herauszuholen. Wir können sehen, wie das Gewebe entlang eines völlig anderen Schnitts aussehen würde, oder wir lassen uns nur Gewebe eines bestimmten Typs anzeigen oder Muskeln, Organe und Knochen farblich kennzeichnen. Was immer gewünscht wird. Die wichtigsten

Werkzeuge hier sind Standard-Bildverarbeitungsmethoden, die letztlich auf dreidimensionaler Koordinatengeometrie beruhen.

In der Praxis ist das nicht ganz so einfach. Der Scanner nimmt nicht unendlich viele Scans aus einem Kontinuum von Richtungen auf, sondern nur eine große endliche Anzahl aus eng beieinanderliegenden diskreten Richtungen. Die Mathematik muss angepasst werden, um dies zu berücksichtigen. Es hilft, die Daten zu filtern, um Bildartefakte zu vermeiden, die sich aus der Verwendung einer diskreten Reihe von Blickwinkeln ergeben. Aber im Grunde geschieht genau das, was Radon mehr als fünfzig Jahre vor der Erfindung des ersten Scanners herausgefunden hat. Der englische Elektroingenieur Godfrey Hounsfield baute 1971 den ersten funktionierenden Scanner. Die Theorie war 1956–57 von dem in Südafrika geborenen amerikanischen Physiker Allan Cormack ausgearbeitet und 1963–64 veröffentlicht worden. Damals kannte er die Ergebnisse von Radon noch nicht und rechnete selbst das Nötige aus; erst später stieß er auf die Arbeit von Radon, die allgemeiner ist. Für ihre Entwicklung der computergestützten Tomografie erhielten Hounsfield und Cormack 1979 den Nobelpreis für Physiologie oder Medizin. Ihr Gerät kostete 300 Dollar. Heute kostet ein kommerzieller CT-Scanner eher 1 bis 2 Millionen Dollar.

Scanner werden nicht nur in der Medizin eingesetzt. Ägyptologen verwenden sie heute routinemäßig, um herauszufinden, was sich in einer Mumie befindet, ohne die Verpackung zu öffnen. Sie können das Skelett und die verbliebenen inneren Organe untersuchen, nach Anzeichen von Knochenbrüchen und verschiedenen Krankheiten suchen und herausfinden, wo Amulette versteckt sind. In Museen sind oft virtuelle

Mumien ausgestellt, die der Besucher über einen Touchscreen manipulieren kann, indem er erst die Leinenbinden, dann die Haut und schließlich die Muskeln entfernt, bis nur noch die Knochen übrig sind. All dies beruht auf der Mathematik, die in einem Computer verankert ist: dreidimensionale Geometrie, Bildverarbeitung, Computergrafik.

Es gibt noch viele andere Arten von Scannern: Ultraschall, der mit Schallwellen arbeitet; Positronen-Emissions-Tomografie (PET), die subatomare Teilchen nachweist, welche von radioaktiven Substanzen ausgesandt werden, die in den Körper eingeschleust werden; und Magnetresonanztomografie (MRT), die magnetische Effekte in den Atomkernen aufspürt und früher Kernspinresonanz (NMR für Nuclear Magnetic Resonance) genannt wurde, bis die Marketingexperten befürchteten, das Wort «nuklear» könne die Menschen verstören, weil sie dabei an Bomben und Atomkraftwerke dachten. Jede Art von Scanner hat seine eigene mathematische Geschichte.

KAPITEL 10

Bitte recht freundlich!

Die Kamera muss nur eins leisten: beim Fotografieren nicht im Weg zu sein.

Ken Rockwell, Your Camera Does Not Matter

Die Menschheit lädt jedes Jahr etwa eine Billion Fotos ins Internet hoch, was auf eine übertrieben optimistische Einschätzung dessen schließen lässt, wie gern alle anderen unsere Urlaubs-Selfies, das neue Baby oder verschiedene andere Objekte, von denen einige nicht erwähnenswert sind, anschauen. Es geht schnell, es ist einfach, und jedes Handy ist eine Kamera. In die Entwicklung und Herstellung von Kameras fließt eine Menge Mathematik ein. Diese winzigen, hochpräzisen Linsen sind technische Wunderwerke, die eine sehr anspruchsvolle mathematische Physik bezüglich der Brechung von Licht an gekrümmten Festkörpern beinhalten. In diesem Kapitel möchte ich mich nur auf einen Aspekt der heutigen Fotografie konzentrieren: die Bildkompression. Digitalkameras, ob als Einzelgerät oder in einem Handy, speichern sehr detaillierte Bilder als Binärdateien. Speicherkarten scheinen in der Lage zu sein, mehr Informationen zu speichern, als sie eigentlich aufnehmen können. Wie können also so viele detaillierte Bilder in einer kleinen Computerdatei enthalten sein?

Fotografien enthalten eine Menge überflüssiger Information, die ohne Verlust an Schärfe entfernt werden kann. Mathematische Techniken ermöglichen dies auf systematische, sorgfältig ausgearbeitete Weise. Der JPEG-Standard für kleine Digitalkameras, der bis vor Kurzem das gängigste Dateiformat war und immer noch weit verbreitet ist, verwendet fünf verschiedene mathematische Transformationen, die nacheinander durchgeführt werden. Dazu braucht man die diskrete Fourier-Analyse, Algebra und Codierungstheorie. Die Transformationen sind alle in die Software Ihrer Kamera integriert, die die Daten komprimiert, bevor sie auf die Speicherkarte geschrieben werden.

Es sei denn, Sie bevorzugen RAW-Daten – im Wesentlichen das, was die Kamera tatsächlich aufgenommen hat. Die Kapazität von Speicherkarten nimmt so schnell zu, dass eine Kompression der Dateien nicht mehr unbedingt erforderlich ist. Allerdings müssen Sie dann 32 MB große Bilddateien bearbeiten, die früher nur ein Zehntel dieser Größe hatten, und es dauert länger, sie in die Cloud hochzuladen. Ob sich die Mühe lohnt, hängt von Ihnen ab und wofür Sie die Fotos brauchen. Wenn Sie ein Profi sind, ist es wahrscheinlich unerlässlich. Wenn Sie wie ich ein reiner «Knips»-Tourist sind, können Sie ein verdammt gutes Bild eines Tigers in einer 2 MB großen JPEG-Datei einfangen.

Die Bildkompression ist ein wichtiger Teil des allgemeineren Themas der Datenkompression, das trotz enormer technologischer Fortschritte weiterhin von entscheidender Bedeutung ist. Jedes Mal, wenn das Internet der nächsten Generation mal wieder zehnmal schneller wird und eine weitaus größere Kapazität hat, erfindet irgendein Genie ein neues Datenformat (z. B. dreidimensionales Video in Ultra-Hi-Definition), das dann auch wieder weitaus mehr Daten benötigt als das zuvor, und schon sind wir zurück auf Anfang.

Manchmal bleibt uns nichts anderes übrig, als jedes Byte an Kapazität aus einem Signalkanal herauszuquetschen. Am 4. Januar 2004 fiel auf dem Mars etwas vom Himmel, schlug auf dem Boden auf und prallte ab. Tatsächlich prallte der Mars Exploration Rover A, auch bekannt als *Spirit*, 27 Mal ab, umgeben von einer Art kosmischen Polsterfolie aus aufblasbaren Ballons; das war eine Landung auf dem neuesten Stand der Technik. Nach einer allgemeinen Funktionsprüfung und verschiedenen Initialisierungsprozeduren machte sich *Spirit*, begleitet von seinem Kollegen *Opportunity*, auf den Weg, die Oberfläche des fremden Planeten zu erkunden. Diese beiden Rover waren sehr erfolgreich und haben enorme Datenmengen übermittelt. Der Mathematiker Philip Davis wies seinerzeit darauf hin, dass die Mission auf einer enormen Menge Mathematik beruhte, aber «die Öffentlichkeit ist sich dessen kaum bewusst». Nicht nur die Öffentlichkeit, wie sich herausstellte. Im Jahr 2007 besuchten Uffe Jankvist und Bjørn Toldbod, zwei promovierte Mathematiker aus Dänemark, das Jet Propulsion Laboratory in Pasadena in journalistischer Mission: Sie wollten die im Mars-Rover-Programm steckende Mathematik aufdecken. Nur um zu erfahren: «Gibt es bei uns nicht. Wir verwenden eigentlich keine abstrakte Algebra, keine Gruppentheorie und auch sonst nichts dergleichen.»

Das klang beunruhigend, also fragte einer der Dänen:

«Aber vielleicht bei der Kanalcodierung?»

«Da soll abstrakte Algebra verwendet werden?»

«Die Reed-Solomon-Codes basieren auf Galois-Feldern.»

«Ach ja? Das ist mir neu.»

Tatsächlich wird bei den Weltraummissionen der NASA

eine sehr fortschrittliche Mathematik verwendet, um Daten zu komprimieren und so zu codieren, dass unvermeidliche Übertragungsfehler korrigiert werden. Das ist einfach notwendig, wenn der Sender etwa eine Milliarde Kilometer von der Erde entfernt ist und die Leistung einer Glühbirne hat. (Die Weiterleitung von Daten durch einen Mars-Orbiter wie *Mars Odyssey* oder den *Mars Global Surveyor* hilft ein wenig.) Die meisten Ingenieure müssen das gar nicht wissen, also wissen sie es auch nicht. Da begegnet einem das Unwissen der Öffentlichkeit im Mikrokosmos der Fachleute.

* * *

Ganz gleich ob E-Mail, Foto, Video oder ein Taylor-Swift-Album, in Ihrem Computer wird alles als eine Folge von binären Ziffern, «Bits», 0 und 1, gespeichert. 8 Bits ergeben ein Byte, und 1 048 576 Bytes ergeben ein Megabyte (MB). Ein typisches Foto mit niedriger Auflösung nimmt etwa 2 MB ein. Obwohl alle digitalen Daten in dieser Form vorliegen, verwenden verschiedene Anwendungen unterschiedliche Formate, sodass die Bedeutung der Daten von der jeweiligen Anwendung abhängt. Jede Art von Daten hat eine versteckte mathematische Struktur, und die Bequemlichkeit der Verarbeitung ist oft wichtiger als die Dateigröße. Eine bequeme Formatierung kann Daten überflüssig machen – es werden mehr Bits verwendet, als für den eigentlichen Informationsgehalt erforderlich sind. So ergibt sich eine Möglichkeit zur Datenkompression, indem man Redundanz beseitigt.

Geschriebene (und gesprochene) Sprache ist meist hochgradig redundant. Zum Beweis hier ein Halbsatz vom Anfang dieses Kapitels, bei dem jedes fünfte Zeichen gestrichen wurde:

umgeen vn eier At komiscen Plstefoli ausaufbasbaen Bllon

Sie können wahrscheinlich ohne viel Nachdenken oder Anstrengung herausfinden, was er bedeutet. Die übrig gebliebene Information reicht aus, um den ursprünglichen Satz zu rekonstruieren.

Trotzdem werden Sie dieses Buch als viel augenfreundlicher empfinden, wenn ich meinen Verleger nicht überreden kann, jedes fünfte Zeichen zu streichen, um Druckerfarbe und Papier zu sparen. Richtige Wörter sind für das Gehirn leichter zu verarbeiten, weil es das gelernt hat. Wenn man jedoch eine Folge von Bits an jemand anderen übermitteln will, anstatt diese Daten mit einer App zu verarbeiten, ist eine kürzere Folge von 0 und 1 effizienter. In den Anfängen der Informationstheorie erkannten Pioniere wie Claude Shannon, dass Redundanz es ermöglicht, ein Signal mit weniger Bits zu codieren. Er bewies sogar eine Formel, die angibt, wie viel kürzer ein Code ein Signal bei vorgegebener Redundanzgröße machen kann.

Redundanz ist wichtig, denn Nachrichten, die nicht redundant sind, können nicht ohne Informationsverlust komprimiert werden. Der Beweis ist ein einfaches Zählargument. Nehmen wir an, wir interessieren uns für Nachrichten, die zehn Bit lang sind, z. B. 1001110101. Es gibt genau 1024 solcher Bit-Folgen. Angenommen, wir wollen zehn Bit Daten in eine 8-Bit-Folge komprimieren. Es gibt genau 256 solcher Zeichenfolgen. Also gibt es etwa vier Mal so viele denkbare Nachrichten wie komprimierte Zeichenfolgen. Es gibt keine Möglichkeit, jeder 10-Bit-Zeichenfolge eine 8-Bit-Zeichenfolge zuzuordnen, sodass verschiedene 10-Bit-Zeichenfolgen immer durch verschiedene 8-Bit-Zeichenfolgen ersetzt werden. Wenn jede 10-Bit-Zeichenfolge mit gleicher Wahrscheinlichkeit vorkommen kann, gibt es keine clevere Möglichkeit, diese Einschränkung zu umgehen. Wenn jedoch einige 10-Bit-Zeichenfolgen sehr häufig und andere sehr selten vorkommen, können wir einen Code wählen, der kurze Bit-Zeichenfolgen (z. B. 6 Bits) den häufigsten Nachrichten und längere (vielleicht 12 Bits) den seltenen Nachrichten zuordnet. Es gibt Unmengen von 12-Bit-Zeichenketten, die uns also nicht ausgehen werden. Jedes Mal, wenn eine Nachricht auftritt, werden zwei Bits zur Länge hinzugefügt, aber jedes Mal, wenn eine häufige Nachricht auftritt, werden vier Bits weggenommen. Mit geeigneten Wahrscheinlichkeiten werden mehr Bits entfernt als hinzugefügt.

Ein ganzer Zweig der Mathematik, die Codierungstheorie, hat sich um solche Techniken herum entwickelt. Sie sind in der Regel weitaus raffinierter als die eben skizzierte, und sie nutzen in der Regel Merkmale der abstrakten Algebra, um die Codes zu definieren. Das sollte nicht allzu sehr überraschen: Wir haben in Kapitel 5 gesehen, dass Codes im Grunde mathematische Funktionen sind und dass zahlentheoretische Funktionen besonders nützlich sind. Dort ging es um Geheimhaltung, hier um Datenkompression, aber generell gilt das Gleiche. In der Algebra geht es um *Struktur*, und das gilt auch für die Redundanz.

Bei der Datenkompression, also auch bei der Bildkompression, wird Redundanz ausgenutzt, um Codes zu erstellen, die Daten eines bestimmten Typs verkürzen. Manchmal ist die Kompressionsmethode «verlustfrei»: Die ursprüngliche Information kann aus der komprimierten Version exakt rekonstruiert werden. Manchmal gehen Daten verloren, und die Rekonstruktion stellt nur eine Annäherung an die Originaldaten dar. Das wäre z. B. schlecht, wenn es um Kontostände geht, aber für Bilder ist es oft akzeptabel: Der Trick besteht darin, alles so einzurichten, dass die genäherte Version für das menschliche Auge noch wie das Originalbild aussieht. Dann sind die Informationen, die unwiederbringlich verloren gehen, von vornherein nicht so wichtig.

Die meisten Bilder aus der realen Welt sind redundant. Urlaubsfotos enthalten oft große Bereiche blauen Himmels, die häufig sogar denselben Blauton haben. Viele Pixel, die alle dieselbe Zahl enthalten, könnten also durch zwei Koordinatenpaare für die gegenüberliegenden Ecken eines Rechtecks und einen kurzen Code ersetzt werden, der besagt: «Färbe *diesen* Bereich in *diesem* Blauton». Diese Methode ist verlustfrei. Sie wird zwar nicht tatsächlich verwendet, zeigt aber, warum eine verlustfreie Kompression möglich ist.

* * *

Ich bin altmodisch, will sagen, ich verwende Kameratechnik, die, *ach du je*, etwa zehn Jahre alt ist. Eine Schande! Ich bin technisch versiert genug, um mein Handy manchmal als Kamera zu benutzen, aber es ist keine Spiegelreflexkamera, und auf größeren Urlaubsreisen wie einer Tigersafari in den indischen Nationalparks nehme ich eine kleine Digitalkamera mit. Sie erstellt Bilddateien mit Namen wie IMG_0209.JPG. Die JPG-Kennung zeigt an, dass das Dateiformat JPEG ist, die Initialen der Joint Photographic Experts Group, und weist auf ein System zur Datenkompression hin. JPEG ist ein Industriestandard, der sich jedoch im Laufe der Jahre weiterentwickelt hat und heute in mehreren technisch unterschiedlichen Formen vorliegt.

Das JPEG-Format[59] verwendet nacheinander mindestens

fünf verschiedene Schritte, von denen die meisten die Daten des vorherigen Schritts (die ursprünglichen Rohdaten in Schritt eins) komprimieren. In den übrigen Schritten werden die Daten für eine weitere Kompression umcodiert. Digitale Bilder bestehen aus Millionen von winzigen Quadraten, die Pixel genannt werden – Bildelemente. Die Kamera-Rohdaten ordnen jedem Pixel Bitfolgen zu, um sowohl Farbe als auch Helligkeit darzustellen. Beide Größen werden anteilig in drei Komponenten dargestellt: Rot, Grün und Blau. Niedrige Anteile für alle drei entsprechen hellen Farben, hohe Anteile dunklen. Diese Zahlen werden in drei verwandte Zahlen umgewandelt, die der Wahrnehmung von Bildern durch das menschliche Gehirn besser entsprechen. Die erste, die Leuchtdichte, gibt die Gesamthelligkeit an und wird mit Zahlen gemessen, die von Schwarz über immer hellere Grautöne bis hin zu Weiß reichen. Würde man die Farbinformationen weglassen, bliebe ein altmodisches Schwarz-Weiß-Bild übrig – eigentlich viele Grautöne. Die beiden anderen Zahlen, die als Chrominanz (Farbigkeit) bezeichnet werden, stellen die Unterschiede zwischen diesem Grauwert und den jeweiligen Anteilen an blauem bzw. rotem Licht dar.

In Symbolen ausgedrückt: Wenn R = rot, G = grün und B = blau ist, werden die ursprünglichen Zahlen für R, G und B durch die Luminanz $R + G + B$ und die beiden Chrominanzwerte $(R + G + B) - B = R + G$ und $(R + G + B) - R = G + B$ ersetzt. Wenn Sie $R + G + B$, $R + G$ und $G + B$ kennen, können Sie R, G und B daraus zurückrechnen. Dieser Schritt ist also verlustfrei.

Schritt zwei dagegen ist nicht verlustfrei. Er reduziert die Chrominanzdaten auf kleinere Werte, indem die Auflösung vergröbert wird. Allein dieser Schritt halbiert die Größe der Datendatei. Das ist akzeptabel, denn im Vergleich zu dem, was die Kamera «sieht», ist das menschliche Sehsystem für Helligkeit empfindlicher und weniger empfindlich für Farbunterschiede.

Schritt drei ist der mathematischste. In ihm wird die Luminanzinformation mithilfe einer digitalen Version der Fourier-Transformation komprimiert, die wir in Kapitel 9 im Zusammenhang mit medizinischen Scannern kennengelernt haben. Dort wurde die ursprüngliche Fourier-Transformation, die Signale in ihre Frequenzanteile zerlegt oder umgekehrt zurückverwandelt, modifiziert, um Projektionen von Graustufenbildern darzustellen. Im Fall der Bildkompression stellen wir die Graustufenbilder selbst dar, allerdings in einem einfachen digitalen Format. Das Bild ist in winzige 8×8-Blöcke von Pixeln unterteilt, sodass es 64 verschiedene mögliche Leuchtdichtewerte gibt, einen für jedes Pixel. Die diskrete Cosinustransformation eine digitale Version der Fourier-Transformation, stellt dieses 8×8-Graustufenbild als Überlagerung von Vielfachen der 64 Standardbilder dar (siehe Abbildung 35). Diese Vielfachen sind die *Amplituden* der entsprechenden Bilder. Diese Bilder sehen aus wie Streifen und Schachbretter unterschiedlicher Breite. Man kann jeden beliebigen 8×8-Pixelblock auf diese Weise erhalten, sodass auch dieser Schritt verlustfrei ist. In Koordinaten des Blocks sind diese Standardblöcke diskrete Versionen von $\cos mx \cos ny$ für verschiedene ganze Zahlen m und n, wobei x horizontal und y vertikal jeweils von 0 bis 7 laufen.

Obwohl die diskrete Fourier-Transformation verlustfrei ist, ist sie nicht sinnlos, denn sie ermöglicht Schritt vier. Dieser Schritt beruht wiederum auf der mangelnden Empfindlichkeit des menschlichen Auges, die zu Redundanzen führt. Wenn

Abb. 35 Die 64 Grundmuster der diskreten Cosinustransformation.

Helligkeit oder Farbe in großen Bereichen eines Bildes variieren, merken wir das. Wenn sie innerhalb kleiner Bereiche variieren, glättet das visuelle System sie, und wir sehen nur etwas Gemitteltes. Aus diesem Grund erkennen wir, was in gedruckten Bildern dargestellt ist, auch, wenn sie bei genauer Betrachtung eigentlich nur Grautöne in Form von Mustern aus schwarzen Punkten auf dem weißen Hintergrund des Papiers darstellen. Diese Eigenschaft des menschlichen Auges hat zur

Folge, dass Muster mit sehr feinen Streifen weniger wichtig sind, sodass ihre Amplituden mit geringerer Präzision erfasst werden können.

Schritt fünf schließlich ist ein technischer Trick, die sogenannte «Huffman-Codierung», um die Amplituden der 64 Grundmuster effizienter zu erfassen. David Huffman erfand diese Methode im Jahr 1951, als er noch Student war. Er hatte die Aufgabe bekommen, eine Hausarbeit über optimal effiziente Binärcodes zu schreiben, konnte aber nicht beweisen, dass irgendein vorhandener Code optimal war. Als er schon aufgeben wollte, dachte er sich eine neue Methode aus und bewies dann, dass sie die bestmögliche war. Grob gesagt, besteht das Problem darin, eine Reihe von Symbolen mit binären Zeichenfolgen zu codieren und diese dann als Wörterbuch zu verwenden, um eine Nachricht in eine codierte Form zu bringen. Dies muss so geschehen, damit die Gesamtlänge der codierten Nachricht minimiert wird.

Die Symbole könnten zum Beispiel die Buchstaben des Alphabets sein. Da es aus 26 Buchstaben besteht, könnte man jedem Buchstaben einfach eine 5-Bit-Zeichenfolge zuweisen, z. B. A = 00001, B = 00010, und so weiter. Man braucht fünf Bits, weil vier Bits nur 16 Zeichenfolgen ergeben. Mit 5 Bit zu arbeiten, wäre jedoch ineffizient, da Buchstaben, die selten vorkommen, wie z. B. Z, die gleiche Anzahl von Bits benötigen wie häufig vorkommende Buchstaben wie E. Es wäre besser, E eine kurze Zeichenfolge wie 0 oder 1 zuzuweisen und weniger wahrscheinlichen Buchstaben längere Zeichenfolgen. Da die codierten Folgen jedoch unterschiedlich lang sind, benötigt man zusätzliche Informationen, um dem Empfänger mitzuteilen, wo er die Bitfolgen in einzelne Buchstaben aufteilen soll. Dies kann durch ein Präfix am Anfang jeder Zeichenfolge geschehen, aber der Code selbst muss präfixfrei sein: Es darf keine codierte Folge als Anfang einer längeren Folge stehen. Sonst wüsste man nicht, wo diese Zeichenfolge endet. Ein ungewöhnlicher Buchstabe wie Z benötigt nun viel mehr Bits, aber weil er ungewöhnlich ist, gleichen die kürzeren Zeichenfolgen für E dies mehr als aus. Die Gesamtlänge einer typischen Nachricht wird damit kürzer.

Die Huffman-Codierung funktioniert, indem die codierten Folgen einen «Baum» bilden, eine Art Graph, der keine geschlossenen Schleifen hat und in der Informatik sehr verbreitet ist, weil er eine ganze Strategie von Ja / Nein-Entscheidungen darstellt, die jeweils von der vorhergehenden abhängen. Die Blätter des Baums sind die Symbole A, B, C, ..., und von jedem Blatt gehen zwei Zweige ab, die den beiden Bits 0 und 1 entsprechen. Jedes Blatt ist mit einer Zahl, dem sogenannten Gewicht, versehen, das angibt, wie häufig das entsprechende Symbol vorkommt. Der Baum wird schrittweise aufgebaut, indem die beiden am wenigsten häufigen Blätter zu einem neuen «Mutter»-Blatt verschmolzen werden, während sie zu «Tochter»-Blättern werden. Das dem Mutterblatt zugewiesene Gewicht ist die Summe der Gewichte der beiden Tochterblätter. Dieser Prozess wird so lange fortgesetzt, bis alle Symbole auf diese Weise zusammengeführt worden sind. Dann liest man die Zeichenfolge für einen Buchstaben aus dem Pfad ab, der zu diesem Buchstaben führt.

Das Bild zeigt zum Beispiel oben links fünf Symbole A, B, C, D, E und die Zahlen 18, 9, 7, 4, 3, die für ihre Häufigkeit stehen. Die am wenigsten häufigen Symbole sind D und E. In der zweiten Stufe, oben in der Mitte, werden sie zu einem (nicht nummerierten) Mutterblatt mit dem Gewicht 4 + 3 = 7 zusam-

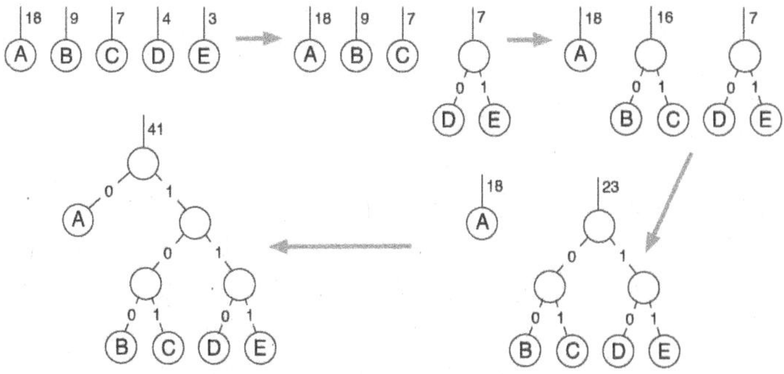

Abb. 36 Konstruktion einer Huffman-Codierung.

mengefasst, und die Symbole D und E werden zu Töchtern. Die beiden Zweige, die zu ihnen führen, werden mit 0 und 1 bezeichnet. Diesen Vorgang wiederholt man so lange, bis alle Symbole zusammengefügt sind (unten links). Nun liest man die codierten Zeichenfolgen ab, indem man den Pfaden im Baum folgt. A erreicht man über einen einzigen Zweig mit der Kennzeichnung 0, B über den Pfad 100, C über den Pfad 101, D über 110 und E über 111. Beachten Sie, dass A, das häufigste Symbol, eine kurze Codefolge erhält, während weniger häufige Symbole längere Folgen erhalten. Würde man stattdessen einen Code mit fester Länge verwenden, bräuchte man mindestens drei Bits, um fünf Symbole darzustellen, da es nur vier 2-Bit-Zeichenketten gibt. In unserem Beispiel sind die längsten Zeichenfolgen 3 Bit lang, die häufigste jedoch nur 1 Bit, sodass dieser Code im Mittel effizienter ist. Dieses Verfahren stellt sicher, dass der Code präfixfrei ist, da jeder Pfad, der zu einem Symbol führt, an diesem Symbol endet. Er kann nicht zu einem anderen Symbol weiterführen. Indem man mit den am wenigsten häufigen Symbolen beginnt, werden den häufigsten Symbolen die kürzesten Pfade zugewiesen. Das ist eine sehr clevere Idee, leicht zu programmieren und konzeptionell sehr einfach, wenn man es einmal verstanden hat.

Wenn Ihre Kamera eine JPEG-Datei erstellt, führt die eingebaute Elektronik alle diese Berechnungen augenblicklich durch, sobald Sie ein Bild aufgenommen haben. Der Kompressionsprozess ist nicht verlustfrei, aber die wenigsten würden das bemerken; auf jeden Fall stellen Computerbildschirme oder Papierausdrucke Farben und Helligkeit gar nicht so genau dar, es sei denn, sie wurden sorgfältig kalibriert. Erst ein direkter Vergleich zwischen dem Originalbild und der komprimierten Version macht die Unterschiede deutlicher, aber selbst dann braucht es einen Experten, um den Unterschied zwischen Original und einem auf 10 Prozent reduzierten Original zu erkennen. Normalsterbliche bemerken den Unterschied erst, wenn die Dateigröße auf etwa 3 Prozent gesunken ist. Mit JPEG können also zehnmal so viele Bilder auf einer Speicherkarte gespeichert werden wie mit den ursprünglichen RAW-Daten. Diese komplizierte, in fünf Schritten ablaufende Prozedur, die blitzschnell hinter den Kulissen abläuft, steckt hinter dieser Zauberei, und sie speist sich aus mindestens fünf verschiedenen Bereichen der Mathematik.

* * *

Eine andere Methode zur Bildkompression entwickelte sich Ende der 1980er-Jahre aus der fraktalen Geometrie. Ein Fraktal ist eine geometrische Form mit detaillierten Strukturen auf allen Längenskalen, wie Küstenlinien und Wolken. Jedem Fraktal ist eine Zahl zugeordnet, die sogenannte fraktale Dimension; sie dient als Maß dafür, wie rau oder verschlängelt das Fraktal ist. In der Regel ist die fraktale Dimension keine ganze Zahl. Eine nützliche Klasse mathematisch handhabbarer Fraktale sind solche, die selbstähnlich sind: Bei geeigneter Vergrößerung sehen kleine Ausschnitte des Fraktals so aus wie größere Teile des Ganzen. Das klassische Beispiel ist ein Farn, der aus Dutzenden kleinerer Wedel besteht, von denen jeder wie ein Miniaturfarn aussieht. Selbstähnliche Fraktale können durch ein mathematisches System dargestellt werden, das als iteriertes Funktionssystem (IFS) bezeichnet wird. Dabei handelt es sich um eine Reihe von Regeln, die besagen, wie man Kopien der ursprünglichen Form verkleinert und wieder so zusammenfügt, dass sie passen und die ursprüngliche Form ergeben. Aus diesen Regeln kann man das Fraktal wiedergewinnen, und es gibt sogar eine Formel für die fraktale Dimension.

Michael Barnsley, ein von Fraktalen faszinierter Mathematiker, erkannte 1987, dass diese Eigenschaft die Grundlage für ein Bildkompressionsverfahren bilden könnte. Anstatt riesige Datenmengen zu verwenden, um jedes winzige Detail des Farns zu codieren, genügt es, das entsprechende IFS zu codieren, das mit viel weniger Daten auskommt. Eine Software kann dann das Bild des Farns aus den IFS rekonstruieren. Zusammen mit Alan Sloan gründete er das Unternehmen Iterated Systems Inc. und erhielt über 20 Patente. 1992 gelang dem Unternehmen ein Durchbruch: ein automatisiertes Verfahren zum Auffinden geeigneter IFS-Regeln, das nach kleinen Bildregionen sucht, die als verkleinerte Versionen etwas größerer Regionen anzusehen sind. Es benötigt daher viel mehr Kacheln für das Bild. Die fraktale Bildkompression hat aus verschiedenen Gründen nicht den Erfolg von JPEG erreicht, wurde aber in mehreren praktischen Anwendungen eingesetzt. Am erfolgreichsten war wahrscheinlich Microsofts

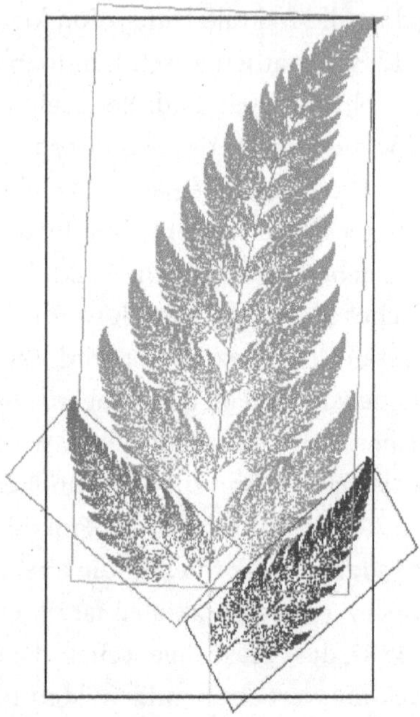

Abb. 37 Ein fraktaler Farn, der aus drei transformierten Kopien seiner selbst besteht.

digitale Enzyklopädie *Encarta*, bei der alle Hauptbilder mithilfe eines IFS komprimiert wurden.

In den 1990er-Jahren unternahm das Unternehmen große Anstrengungen, die Methode auf die Videokompression auszudehnen, aber es gelang nicht, vor allem, weil die Computer damals nicht schnell genug waren und nicht über genügend Speicher verfügten. Für die Kompression einer Minute Video brauchte das Verfahren 15 Stunden. Inzwischen hat sich das geändert, und man hat fraktale Videokompressionsraten von

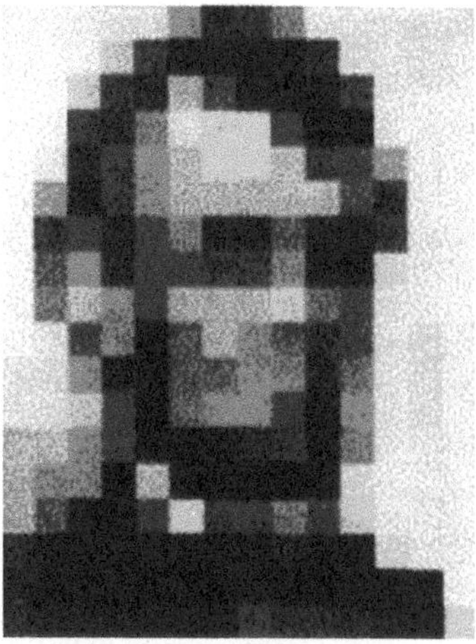

Abb. 38 Wer ist das? Blinzeln Sie mal.

200:1 bei etwa einer Minute Laufzeit pro Videobild erreicht. Mittlerweile sind jedoch andere Methoden verfügbar, und die fraktale Videokompression ist momentan ad acta gelegt worden. Aber die zugrunde liegende Idee war eine Zeit lang von Nutzen, und sie bleibt eine faszinierende Möglichkeit.

* * *

Menschen haben einen sehr seltsamen Trick, um ein schlechtes Bild zu entziffern: Wir verdrehen die Augen und kneifen sie zusammen. Es ist erstaunlich, wie oft uns das hilft herauszufinden, was das Bild eigentlich darstellt, vor allem, wenn es etwas unscharf ist oder wenn es sich um ein Computerbild mit sehr groben Pixeln handelt. Es gibt ein berühmtes Bild, das aus 270 schwarzen, weißen und grauen Quadraten besteht und das Leon Harmon von den Bell Labs 1973 für einen Artikel über menschliche Wahrnehmung und Computer-Mustererkennung erstellt hat. Wer ist das? Wenn man es anstarrt, erkennt man es vage als Abraham Lincoln, aber wenn man die Augen zusammenkneift, *sieht* es wirklich wie Lincoln *aus*.

Alle machen das in dem Wissen, dass es funktioniert, aber es scheint verrückt zu sein. Wie kann man ein schlechtes Bild verbessern, indem man seine Sicht verschlechtert? Ein Teil der Antwort ist psychologischer Natur: Durch das Blinzeln versetzen wir das visuelle Verarbeitungssystem unseres Gehirns in den «Schlechtbildmodus»; dann kommen vermutlich spezielle Bildverarbeitungsalgorithmen zum Zuge, die sich zur Verarbeitung schlechter Daten entwickelt haben. Zusätzlich fungiert das Schielen paradoxerweise als eine Art Vorverarbeitungsschritt, der das Bild auf bestimmte nützliche Weise bereinigt. So werden zum Beispiel Lincolns verpixelte Ränder verwischt, sodass er nicht mehr wie ein Stapel grauer Bauklötze aussieht.

Vor etwa vierzig Jahren haben Mathematiker mit der Erforschung einer präzisen und vielseitigen Entsprechung des menschlichen Blinzelns begonnen, der sogenannten Wavelet-Analyse. Diese Technik lässt sich sowohl auf numerische Daten als auch auf visuelle Bilder anwenden und wurde ursprünglich eingeführt, um Strukturen in einem bestimmten räumlichen Maßstab herauszuarbeiten. Mit Wavelets kann man den Wald erkennen, ohne zu wissen, dass er aus vielen komplizierten Bäumen und Büschen besteht.

Der ursprüngliche Anstoß war weitgehend theoretisch: Wavelets eigneten sich hervorragend zum Testen wissenschaftlicher Theorien über Dinge wie turbulente Flüssigkeitsströmungen. In jüngerer Zeit haben Wavelets einige sehr praktische

Anwendungen gefunden. In den Vereinigten Staaten setzt das FBI Wavelets ein, um Fingerabdruckdaten kostengünstiger zu speichern, und Strafverfolgungsbehörden in anderen Ländern sind ihrem Beispiel gefolgt. Wavelets ermöglichen nicht nur die Analyse von Bildern, sondern auch deren Kompression.

In JPEG werden Bilder komprimiert, indem Informationen, die für die menschliche Wahrnehmung weniger relevant sind, verworfen werden. Allerdings ist Informationen selten anzusehen, welche Bits weniger relevant sind. Nehmen wir an, Sie möchten einem Freund eine Zeichnung auf einem ziemlich schmutzigen Blatt Papier per E-Mail schicken. Neben der Zeichnung selbst gibt es viele kleine schwarze Flecken. Sie oder ich können das Bild betrachten und sofort erkennen, dass die Flecken irrelevant sind, aber ein Scanner kann das nicht. Er tastet die Seite Zeile für Zeile ab und stellt das Bild als eine lange Reihe binärer Schwarz-Weiß-Signale dar, und er kann nicht erkennen, ob ein bestimmter schwarzer Punkt ein wesentlicher Teil der Zeichnung oder ein irrelevanter Fleck ist. Manche «Flecken» könnten in Wirklichkeit der Augapfel einer weit entfernten Kuh oder Flecken auf einem Zeichentrick-Leoparden sein.

Das größte Problem besteht darin, dass die Signale des Scanners die Bilddaten nicht in einer Weise darstellen, die das Erkennen und Entfernen unerwünschter Elemente erleichtert. Es gibt jedoch auch andere Möglichkeiten, Daten darzustellen. Die Fourier-Transformation ersetzt eine Kurve durch eine Liste von Amplituden und Frequenzen und codiert damit dieselbe Information auf andere Weise. Und wenn Daten auf unterschiedliche Weise dargestellt werden, können Operationen, die in der einen Darstellung schwierig oder unmöglich sind, in der anderen einfach werden.

Man kann zum Beispiel von einem Telefongespräch ausgehen, dessen Fourier-Transformation bilden und alle Teile des Signals entfernen, deren Fourier-Komponenten zu Frequenzen gehören, die für das menschliche Ohr zu hoch oder zu tief sind. Dann kann man das Ergebnis rücktransformieren und erhält akustische Information, die dem Gehör als identisch mit dem Original erscheint. Damit können Sie mehr Gespräche über denselben Kommunikationskanal senden. Mit dem nicht transformierten Originalsignal kann man das nicht machen, da dieses «Frequenz» in seiner Darstellung kein offensichtliches Charakteristikum ist.

Für manche Zwecke hat die Fourier-Transformation einen Nachteil: Die Sinus- und Cosinuskomponenten dauern ewig an. Die Fourier-Transformation eignet sich schlecht zur Darstellung eines kompakten Signals. Ein einzelner «Blip», ein Pieps, ist ein einfaches Signal, aber man braucht Hunderte von Sinus- und Cosinuskomponenten, um es einigermaßen überzeugend darzustellen. Das Problem besteht nicht darin, die Form des Impulses richtig zu gestalten, sondern alles außerhalb des Impulses gleich null zu machen. Man muss die unendlich langen wellenförmigen Ausläufer all dieser Sinus- und Cosinuskurven loswerden. In dem verzweifelten Versuch, den unerwünschten Müll zu beseitigen, fügt man noch mehr hochfrequente Sinus- und Cosinuskurven hinzu. Letztendlich wird die transformierte Version des Signals noch komplizierter und benötigt mehr Daten als der ursprüngliche Blip.

Die Wavelet-Transformation räumt damit auf, indem sie Blips als Basisimpulse verwendet. Das ist nicht einfach, und man kann es nicht mit jedem beliebigen Blip machen, aber für einen Mathematiker ist es klar, wie man anfängt. Man wählt eine bestimmte Form eines Blips, der als Mutter-Wavelet dient. Dann erzeugt man Tochter-Wavelets (und Enkelinnen, Urenkelinnen, was auch immer), indem man das Mutter-Wavelet seitlich verschiebt und es durch eine Skalenänderung lang streckt oder staucht. Um eine allgemeinere Funktion darzustellen, addiert man geeignete Vielfache dieser Wavelets auf verschiedenen Skalen. Fouriers grundlegende Sinus- und Cosinuskurven kann man in diesem Sinne als «Muttersinlets» betrachten und die Sinus- und Cosinuskurven zu allen anderen Frequenzen als Töchter.

Wavelets wurden entwickelt, um impulsartige Daten effizient zu beschreiben. Da es sich bei den Tochter- und Enkel-Wavelets nur um neu skalierte Versionen der Mutterkurve handelt, ist es außerdem möglich, sich auf bestimmte Detailstufen zu beschränken. Wenn Sie kleinräumige Strukturen löschen wollen, entfernen Sie alle Urenkel-Wavelets aus der Wavelet-Transformation. Stellen Sie sich vor, Sie transformieren einen Leoparden in Wavelets – ein paar große für den Körper, kleinere für die Augen, die Nase und die Flecken, schließlich noch winzige für die Haare. Um die Daten zu komprimieren, ohne dass sie aufhören, wie ein Leopard auszusehen, entscheiden Sie, dass einzelne Haare keine Rolle spielen, und entfernen diese Urenkel-Wavelets. Die Flecken bleiben erhalten, und das Ganze sieht immer noch wie ein Leopard aus. Mit einer Fourier-Transformation lässt sich das nicht annähernd so einfach – wenn überhaupt – bewerkstelligen.

Die meisten mathematischen Werkzeuge, die für die Entwicklung von Wavelets erforderlich waren, gab es in abstrakter Form bereits seit einem halben Jahrhundert oder länger, und zwar im Gebiet der Banachschen Funktionalanalysis. Als Wavelets auf den Markt kamen, stellte sich heraus, dass

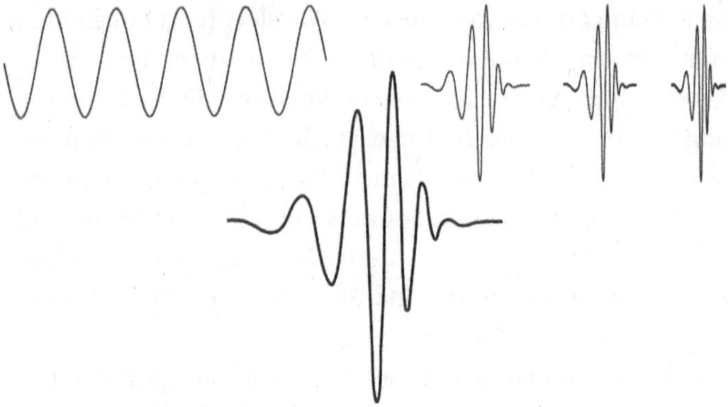

Abb. 39 Links: Eine Sinuskurve geht ewig weiter. **Mitte:** Ein Wavelet ist lokalisiert. **Rechts:** Drei weitere Generationen.

man genau die esoterische Maschinerie der Funktionalanalysis brauchte, um sie zu verstehen und sie zu einer effektiven Technik zu entwickeln. Die wichtigste Voraussetzung dafür, dass die funktional-analytische Maschine zum Leben erweckt werden konnte, war eine gute Ausgangsform für das Mutter-Wavelet. Alle Tochter-Wavelets sollen mathematisch unabhängig von der Mutter sein, die von Mutter und Tochter codierten Informationen dürfen sich nicht überschneiden, und alle Töchter dürfen keine redundanten Anteile enthalten. In der funktionalanalytischen Terminologie müssen Mutter und Tochter orthogonal sein.

In den frühen 1980er-Jahren haben der Geophysiker Jean Morlet und der mathematische Physiker Alexander Großmann ein praktikables Mutter-Wavelet entwickelt. Der Mathematiker Yves Meyer verbesserte 1985 die Wavelets von Morlet und Großmann. Die Entdeckung, die dann das ganze Feld zum Abheben brachte, wurde 1987 von Ingrid Daubechies gemacht. Frühere Mutter-Wavelets sahen zwar hinreichend impulsähnlich aus, hatten aber alle einen winzigen mathematischen Schwanz, der sich ins Unendliche schlängelte. Daubechies konstruierte ein Mutter-Wavelet, das überhaupt keinen Schwanz hatte: Außerhalb eines bestimmten Intervalls ist die Mutter immer exakt null. Ihr Mutter-Wavelet war damit ein echter «Blip», der sich strikt auf eine endliche Region des Raums beschränkte.

* * *

Wavelets fungieren als eine Art numerisches Zoomobjektiv, das sich auf Merkmale der Daten konzentriert, die bestimmte räumliche Maßstäbe einnehmen. Diese Fähigkeit kann zur Datenanalyse, aber auch zur Datenkompression genutzt werden. Durch Manipulation der Wavelet-Transformation «schielt» der Computer auf das Bild und verwirft unerwünschte Auflösungsstufen. Das FBI entschied sich 1993 für diese Methode. Damals umfasste die Fingerabdruckdatenbank des FBI 200 Millionen Datensätze, die als Tintenschwärzungen auf Papierkarten gespeichert waren, und die Datensätze wurden durch Digitalisierung der Bilder und Speicherung der Ergebnisse auf einem Computer modernisiert. Ein offensichtlicher Vorteil besteht darin, schnell nach Abdrücken suchen zu können, die mit denen am Tatort übereinstimmen.

Ein herkömmlicher Scan einer Fingerabdruckkarte mit ausreichender Auflösung erzeugt eine etwa zehn Megabyte große Computerdatei. Das Archiv des FBI belegt 2000 Terabyte Speicherplatz. Jeden Tag kommen mindestens 30 000 neue Karten dazu, sodass der Speicherbedarf täglich um 2 bis 4 Billionen Binärziffern wächst. Das FBI benötigte also dringend eine

Datenkompression. Sie versuchten es mit JPEG, aber das wird bei Fingerabdrücken unbrauchbar (im Gegensatz zu Urlaubsfotos), wenn das «Kompressionsverhältnis» – das Verhältnis zwischen dem Umfang der Originaldaten und dem der komprimierten Daten – hoch wird, etwa 10:1. Dann werden die komprimierten Bilder aufgrund von «Kachelartefakten», bei denen die Unterteilung in 8×8-Blöcke deutliche Grenzen hinterlässt, unbefriedigend. Natürlich war die Methode für das FBI nur dann von Nutzen, wenn sie Kompressionsraten von mindestens 10:1 erreichen konnte. Kachelartefakte sind nicht nur ein ästhetisches Problem: Sie beeinträchtigen die Fähigkeit von Algorithmen, nach übereinstimmenden Fingerabdrücken zu suchen, erheblich. Alternative Fourier-Methoden führen ebenfalls zu unangenehmen Artefakten, die alle auf das Problem der unendlichen «Schwänze» in Sinus- und Cosinuskurven zurückgeführt werden können. Daher beschlossen Tom Hopper vom FBI sowie Jonathan Bradley und Chris Brislawn vom Los Alamos National Laboratory, digitalisierte Fingerabdrücke mithilfe von Wavelets zu codieren, und zwar mit einer Methode, die als Wavelet Scalar Quantization oder kurz WSQ bekannt ist.

Anstatt überflüssige Informationen auf Kosten von Kachelartefakten zu entfernen, entfernt WSQ feine Details im gesamten Bild – Details, die so fein sind, dass sie für die Fähigkeit des Auges, die Struktur des Fingerabdrucks zu erkennen, irrelevant sind. In den Versuchen des FBI schnitten drei verschiedene Wavelet-Methoden alle besser ab als zwei Fourier-Methoden, wie z. B. JPEG. Unter dem Strich erwies sich WSQ als die sinnvollste Methode. Sie bietet ein Kompressionsverhältnis von mindestens 15:1 und reduziert die Kosten für den Speicherplatz um 93 Prozent. WSQ ist heute Standard für den Aus-

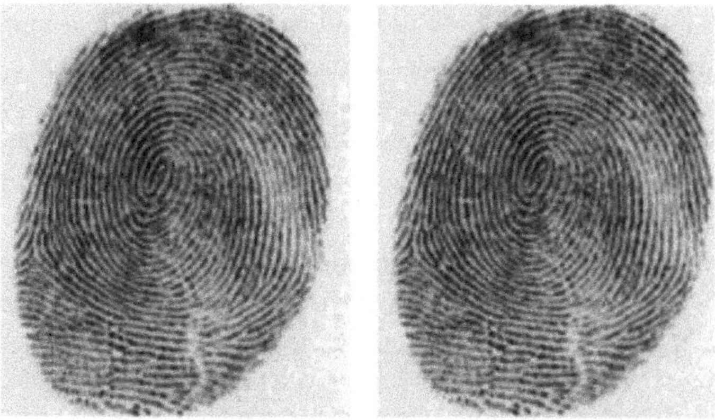

Abb. 40 Fingerabdrücke. **Links:** Original. **Rechts:** Nach Kompression auf 1/26 des ursprünglichen Datenumfangs.

tausch und die Speicherung von Fingerabdruckbildern. Die meisten amerikanischen Strafverfolgungsbehörden verwenden es für komprimierte Fingerabdruckbilder mit 500 Pixeln pro Zoll (etwa 20 Pixel pro mm). Für höher aufgelöste Fingerabdrücke verwenden sie JPEG.[60]

Wavelets tauchen fast überall auf. Das Team von Dennis Healy hat Wavelet-basierte Bildverbesserungsmethoden auf CT-, PET- und MRT-Scans angewendet. Mithilfe von Wavelets konnten sie auch die Strategien verbessern, mit denen Scanner ihre Daten überhaupt erst erfassen. Ronald Coifman und Victor Wickerhauser haben sie eingesetzt, um unerwünschtes Rauschen aus Aufnahmen zu entfernen. Ein Riesenerfolg war eine Aufnahme von Johannes Brahms, der einen seiner eigenen *Ungarischen Tänze* spielte, ursprünglich 1889 auf einer Wachsrolle aufgenommen, die bereits teilweise geschmolzen war. Sie wurde auf einer Platte mit 78 Umdrehungen pro Minute neu aufgezeichnet. Coifman ging von einer Radioübertragung der Platte aus, bei der die Musik inmitten des Umgebungslärms praktisch unhörbar war. Nach der Wavelet-Reinigung konnte man hören, was Brahms spielte – nicht perfekt, aber man *konnte* es hören.

Vor vierzig Jahren war die Funktionalanalysis lediglich ein weiteres geheimnisvolles Gebiet der abstrakten Mathematik, dessen Hauptanwendungen in der theoretischen Physik lagen. Mit dem Aufkommen der Wavelets hat sich das alles geändert. Die Funktionalanalysis bietet nun die Grundlage für die Entwicklung neuer Wavelet-Typen mit besonderen Merkmalen, die ihnen Bedeutung für die angewandte Wissenschaft und Technologie verleihen. Wavelets haben heutzutage einen unmerklichen Einfluss auf unser aller Leben – in der Verbrechensbekämpfung, in der Medizin, in der nächsten Generation digitaler Musik. Morgen werden sie die Welt erobern.

KAPITEL 11

Sind wir bald da?

Auch eine Reise von tausend Meilen beginnt mit einem Schritt.

Laotse, Tao-Tê-King. Das Heilige Buch vom Weg und von der Tugend.

Alle Eltern, die Auto fahren, kennen das Szenario. Die Familie ist unterwegs, die Großmutter zu besuchen, die fast 500 Kilometer und sechs Stunden entfernt wohnt. Die Kinder sitzen auf der Rückbank. Nach einer halben Stunde Fahrt fängt das Gequengel auf der Rückbank an: «Sind wir bald daaaa?»

Ich habe ein Hühnchen mit meinen Cousins jenseits des Atlantiks zu rupfen, die der Meinung sind, die Frage müsse «Sind wir schon daaaa?» lauten. Zweifellos sagt man das in den USA so, aber es sollte nicht so sein, denn diese Variante resultiert eindeutig aus einem Missverständnis. Die Antwort auf die zweite Frage liegt stets auf der Hand: Entweder *sind* wir da, und dann ist sie überflüssig, oder wir sind es nicht, und dann ist es sinnlos zu fragen. Nein, was geschah, war, dass die Eltern den Kindern, wenn diese ungeduldig wurden, freundlich (oder vielleicht auch genervt) versicherten: «Wir sind bald da!» Selbst wenn die Fahrt noch Stunden dauern sollte. Es ließ die Plagegeister wenigstens eine Weile den Mund halten. Nach mehreren Fahrten begannen die Kinder jedoch – eher verzweifelt als hoffnungsvoll –, versteckte Hinweise in ihre Frage einzustreuen: «Sind wir *bald* da?» Das ist eine vernünftige Frage, denn das lässt sich nicht durch einen Blick aus dem Fenster beantworten. Es sei denn, man orientiert sich an Landmarken. Wir hatten eine Katze, die genau das tat.

Sind wir bald da? Wo *sind* wir? Vor zwanzig Jahren brauchte man eine Landkarte, die Fähigkeit, diese Karte zu lesen, und einen Navigator auf dem Beifahrersitz, der den Fahrer dirigierte. Heutzutage haben wir all das per Outsourcing an ein elektronisches Zauberkästchen übertragen. Wir werfen einen Blick auf das Navi. Es stimmt schon, manchmal endet die Fahrt irgendwo im Nirgendwo. Ein Auto landete einmal dank Navi im Fluss. Man sollte schon auch auf die Straße achten. Aber selbst das kann fehlschlagen. Letztes Jahr, als wir nach einem Bed and Breakfast suchten, landeten wir auf dem Grundstück eines Landhauses, weil das Navi den Unterschied zwischen einer echten Straße, die wie die Auffahrt zu einem Haus aussah, und der Auffahrt zu einem Haus nicht erkennen konnte, die wie eine echte Straße aussah.

Satellitennavigation wirkt wie Zauberei: Sie haben einen Bildschirm im Auto, der einen Kartenausschnitt wiedergibt. Die Karte zeigt genau an, wo Sie sich befinden. Während Sie fahren, bewegt sich der Kartenausschnitt, sodass sich das Symbol für Ihr Auto stets an der richtigen Stelle befindet. Das Gerät weiß, in welche Richtung Sie fahren, und kennt den Namen oder die Kennziffer der Straße, auf der Sie sich gerade befinden. Es warnt Sie vor Staus. Es weiß, wohin Sie fahren, wie schnell Sie fahren, wann Sie die erlaubte Höchstgeschwindigkeit überschreiten, wo die Blitzer stehen (in Deutschland nicht erlaubt) und wie lange es noch dauert, bis Sie Ihr Ziel erreichen. Bringen Sie den Kindern bei, diese Informationen zu lesen, und sie müssen niemals mehr fragen.

«Jede hinreichend fortgeschrittene Technologie», schrieb

der große Science-Fiction-Autor und Zukunftsforscher Arthur C. Clarke, «ist von Magie nicht zu unterscheiden.» Ein anderer SF-Autor, Gregory Benford, formulierte diesen Satz um: «Jede Technologie, die sich von Magie unterscheiden lässt, ist nicht hinreichend fortgeschritten.» Navis sind hinreichend fortgeschritten, aber sie sind keine Magie. Wie funktionieren sie?

Ihr Navi weiß, wohin Sie fahren, weil Sie es ihm mitgeteilt haben. Sie haben Buchstaben und Ziffern auf den Schirm getippt. Dieser Teil ist offenkundig. Das ist aber auch der *einzig* offenkundige Teil. Die verbleibende Magie beruht auf Hightech – zahlreichen Satelliten auf ihren Umlaufbahnen, Radiosignalen, Codes, Pseudozufallszahlen und einer Menge cleverere Computerverarbeitung. Algorithmen, um die schnellste / preisgünstigste / umweltfreundlichste Route zu finden. Grundlagenphysik spielt eine entscheidende Rolle: Die Mechanik der Umlaufbahnen basiert auf Newtons Gravitationsgesetz, ergänzt durch Einsteins Spezielle und seine Allgemeine Relativitätstheorie, die Newtons Theorie erweitern. Im All kreisen die Satelliten und übertragen sogenannte Auslösesignale, geben quasi den zeitlichen Takt vor. In Ihrem Auto oder Fahrrad passiert fast alles in einem einzigen winzigen Computerchip. Plus einiger Speicherchips, um die Landkarte und so weiter zu speichern.

Von all diesen Dingen sehen wir nichts, daher sehen wir stattdessen Magie. Selbstverständlich ist ein Großteil der Magie mathematischer Natur und erfordert eine großzügige Dosis an Mathematik aller Art, nicht zu vergessen gewaltige Mengen an Physik, Chemie, Material- und Ingenieurwissenschaften.

Auch wenn man Herstellung und Gestaltung von Satelliten sowie die Technologie, die nötig ist, um sie ins All zu bringen, beiseitelässt, sind an der Satellitennavigation mindestens sieben Gebiete der Mathematik beteiligt, ohne die sie nicht funktionieren würde. Dabei denke ich an die folgenden:

- Berechnung der Bahnen der Trägerraketen, um die Satelliten in ihren Orbit zu bringen.
- Berechnung von Umlaufbahnen, die eine gute Abdeckung gewährleisten: Mindestens drei – vorzugsweise mehr – Satelliten müsse zu jedem Zeitpunkt von jedem Ort der Erde aus sichtbar sein.
- Pseudozufallszahlengeneratoren, um die Signale zu erzeugen und sehr präzise messen zu können, wie weit entfernt jeder Satellit ist.
- Verwendung von Geometrie und Trigonometrie und die Auswertung von Orbitaldaten, um daraus den Standort Ihres Autos zu berechnen.
- Verwertung der Gleichungen der Speziellen Relativitätstheorie, um die Auswirkungen der hohen Geschwindigkeit der Satelliten auf den Lauf der Zeit in die Berechnungen einzubeziehen.
- Benutzung der Gleichungen der Allgemeinen Relativitätstheorie, um die Auswirkung der Erdschwerkraft auf den Lauf der Zeit in die Berechnungen einzubeziehen.
- Lösung einer Variante des Problems des Handlungsreisenden, um die beste Route zu finden, nach welchem Kriterium auch immer man auswählt: schnell, kurz, umweltfreundlich.

Ich werde einige dieser Punkte auf den nächsten Seiten noch ausführlicher besprechen und mich dabei auf die überraschendsten konzentrieren.

Navis basieren auf außerordentlich präzisen Zeitsignalen, die von höchst präzisen Atomuhren erzeugt und von einer Reihe spezieller, auf Orbits kreisender Satelliten ausgesandt werden. Eine sich selbst überlassene Caesium-Uhr läuft auf 5 Teile von 10^{14} oder 4 Nanosekunden pro Tag genau. Das entspricht einem Fehler von rund 1 Meter pro Tag in Ihrer Positionsbestimmung. Um diese allmähliche Drift zu kompensieren, werden die Uhren von der Bodenstation regelmäßig neu gestartet. Auf weitere Fehlerquellen bei der Zeitmessung werde ich noch zurückkommen.

Es gibt inzwischen mehrere Satellitennavigationssysteme, doch ich werde mich auf das früheste und am weitesten verbreitete konzentrieren, das Global Positioning System (GPS). Das Projekt startete 1973 unter der Schirmherrschaft des US-Verteidigungsministeriums. Im Zentrum des Systems steht eine Gruppe von im Orbit kreisenden Satelliten – ursprünglich 24, inzwischen 31. Der erste Satellitenprototyp wurde 1978 ins All geschossen, und das gesamte System war 1993 einsatzfähig. Anfangs war GPS auf militärische Nutzung beschränkt, doch 1983 machte eine präsidiale Anordnung von Ronald Reagan GPS in einer weniger hoch auflösenden Form auch für Zivilisten verfügbar. Derzeit wird GPS erweitert, und mehrere Nationen arbeiten inzwischen mit ihrem eigenen Satellitennavigationssystemen, angefangen mit Russlands Global Navigation Satellite System (GLONASS), das eine Präzision von ca. zwei Metern aufweist. Im Jahr 2018 begann China mit der Einrichtung seines BeiDou Navigation Satellite System, das nun in Betrieb gehen müsste. Das System der Europäischen Union heißt Galileo. Großbritannien hat die EU inzwischen verlassen und wird sich nicht an Galileo beteiligen: In einem Triumph der Ideologie über die Vernunft hat die

Regierung des Vereinigten Königsreichs angekündigt, Großbritannien werde ein eigenes System entwickeln und ins All bringen. Indien richtet NavIC ein, und Japan baut das Quasi-Zenith Satellite System (QZSS), das bis 2023 die Abhängigkeit von GPS aufheben soll.

Operativ umfasst GPS drei «Segmente»: Weltraum (die Satelliten), Kontrolle (Bodenstation) und das Nutzersegment (Sie in Ihrem Auto). Die Satelliten senden Auslösesignale aus. Das Kontrollsegment überwacht die Orbits der Satelliten und die Präzision der Uhren und übermittelt bei Bedarf Anweisungen, um die Umlaufbahnen zu modifizieren und die Uhren neu zu starten. Der Nutzer hat einen billigen, wenig Energie verbrauchenden Empfänger, der so klein ist, dass er in ein Mobiltelefon passt, um den Apps zu sagen, wo sie sind.

Die Gruppe von Satelliten wird üblicherweise als «Konstellation» bezeichnet, der seit Langem etablierte Fachausdruck für eine Anordnung von Sternen am Nachthimmel. Die ursprüngliche GPS-Konstellation umfasst 24 Satelliten, jeder auf einer annährend kreisförmigen Umlaufbahn 20 200 Kilometer über der Erdoberfläche bzw. 26 600 Kilometer vom Erdmittelpunkt entfernt. Ich ignoriere spätere zusätzliche Satelliten, die für die wichtigsten Ideen keine Rolle spielen; sie machen das System lediglich zuverlässiger und präziser. Es gibt sechs Umlaufbahnen; sie liegen in Ebenen, die den Äquator in einem Winkel von 55° schneiden und sich gleichmäßig um den Äquator herum verteilen. Auf jedem Orbit kreisen vier Satelliten im gleichen Abstand voneinander und jagen buchstäblich dem Schwanz des anderen hinterher. Der Radius des Orbits wird mithilfe der Mathematik so gewählt, dass der Satellit alle 11 Stunden 58 Minuten zur selben Position auf seiner Umlauf-

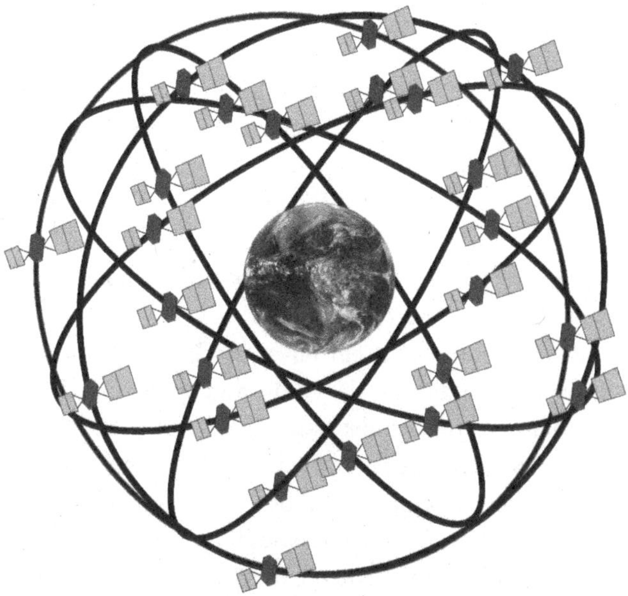

Abb. 41 Die ursprüngliche GPS-Konstellation von 24 Satelliten, vier auf jeder der sechs eigenständigen Umlaufbahnen.

bahn zurückkehrt. Damit ist sichergestellt, dass er sich zweimal pro Tag über fast demselben Ort auf der Erde befindet, allerdings eine langsame Drift aufweist.

Das nächste mathematische Merkmal ist die Geometrie des Orbits. Die Konfiguration von Satelliten und Umlaufbahnen bringt es mit sich, dass zu jedem Zeitpunkt mindestens sechs der Satelliten von jedem Punkt der Erde aus sichtbar sind (das heißt, wir können ihre Signale empfangen). Welche sechs das sind, hängt davon ab, wo Sie sich gerade befinden, und diese Sechsergruppe verändert sich im Lauf der Zeit, weil die Erde sich dreht und die Satelliten auf ihren Umlaufbahnen kreisen.

GPS ist so entworfen, dass die Nutzer keine Informationen an die Satelliten senden müssen. Vielmehr verfügen sie über einen Empfänger, der die Auslösesignale der gerade sichtbaren Satelliten auffängt, welche auch immer es sind. Der Empfänger verarbeitet diese Daten, um auszurechnen, wo er sich gerade befindet. Das Grundprinzip ist einfach, daher wollen wir uns zunächst damit beschäftigen. Anschließend werde ich einige der Tricks beschreiben, die notwendig sind, damit das Ganze in der realen Welt funktioniert.

Fangen wir mit einem einzelnen Satelliten an. Er schickt Ihnen Auslösesignale, aus denen Ihr Empfänger errechnet, in welcher Entfernung sich der Satellit momentan befindet(wir werden später noch genauer darauf zurückkommen). Sagen wir, die Entfernung beträgt 21 000 km. Diese Information platziert Sie auf der Oberfläche einer Kugel mit einem Radius von 21 000 km, in deren Zentrum der Satellit steht. Das ist, für sich allein betrachtet, noch nicht besonders nützlich, doch mindestens fünf weitere Satelliten sind im selben Moment sichtbar. Wir wollen sie als Satellit 2 und so weiter bis Satellit 6 bezeichnen. Jeder sendet Signale, die Sie gleichzeitig empfangen, und jedes Signal platziert Sie auf einer anderen Kugel, in deren Zentrum der jeweilige Satellit steht: Kugel 2, 3, 4, 5, 6. Das Signal von Satellit 2, kombiniert mit demjenigen von Satellit 1, platziert Sie auf der Schnittmenge von Kugel 1 und Kugel 2, also einem Kreis. Satellit 3 trägt eine weitere Kugel bei, die sich mit Kugel 1 in einem weiteren Kreis schneidet. Die beiden Kreise kreuzen sich an zwei Punkten, die beide auf allen drei Kugeln liegen. Das Signal von Satellit 4 liefert Kugel 4, die in der Regel festlegt, welcher der beiden Punkte Ihre korrekte Position ist.

In einer perfekten Welt könnten wir hier Schluss machen,

und Satellit 5 sowie Satellit 6 wären überflüssig. In der Realität ist es nicht ganz so einfach. Alles ist fehleranfällig. Die Erdatmosphäre kann das Signal verzerren, es kann elektrische Interferenzen geben, und so weiter. Das heißt zunächst, dass Ihre Position *in der Nähe* der betreffenden Kugel liegt statt direkt auf ihr. Statt auf der Oberfläche der Kugel liegt Ihre Position in einer verdickten Schale, in der die Oberfläche enthalten ist. Daher können vier Satelliten und vier Signale Ihre Position mit einer gewissen Präzision feststellen, aber nicht absolut perfekt. Um die Präzision zu erhöhen, bedient sich GPS der zusätzlichen Satelliten. Deren verdickte Kugeloberflächen engen die Region noch weiter ein. In diesem Stadium sind die Gleichungen, die Ihre Position bestimmen, höchstwahrscheinlich nicht eindeutig, wenn Sie wahrscheinliche Fehler ignorieren, doch mithilfe eines alten statistischen Tricks können Sie Ihre Position optimal abschätzen, indem Sie den Gesamtfehler minimieren. Dabei handelt es sich um die Methode der kleinsten Quadrate, die 1795 von Gauß eingeführt wurde.

Letzten Endes muss Ihr GPS-Empfänger nur systematisch eine Reihe relativ simpler geometrischer Berechnungen durchführen, die zu einer bestmöglichen Schätzung Ihrer Position führt. Durch Vergleich mit der detaillierten Form der Erde kann er sogar berechnen, wie hoch über dem Meeresspiegel Sie sich befinden. Höhenangaben sind in der Regel jedoch weniger präzise als Breiten- / Längenpositionen.

* * *

«Auslösesignale aussenden» klingt einfach, ist es jedoch nicht. Wenn Sie es donnern hören, wissen Sie, dass ein Gewitter in der Nähe ist, aber der Donnerschlag allein sagt Ihnen nicht, in welcher Entfernung. Wenn Sie auch den Blitz sehen, der vor dem Donner eintrifft, weil Licht schneller wandert als Schall, können Sie die Zeitverzögerung zwischen den beiden Signalen benutzen, um abzuschätzen, wie weit entfernt der Ursprung des Gewitters ist – die Daumenregel lautet drei Sekunden pro Kilometer. Die Schallgeschwindigkeit hängt jedoch vom Zustand der Atmosphäre ab, daher ist diese Regel nicht ganz korrekt.

Aus offensichtlichen Gründen kann GPS Schallwellen nicht als ein zweites Signal verwenden – sie sind zu langsam, und im Weltall herrscht ein Vakuum, daher kann der Schall sich dort sowieso nicht fortbewegen. Die zugrunde liegende Idee, dass man eine Zeitdifferenz ableitet, indem man zwei unterschiedliche, aber verwandte Signale vergleicht, weist jedoch in die richtige Richtung. Jeder Satellit sendet eine Folge von 0/1-Pulsen aus, die keine Wiederholungen enthält, es sei denn, man wartet sehr lange, bis die ganze Folge wiederholt wird. Der GPS-Empfänger kann die Folge von Nullen und Einsen, die er von den Satelliten empfängt, mit derselben Folge von einer lokalen Quelle vergleichen. Das Satellitensignal ist verzögert, weil es die Strecke zwischen dem Satelliten und dem Empfänger zurücklegen muss, und man kann die Zeitverzögerung berechnen, indem man die Signale zur Deckung bringt und schaut, wie weit das eine verschoben werden muss, um mit dem anderen übereinzustimmen.

Wir können diesen Prozess illustrieren, indem wir statt Nullen und Einsen Wörter aus diesem Buch gebrauchen.

Angenommen, das vom Satelliten empfangene Signal ist:

Signale zur Deckung bringen und schauen, wie weit das eine

während das Referenzsignal von der Bodenstation nebenan ist:

schauen, wie weit das eine verschoben werden muss

Dann können wir das lokale Signal so verschieben, dass die Wörter übereinstimmen, nämlich so:

Signale zur Deckung bringen und **schauen, wie weit das eine**
schauen, wie weit das eine verschoben werden muss

Nun sehen wir, dass das Satellitensignal fünf Wörter später als das lokale Signal eintrifft.

Alles, was zu tun bleibt, ist, geeignete Bitfolgen herzustellen. Ein einfacher Weg, Folgen von Nullen und Einsen mit sehr wenigen Wiederholungen zu erzeugen, besteht darin, ein Münze viele Millionen Male zu werfen und «Kopf» als 0 und «Zahl» als 1 zu notieren. Jedes Bit taucht mit einer Wahrscheinlichkeit von $1/2$ auf; daher taucht eine bestimmte Folge von, sagen wir, 50 Bits mit einer Wahrscheinlichkeit von $1/2^{50}$ auf, was etwa einem Treffer in einer Billiarde entspricht. Im Durchschnitt wird sich eine bestimmte Folge etwa alle Billiarde Schritte wiederholen. Wenn man ein solches Signal mit einer Version vergleicht, die um eine viel kürzere Strecke verschoben wurde, ist die «korrekte» Verschiebung, die die beste Übereinstimmung ergibt, eindeutig.

Computer sind im Münzenwerfen allerdings nicht besonders gut. Sie folgen bestimmten Anweisungen, und der entscheidende Punkt ist, dass sie dies präzise und fehlerlos tun. Zum Glück gibt es präzise mathematische Prozesse, die Bitfolgen erzeugen können, die in jedem vernünftigen statistischen

Sinne zufällig *aussehen*, auch wenn das Verfahren tatsächlich deterministisch ist. Eine solche Methode wird als Pseudozufallszahlengenerator bezeichnet. Das ist die dritte wichtige mathematische Zutat zum GPS.

In der Praxis wird dieser Bitstrom aus dem Pseudozufallszahlengenerator mit anderen, für das GPS erforderlichen Daten kombiniert, eine Technik, die man als Modulation bezeichnet. Der Satellit sendet seine Daten relativ langsam aus, mit einer Geschwindigkeit von 50 Bits pro Sekunde. Er kombiniert dieses Signal mit einem deutlich schnelleren Bitstrom des Pseudozufallszahlengenerators, der eine Geschwindigkeit von mehr als einer Million Chips pro Sekunde aufweist. Ein Chip ist so etwas wie ein Bit, nimmt aber Werte von +1 oder −1 an statt von 0 und 1. Physikalisch handelt es sich um einen Rechteckwelle mit einer Amplitude von entweder +1 oder −1. «Modulation» bedeutet in diesem Zusammenhang, dass die ursprüngliche Datenfolge in jedem Augenblick mit dem Wert des Chips multipliziert wird. Da sich die anderen Daten im Vergleich nur sehr langsam verändern, funktioniert die «Verschieben-und-zur-Deckung-Bringen»-Technik noch immer recht gut, aber manchmal ist die Deckung identisch, und manchmal erhält man ein Signal minus des anderen. Mit der statistischen Methode der Korrelation muss man das Signal nur so lange verschieben, bis die Korrelation hoch genug ist.

Tatsächlich macht GPS dasselbe auch mit einer anderen Pseudozufallszahl und moduliert das Signal mit einer zehn Mal höheren Geschwindigkeit. Die langsamere Methode wird als Coarse Acquisition Code bezeichnet und dient der zivilen Nutzung. Die schnellere Methode, Precise Code, ist für das Militär reserviert. Sie ist zudem verschlüsselt, und es dauert sieben Tage, bis sie sich wiederholt.

Pseudozufallszahlengeneratoren basieren allgemein auf abstrakter Algebra, wie Polynomen über endlichen Körpern, oder auf Zahlentheorie, wie ganzen Zahlen zu irgendeinem Modulus. Ein einfaches Beispiel für Letzteres ist ein linearer Kongruenzgenerator. Man wähle einen Modulus m, zwei Zahlen a und b (mod m) und eine Startzahl x_1 (mod m). Dann definiere man die aufeinanderfolgenden Zahlen x_2, x_3, x_4 und so weiter, und zwar mithilfe der Formel

$$x_{n+1} = ax_n + b \pmod m.$$

Mit dem konstanten Faktor a wird die aktuelle Zahl x_{n} multipliziert, und dann verschiebt b diesen Wert um einen festen Betrag. Das ergibt die nächste Zahl in der Folge, und anschließend wiederholt man den Vorgang. Wenn beispielsweise gilt: $m = 17$, $a = 3$, $b = 5$ und $x_1 = 1$, erhalten wir die Folge

1 8 12 7 9 15 16 2 11 4 0 5 3 14 13 10

die sich anschließend unendlich oft wiederholt. Da zeigt sich auf den ersten Blick kein offensichtliches Muster. In der Praxis wählen wir jedoch ein viel größeres m. Es gibt einige mathematische Bedingungen, die sicherstellen, dass es sehr lange dauert, bis die Folge sich wiederholt, und dass sie vernünftige statistische Tests für Zufälligkeit erfüllt. Wenn man zum Beispiel das Ergebnis in binäre Zahlen umwandelt, sollte jede Zahl (mod m) im Mittel gleich häufig erscheinen; Gleiches gilt für jedwede Folge von Nullen und Einsen einer gegebenen Länge, bis zu einer vernünftigen Größe.

Lineare Kongruenzgeneratoren sind zu einfach, um sicher zu sein, und so sind komplexere Varianten entwickelt worden.

Ein Beispiel ist der Mersenne-Twister, der 1997 von Makoto Matsumoto entwickelt wurde. Viele von Ihnen werden ihn wohl gebrauchen, denn er wird in Dutzenden von Standard-Softwarepaketen eingesetzt, unter anderem in den Excel-Kalkulationstabellen von Microsoft. Der Mersenne-Twister kombiniert Primzahlen, die die Mathematik einfacher machen, mit hübschen binären Ausdrücken, die die Berechnungen einfacher machen. Eine Mersenne-Primzahl ist eine Primzahl der Form $2^p - 1$ (mit p prim), beispielsweise $31 = 2^5 - 1$ oder $131\,071 = 2^{17} - 1$. Mersenne-Primzahlen sind selten, und wir wissen nicht einmal, ob es unendlich viele von ihnen gibt. Im Januar 2021 waren genau 51 Mersenne-Primzahlen bekannt, die größte von ihnen ist $2^{82\,589\,933} - 1$.

In Binärzahlen ausgedrückt, lauten die beiden Mersenne-Primzahlen oben

$$31 = 11111 \text{ und } 131\,071 = 11111111111111111$$

mit fünf bzw. 17 wiederholten Einsen. Das macht es für einen Digitalcomputer einfach, mit ihrer Hilfe Berechnungen anzustellen. Der Mersenne-Twister basiert auf einer sehr großen Mersenne-Primzahl, gewöhnlich $2^{19\,937} - 1$, und er ersetzt die Zahlen in der Kongruenz durch Matrizen über dem Körper mit zwei Elementen, 0 und 1. Er genügt den statistischen Tests für Teilzeichenfolgen bis zu einer Länge von 623 Bits.

Das GPS-Signal integriert auch ein Signal viel geringerer Frequenz, das Informationen über den Satellitenorbit, seine Uhrenkorrekturen und andere Faktoren enthält, die den Status des Systems beeinflussen. Das mag ziemlich kompliziert klingen und ist es auch, aber moderne Elektronik kann höchst komplexe Anweisungen fehlerlos ausführen. Für diese Komplexität gibt es gute Gründe. Sie trägt dazu bei zu verhindern, dass der Empfänger unabsichtlich irgendein anderes Zufallssignal aufschnappt, das zufälligerweise gerade ebenfalls in der Gegend herumwandert, denn es ist höchst unwahrscheinlich, dass ein Fremdsignal ein derart komplexes Muster reproduziert. Jedem Satelliten ist sein eigener, persönlicher Pseudozahlencode zugeordnet; daher sorgt dieselbe Komplexität dafür, dass der Empfänger die Signale des einen Satelliten nicht mit denen eines anderen verwechselt. Als zusätzlicher Vorteil kommt hinzu, dass alle Satelliten auf derselben Frequenz senden können, ohne sich ins Gehege zu kommen, was mehr Frequenzen in unserem zunehmend überfüllten Radiowellenspektrum freilässt. Vor allem bei militärischen Operationen ist wichtig, dass der Gegner das System nicht stören oder gefälschte Signale senden kann. Allgemeiner gesagt, ist das US-amerikanische Verteidigungsministerium zuständig für den Pseudozufallscode, daher kann es den Zugang zum GPS kontrollieren.

Neben der allmählichen Drift der Atomuhren gibt es noch weitere Quellen für Zeitfehler, beispielsweise, dass die Satellitenorbits in Form und Größe ein wenig vom geplanten Orbit abweichen. Die Bodenstation schickt Korrekturen zum Satelliten, der sie an die Nutzer weiterleitet und sicherstellt, dass alles synchron mit den Referenzuhren am US Naval Observatory läuft. Am stärksten kommt die Mathematik jedoch bei den relativistischen Korrekturen zum Zuge. Statt der altmodischen Newtonschen Physik brauchen wir hier Einsteins Relativitätstheorien.[61]

Im Jahr 1905 veröffentlichte Einstein einen Artikel «Zur Elektrodynamik bewegter Körper». Er untersuchte die Beziehung zwischen der Newtonschen Mechanik und den Maxwellschen Gleichungen für den Elektromagnetismus und stellte fest, dass diese beiden Theorien inkompatibel sind. Ein zentrales Problem ist, dass die Geschwindigkeit, mit der sich eine elektromagnetische Welle fortbewegt – die Lichtgeschwindigkeit –, nicht nur in einem festen Bezugssystem konstant ist, sondern auch in einem bewegten Bezugssystem denselben Wert hat. Wenn man aus einem fahrenden Auto mit einer Taschenlampe leuchtet, bewegen sich die Photonen mit derselben Geschwindigkeit, wie sie es täten, wenn das Auto stehen würde.

In der Newtonschen Mechanik würde die Geschwindigkeit des Autos hingegen zur Lichtgeschwindigkeit hinzu addiert. Daher schlug Einstein für Newtons Bewegungsgesetze Modifikationen vor, die sicherstellten, dass die Lichtgeschwindigkeit eine absolute Konstante ist, was vor allem mit sich bringt, dass die Gleichungen für Relativbewegungen abgeändert werden müssen. Deshalb spricht man von Relativitätstheorie, was ein wenig irreführend ist, denn der Hauptpunkt ist ja gerade, dass die Lichtgeschwindigkeit *nicht* relativ ist. Einstein verbrachte viele Jahre mit dem Versuch, die Schwerkraft in sein Bezugssystem einzufügen, was ihm 1915 schließlich gelang. Diese beiden verwandten, aber eigenständigen Theorien wurden unter dem Namen Spezielle und Allgemeine Relativitätstheorie bekannt.

Dies ist kein Lehrbuch über Relativitätstheorie, daher lassen Sie mich nur einige interessante Punkte streifen, um Ihnen einen sehr groben Eindruck zu vermitteln, um was es geht. Der Platz reicht nicht, um philosophische Feinheiten zu erörtern, und selbst wenn es ihn gäbe, würden wir abschweifen; also verzeihen Sie mir, wenn ich allzu stark vereinfache.

In der Speziellen Relativitätstheorie sind die Bewegungsgleichungen so modifiziert, dass sichergestellt ist, dass die Lichtgeschwindigkeit in jedem Bezugssystem, das sich mit konstanter Geschwindigkeit bewegt, denselben Wert hat. Das lässt sich mithilfe der Lorentz-Transformationen erreichen, mathematischen Formeln, die nach dem niederländischen Physiker Hendrik Lorentz benannt sind und beschreiben, wie sich Ort und Zeit ändern, wenn unterschiedliche Bezugssysteme verglichen werden. Die Hauptvorhersagen sind, von einem Newton'schen Standpunkt aus betrachtet, sehr seltsam. Nichts ist schneller als das Licht; die Länge eines Objekts nimmt ab, wenn seine Geschwindigkeit steigt, und wird beliebig klein, wenn sich die Geschwindigkeit der Lichtgeschwindigkeit immer mehr annähert; währenddessen wird die subjektive Zeit schleichend langsam, und die Masse nimmt unbegrenzt zu. Grob gesagt: Bei Lichtgeschwindigkeit schrumpft die Länge eines Objekts (in Bewegungsrichtung) auf null, die Zeit stoppt und die Masse wird unendlich groß.

Die Allgemeine Relativitätstheorie enthält all diese Zutaten, baut aber darüber hinaus noch die Schwerkraft ein. Statt die Gravitation jedoch wie in Newtons Modell als Kraft anzusehen, ist sie eine Konsequenz der Krümmung der Raumzeit, eines vierdimensionalen mathematischen Konstrukts, das drei Raum- und eine Zeitdimension kombiniert. In der Nähe einer Masse, wie eines Sterns, *krümmt* sich die Raumzeit, sodass eine Art Mulde entsteht, aber eben in vier Dimensionen. Ein Lichtstrahl oder ein Teilchen, das sich in der Nähe vorbeibewegt, weicht von einer geraden Bahn ab und folgt der Krümmung. Das schafft die Illusion einer anziehenden Kraft zwischen dem Stern und dem Teilchen.

Beide Theorien sind in hochempfindlichen Experimenten bestätigt worden. Trotz ihrer recht bizarren Eigenschaften liefern sie das beste Modell für die Realität, das die Physik bislang entdeckt hat. Die Mathematik des GPS muss relativistische Effekte in Betracht ziehen, was die Geschwindigkeit der Satelliten und auch den Einfluss der irdischen Gravitation angeht, sonst wäre GPS nutzlos. Tatsächlich ist der Erfolg des derart korrigierten GPS ein empfindlicher Test für die Gültigkeit der Speziellen wie der Allgemeinen Relativitätstheorie.

Die meisten GPS-Nutzer befinden sich entweder an einem festen Punkt auf der Erdoberfläche oder bewegen sich langsam – beispielsweise nicht schneller als mit der Geschwindigkeit eines Sportwagens. Deshalb entschlossen sich die Konstrukteure, Informationen über die Satellitenorbits über ein fest auf einer sich drehenden Erde installiertes Bezugssystem auszustrahlen; außerdem nahmen sie an, dass deren Rotationsgeschwindigkeit konstant ist. Unser Planet entspricht in der Form annähernd einem leicht abgeflachten Rotationsellipsoid und wird als Geoid bezeichnet.

Wenn Sie in Ihrem Auto sitzen und die Satelliten über Ihnen ihre Runden ziehen, bewegen sie sich offensichtlich relativ zu Ihnen. Die Spezielle Relativitätstheorie sagt voraus, dass für Sie die Satellitenuhr langsamer tickt als eine Referenzuhr auf dem Boden. Tatsächlich läuft die Satellitenuhr aufgrund ihrer relativistischen Zeitdehnung der irdischen Uhr pro Tag rund 7 Mikrosekunden hinterher. Zusätzlich ist die scheinbare Gravitation auf der Höhe der Satellitenorbits geringer als auf dem Boden. Was die Allgemeine Relativitätstheorie angeht, ist die Raumzeit in der Nähe der Satelliten stärker abgeflacht – weniger stark gekrümmt – als in der Nähe Ihres Autos. Dieser Effekt führt dazu, dass die Satellitenuhren *schneller* laufen als die Bodenuhren. Die Allgemeine Relativitätstheorie sagt voraus, dass die Satellitenuhren im Vergleich mit Bodenuhren 45 Mikrosekunden pro Tag vorgehen. Wenn man diese gegenläufigen Effekte zusammennimmt, dann läuft die Uhr im Satelliten rund 45 – 7 = 38 Mikrosekunden pro Tag schneller als eine Uhr auf dem Boden. Ein solcher Fehler würde sich nach zwei Minuten bemerkbar machen, und Ihre Position würde mit rund 10 km pro Tag von der richtigen Position wegdriften. Innerhalb eines Tages würde Ihr Navi Sie in die falsche Stadt führen, innerhalb einer Woche in das falsche Bundesland, innerhalb eines Monats in das falsche Land.

Anfangs waren sich die am GPS-Projekt arbeitenden Ingenieure und Wissenschaftler nicht sicher, ob die Relativitätstheorie tatsächlich eine Rolle spielte. Satellitengeschwindigkeiten sind nach menschlichem Maßstab hoch, doch im Vergleich zur Lichtgeschwindigkeit ist das nur ein Schneckentempo. An kosmischen Maßstäben gemessen, ist die Gravitation der Erde winzig. Sie taten jedoch ihr Bestes, um die Größe dieser Effekte abzuschätzen. 1977, als die ersten Prototypen von Caesium-Atomuhren auf eine Umlaufbahn ins All geschickt wurden, waren sich die Ingenieure noch nicht sicher, wie groß diese Effekte sein würden oder ob sie positiv oder negativ sein sollten, und manche hielten relativistische Korrekturen für völlig überflüssig. Daher bauten die Ingenieure in die Uhr einen Schaltkreis ein, der bei einem bestimmten Signal von der Bodenstation die vorhergesagten relativistischen Effekte, falls notwendig, ausgleichen konnte. In den ersten drei Wochen ließen sie diesen Schaltkreis abgeschaltet und maßen die Uhrfrequenz; dabei stellte sich heraus, dass diese Frequenz im Vergleich zu einer Uhr am Boden um 442,5 Billionstel erhöht war. Die Allgemeine Relativitätstheorie hatte eine Erhöhung von 446,5 Billionstel vorhergesagt. Wirklich nicht schlecht!

Neben der offenkundigen Verwendung von GPS als System

zur Ortsbestimmung (Autos, Transportfahrzeuge, Wanderer) und der militärischen Verwendung, die überhaupt zur Entwicklung von GPS führte, wird GPS auch noch zu vielen anderen Zwecken eingesetzt. Ich will hier nur ein paar erwähnen.

Wir müssen nicht wissen, wo wir uns befinden, um mit einer App einen Pannendienst zu rufen, wenn das Auto streikt, denn GPS tut das für uns. Darüber hinaus wird es zur Verhinderung von Autodiebstählen eingesetzt, zur Kartierung und Vermessung von Gelände, zum Verfolgen von Haustieren und älteren Verwandten und zur Sicherung von Kunstwerken. Zu den wichtigsten Anwendungsgebieten gehören Schiff- und Flugzeugnavigation sowie Flottenverfolgung für Transportunternehmen. Heute, wo die meisten Mobiltelefone über GPS-Empfänger verfügen, können sie Ihre Fotos mit dem Ort kennzeichnen, an dem diese aufgenommen wurden, Ihnen mitteilen, wo sich ein verlorenes oder gestohlenes Handy befindet, und ein Taxi rufen. Man kann GPS in Kombination mit Online-Kartenangeboten wie Google Maps benutzen, sodass die Karte Ihnen automatisch zeigt, wo Sie sich gerade befinden. Landwirte können fahrerlose Traktoren kontrollieren, Banker können finanzielle Transaktionen überwachen, Reisende den Weg ihres Gepäcks verfolgen. Biologen können die Bewegungen gefährdeter Tierarten und Umweltkatastrophen wie Ölverschmutzungen verfolgen.

Wie sind wir bloß früher ohne GPS zurechtgekommen? Es ist wirklich erstaunlich, wie schnell ein paar Funken mathematischer Magie, die eine bahnbrechende (und extrem teure) Technologie möglich machen, unser Leben verändern können.

KAPITEL 12

Magnetismus – Das Ising-Modell

Grönlands Eisschild schmilzt viel schneller als bisher angenommen, bedroht Hunderte Millionen Menschen mit Überschwemmungen und bringt einige der irreversiblen Auswirkungen der Klimakatastrophe viel näher. Das Eis geht siebenmal schneller zurück als in den 1990er-Jahren, und das Ausmaß und die Geschwindigkeit des Eisverlusts sind viel höher als vorhergesagt.

The Guardian, Dezember 2019

Der Planet erwärmt sich, das ist gefährlich, und es ist unsere Schuld. Wir wissen dies, weil Tausende von Klimaexperten, die Hunderte von mathematischen Modellen durchrechnen, dies seit Jahrzehnten vorhersagen und weil Beobachtungen ebenso kompetenter Meteorologen die meisten wichtigen Schlussfolgerungen bestätigen. Ich könnte den Rest dieses Buches damit verbringen, über die Produzenten von Fake News zu lästern, die uns davon zu überzeugen versuchen, dass es keinen Grund zur Sorge gibt, indem sie auf den vielen kleinen ungeklärten Details herumreiten und ihre Dummheiten den zunehmenden Beweisen für die Realität des vom Menschen verursachten

Klimawandels entgegenstellen. Eine Menge Leute können das viel besser als ich, und ebenso viele versuchen verzweifelt, sie daran zu hindern, denn sonst müssten ein paar Superreiche damit aufhören, den Planeten zu zerstören.

Der Klimawandel ist von Natur aus statistisch, sodass jeder einzelne Vorfall als eines dieser seltsamen Dinge erklärt werden kann, die von Zeit zu Zeit passieren. Wenn eine Münze gezinkt ist, sodass sie in drei Viertel der Fälle Kopf zeigt, ergibt dennoch jeder einzelne Wurf entweder Kopf oder Zahl – genau wie bei einer fairen Münze. Ein einzelner Wurf lässt keinen Unterschied zutage treten. Sogar ein Lauf von drei oder vier aufeinanderfolgenden Kopf-Würfen kann bei einer fairen Münze passieren. Wenn jedoch 100 Würfe zu 80 Mal Kopf und 20 Mal Zahl führen, ist ziemlich klar, dass keine faire Münze vorliegt.

Beim Klima ist es ähnlich. Es ist anders als beim Wetter, das sich von Stunde zu Stunde und von Tag zu Tag ändert. Das Klima ist ein gleitender 30-Jahres-Durchschnitt. Für das globale Klima wird dieser Durchschnitt noch einmal über den gesamten Planeten gemittelt. Es braucht massive langfristige globale Veränderungen, um das Klima zu verändern. Dennoch reichen weltweit hochwertige Temperaturaufzeichnungen etwa 170 Jahre zurück, und 17 der 18 heißesten Jahre sind seit 2000 aufgetreten. Das ist kein Zufall.

Die statistische Natur des Klimas macht es den Leugnern leicht, im Trüben zu fischen. Da Klimawissenschaftler nicht in der Lage sind, den Planeten vorzuspulen, mussten sie sich auf mathematische Modelle verlassen, um in die Zukunft zu blicken, um abzuschätzen, wie schnell sich das Klima verändert, welche Auswirkungen diese Veränderungen haben könnten, und zu untersuchen, was die Menschheit dagegen tun kann, wenn sie sich zusammenschließt. Die frühen Modelle waren ziemlich rudimentär und machten es jedem, dem die Vorhersagen nicht passte, leicht, Einwände zu erheben, obwohl sich im Nachhinein herausstellte, dass selbst diese frühen Modelle den globalen Temperaturanstieg und vieles andere ziemlich genau erfassten. Im Laufe der Jahre wurden sie verfeinert, und die vorhergesagten Temperaturen stimmen nun im letzten halben Jahrhundert sehr detailliert mit der Realität überein. Wie viel Eis dadurch schmelzen wird, ist weniger sicher und scheint unterschätzt worden zu sein. Die beteiligten Mechanismen sind noch nicht so gut verstanden, und Wissenschaftler stehen seit Jahrzehnten unter Druck, nicht als Panikmacher dazustehen.

Bis hierher lag der Fokus meines Buchs darauf, wie Mathematik, die hinter den Kulissen agiert, unser tägliches Leben beeinflusst. Ich habe bewusst viele wichtige Anwendungen für die Wissenschaft, insbesondere die theoretische Forschung weggelassen. Aber der Klimawandel beeinflusst tatsächlich unser tägliches Leben – fragen Sie die Australier, die Anfang 2020 mit beispiellosen Buschbränden zu kämpfen hatten. Schauen Sie sich die Rekordhitzewellen auf der ganzen Welt an, die Jahrhundert-Überschwemmungen, die jetzt alle fünf oder zehn Jahre eintreten. Sehen Sie sich, so seltsam es erscheinen mag, die Kaltwettereinbrüche an. Es ist ein wenig kontraintuitiv, dass die globale Erwärmung dazu führen kann, dass einige Regionen viel *kälter* als normal werden, aber die Erklärung ist einfach. Bei der globalen Erwärmung geht es um die durchschnittliche Menge an Wärmeenergie, die in die Atmosphäre, die Ozeane und das Land gelangt. Niemand hat gesagt, es würden sich alle Gegenden gleich erwärmen.

Wenn die gesamte Wärmeenergie des Planeten steigt, werden die Schwankungen um den Durchschnitt größer, und diese Schwankungen können ebenso gut kälter wie wärmer als normal sein. Der Punkt ist, dass, insgesamt gesehen, die Hitze siegt. Eine plötzliche Kältewelle an einem Ort macht die globale Erwärmung nicht zur Falschmeldung. Wenn es in Ihrer Stadt zehn Grad kälter ist als gewöhnlich, aber elf Städte anderswo ein Grad wärmer sind, ist die globale Durchschnittstemperatur *gestiegen*. Wenn es in Ihrer Stadt heute zehn Grad kälter als üblich ist, aber irgendwann danach elf Tage folgen, die ein Grad wärmer sind, ist die globale Durchschnittstemperatur gestiegen. Tatsächlich ist die Durchschnittstemperatur in Ihrer Stadt ebenfalls gestiegen.

Das Problem besteht darin, dass wir den plötzlichen Kälteeinbruch bemerken, die kompensierenden Effekte aber nicht wahrnehmen, weil sie zu klein sind, zu verstreut oder einfach nur irgendwo anders. Die sehr ungewöhnlichen Kälteeinbrüche der letzten Jahre in Europa und Nordamerika traten auf, weil der Jetstream kalte Luft aus der Arktis weiter als normal nach Süden drückte. Die kalte Luft, die normalerweise um die nördliche Eiskappe zirkuliert wäre, landete so über den Ozeanen, über Grönland, Nordkanada und Russland. Warum kam all die kalte Luft nach Süden? Weil es in den Polarregionen viel *heißer* als normal war, wodurch die kalte Luft verdrängt wurde. Insgesamt wurde die gesamte betroffene Region wärmer – im Durchschnitt.

Es gibt genug Mathematik in der Klimamodellierung, um Bücher zu füllen, aber das soll nicht mein Thema sein. Ich bereite nur die Bühne für das vor, was ich Ihnen eigentlich erzählen möchte.

* * *

Überall auf der Welt schmilzt das Eis. An einigen ungewöhnlichen Orten nimmt die Eismenge zu, aber überall sonst nimmt sie ab, und zwar schnell. Gletscher ziehen sich zurück, und die Eiskappen an beiden Polen schrumpfen. Diese Auswirkungen bedrohen die Wasserversorgung von Milliarden Menschen, und der daraus resultierende Anstieg des Meeresspiegels wird die Häuser einer halben Milliarde Menschen überfluten, wenn wir dies nicht verhindern. Die Physik und Mathematik des Schmelzens von Eis ist also plötzlich für praktisch jeden Einzelnen von uns von vitalem Interesse geworden.

Wissenschaftler wissen viel über das Schmelzen von Eis. Neben Sieden und Verdampfen von Wasser ist es ein klassisches Beispiel für einen Phasenübergang, eine Änderung des Aggregatzustands. Wasser kann in verschiedenen Zuständen existieren. Es kann ein Feststoff, eine Flüssigkeit oder ein Gas sein. In welchem Zustand es sich befindet, hängt hauptsächlich von Temperatur und Druck ab. Wasser, das kalt genug ist, ist bei Atmosphärendruck fest: Eis. Wenn man es erwärmt und seine Temperatur den Schmelzpunkt überschreitet, verwandelt es sich in eine Flüssigkeit: Wasser. Erhitzt man es noch ein bisschen bis zum Siedepunkt, wird ein Gas daraus: Dampf. Derzeit sind der Wissenschaft 18 verschiedene Eisphasen bekannt, die letzte, das «quadratische Eis», wurde 2014 entdeckt. Drei dieser Phasen existieren bei Normaldruck; der Rest erfordert viel höhere Drücke.

Was man über Eis heute weiß, stammt fast alles aus Laborexperimenten mit relativ kleinen Mengen. Wir müssten viel mehr über das Abschmelzen extrem großer Mengen von Eis in natürlicher Umgebung wissen. Es gibt zwei miteinander zusammenhängende Möglichkeiten, dies herauszufinden: Beobachten und messen, was passiert, und theoretische Modelle der zugrunde liegenden Physik aufstellen. Der Schlüssel zu echtem Verständnis liegt darin, beides zusammenzubringen.

Eines der Anzeichen dafür, dass Polareis, insbesondere Meereis, schmilzt, ist die Bildung von Schmelzteichen.

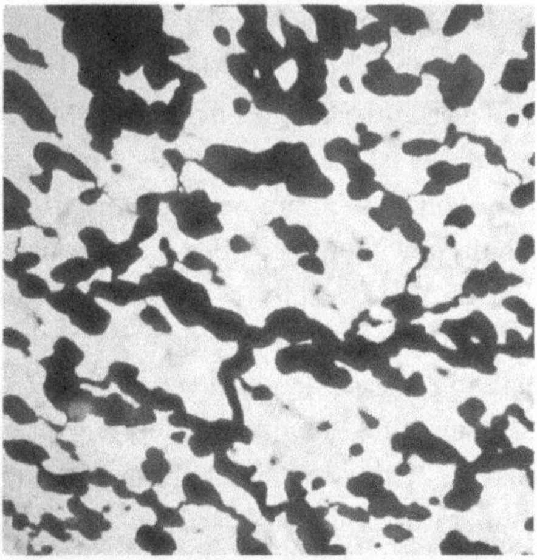

Abb. 42 Dunkle Schmelzteiche heben sich vom weißen arktischen Eis ab. Warum bringen sie so komplizierte Muster hervor?

Die Oberfläche des Eises beginnt zu schmelzen, und kleine dunkle Pfützen beschmutzen das unberührte Weiß des Eises, oft ist es auch nur das reine Grau von Staubablagerungen. Die Pfützen bestehen aus flüssigem Wasser und sind im Gegensatz zu Eis dunkel, sodass sie Sonnenlicht absorbieren, anstatt es zu reflektieren. Insbesondere Infrarotstrahlung erwärmt die Pfützen schneller, als wenn sie noch Eis wären, sodass sie größer werden. Wenn sie ausreichend wachsen, verschmelzen sie zu größeren Pfützen, die groß genug sind, um als Teiche oder Becken zu gelten. Dies sind Schmelzteiche, und sie bilden komplexe, komplizierte Formen, die durch dünne Stränge verbunden sind, sich verzweigen und sich ausbreiten wie Flecken eines seltsamen Pilzes.

Die Physik des Wachstums von Schmelzteichen ist wichtig für das Verständnis davon, wie sich Meereis verhält, wenn es wärmer wird. Und genau das passiert, insbesondere mit dem arktischen Meereis. Was mit dem Meereis passiert, wenn sich der Planet erwärmt, ist ein wesentlicher Teil des Problems, die Auswirkungen des Klimawandels zu verstehen. Daher liegt es für Mathematiker nahe, Modelle für schmelzendes Eis zu untersuchen, um einige seiner Geheimnisse zu lüften. Und genau das tun sie. Kaum überraschend. Eine Überraschung dagegen ist, dass es bei einem der derzeit untersuchten Modelle überhaupt nicht um schmelzendes Eis geht. Es geht um Magnetismus, und das Modell stammt aus dem Jahr 1920. Magnetische Materialien durchlaufen ihre eigenen Phasenumwandlungen, insbesondere verlieren sie ihren Ferromagnetismus, wenn sie zu heiß werden.

Dieses spezielle Modell ist seit Langem ein Beispielmechanismus für Phasenübergänge. Erfunden wurde es von dem deutschen Physiker Wilhelm Lenz, weswegen es auch alle Ising-Modell nennen, denn Mathematiker und Physiker benennen Dinge immer nach der Person, die sie am ehesten damit verbinden; und häufig ist das nicht der eigentliche Erfinder. Lenz hatte einen Studenten, Ernst Ising, dem er für seine Doktorarbeit folgende Aufgabe stellte: das Modell lösen und zeigen, dass es zu einem magnetischen Phasenübergang führt. Ising löste es und wies nach, dass es keinen hat. Dennoch hat seine Forschung unser Verständnis von Magneten maßgeblich beeinflusst.

Und jetzt von schmelzendem Eis.

* * *

Magnete sind heutzutage so bekannt, dass wir uns selten fragen, wie sie funktionieren. Wir verwenden sie, um Plastikschweine an die Kühlschranktür zu kleben (nun, zumindest in unserem Haus tun wir es), um Abdeckungen an unseren Mobiltelefonen zu befestigen und um (mit ziemlich großen Magneten) das berühmte Higgs-Boson aufzuspüren, das subatomare Teilchen mit Masse ausstattet. Zu den alltäglichen Anwendungen gehören Computerfestplatten und Elektromotoren – die Art, die Ihr Autofenster automatisch anhebt oder senkt, oder die Art, die Gigawatt elektrischer Leistung erzeugt. Obwohl allgegenwärtig, sind Magnete sehr mysteriös. Sie ziehen sich gegenseitig an oder stoßen sich durch eine Art unsichtbares Kraftfeld ab. Die einfachsten und bekanntesten Stabmagnete haben zwei Pole, einen an jedem Ende, genannt Nord und Süd. Nord- und Südpol ziehen sich an, zwei Nordpole hingegen stoßen sich ab, und dasselbe gilt für zwei Südpole. Wenn Sie versuchen, die Pole von starken kleinen Magneten zusammenzudrücken, können Sie spüren, wie sie zurückdrücken. Wenn Sie versuchen, ungleiche Pole auseinanderzuziehen, fühlen Sie, wie sie versuchen zusammenzukleben. Selbst wenn sie sich nicht berühren, wirken sie aufeinander ein – die sogenannte «Fernwirkung». Mit Magneten können Sie Objekte zum Schweben bringen, selbst so große wie Eisenbahnen. Mysteriöserweise ist dieses Kraftfeld unsichtbar. Es ist nichts zu sehen.

Der Mensch kennt Magnete seit mindestens 2500 Jahren. Sie kommen natürlicherweise im Mineral Magnetit vor, einem Eisenoxid. Ein kleiner Magnetitklumpen, als Magnetstein bekannt, kann Eisengegenstände anziehen, und Sie können ihn in einen Kompass verwandeln, indem Sie ihn an einen Faden hängen oder auf einem Stück Holz im Wasser schwimmen lassen. Magnetsteine wurden ab etwa dem 12. Jahrhundert n. Chr. routinemäßig für die Navigation verwendet. Solche Materialien, die man mit einem permanenten Magnetfeld ausstatten kann, werden als ferromagnetisch bezeichnet. Die meisten sind Legierungen aus Eisen, Nickel und / oder Kobalt. Manche Materialien behalten ihren Magnetismus fast unbegrenzt, während andere zeitweilig magnetisiert werden können, ihren Magnetismus aber bald wieder verlieren.

Wissenschaftler begannen, Magneten ernsthafte Aufmerksamkeit zu schenken, als der dänische Physiker Hans Christian Ørsted 1820 einen Zusammenhang zwischen Magnetismus und Elektrizität entdeckte. Ein elektrischer Strom kann nämlich ein Magnetfeld erzeugen. William Sturgeon, ein britischer Wissenschaftler, stellte 1824 einen Elektromagneten her. Die Geschichte des Elektromagnetismus ist zu umfangreich, um sie im Detail zu beschreiben, aber einen entscheidenden Fortschritt brachten die Experimente von Michael Faraday. Diese führten James Clerk Maxwell dazu, mathematische Gleichungen für die elektrischen und magnetischen Felder und die Beziehung zwischen ihnen zu formulieren. Die Gleichungen sagen uns sehr präzise, dass sich bewegende Elektrizität Magnetismus erzeugt und sich bewegender Magnetismus Elektrizität. Darüber hinaus beschreiben sie elektromagnetische Wellen, die sich mit Lichtgeschwindigkeit ausbreiten. Tatsächlich ist Licht eine solche Welle. Ebenso wie Radiowellen, Röntgenstrahlen und Mikrowellen.

Eine rätselhafte Eigenschaft von Ferromagneten ist, wie sie auf Erwärmung reagieren. Es gibt eine kritische Temperatur, die Curie-Temperatur. Wenn Sie einen Ferromagneten über seine Curie-Temperatur erhitzen, verschwindet sein magnetisches Feld. Nicht nur das: Der Übergang geschieht abrupt. Bei Annäherung an die Curie-Temperatur beginnt das Magnetfeld dramatisch abzufallen und nimmt immer schneller ab, je näher man der Curie-Temperatur kommt. Physiker nennen dieses Verhalten einen Phasenübergang zweiter Ordnung. Die große Frage ist: Warum passiert dies?

Ein wichtiger Hinweis kam mit der Entdeckung des Elektrons, eines subatomaren Teilchens, das eine sehr kleine elektrische Ladung trägt. Ein elektrischer Strom ist eine Menge von Elektronen in Bewegung. Atome haben einen Kern aus Protonen und Neutronen, der von einer Elektronenwolke umgeben ist. Anzahl und Anordnung dieser Elektronen bestimmen die chemischen Eigenschaften des Atoms. Elektronen haben auch eine Eigenschaft namens Spin – es ist eine Quanteneigenschaft, und die Elektronen rotieren nicht wirklich, aber das Phänomen hat viel mit Drehimpuls zu tun, einem ausgefallenen mathematischen Namen für eine Eigenschaft von rotierenden Körpern in der klassischen Physik. Diese besagt, wie stark der Drall (die Eigenrotation, der Spin) ist und um welche Achse sich der Körper dreht.

Physiker haben experimentell entdeckt, dass sein Spin dem Elektron ein Magnetfeld verleiht. Laut Quantenmechanik, die ja ist, was sie ist – nämlich seltsam –, zeigt der Spin eines Elektrons immer entweder nach «oben» oder nach «unten», ganz gleich, an welcher Raumrichtung sich die Messung orientiert. Diese beiden Zustände – Spin-Up und Spin-Down – entsprechen in etwa einem winzigen Magneten mit seinem Nordpol oben und seinem Südpol unten oder umgekehrt. Bevor man den Spin misst, kann er sich in einer beliebigen Kombination von gleichzeitig Up und Down befinden, was auf eine Drehung um eine andere Achse hinausläuft, aber wenn man den Spin um die gewählte Achse beobachtet, kommt der Spin immer als Up heraus. Oder als Down. Eins von beiden. Darin besteht das Seltsame des quantenmechanischen Spins, und es unterscheidet ihn völlig vom Drall oder Drehimpuls in der klassischen Physik.

Der Zusammenhang zwischen dem Spin eines Elektrons und seinem Magnetfeld erklärt auf Umwegen nicht nur, warum Magnete ihren Magnetismus verlieren, wenn sie heiß werden, sondern auch, wie sie ihn verlieren. Bevor ein ferromagnetisches Material magnetisiert wird, sind die Spins seiner Elektronen zufällig ausgerichtet, sodass ihre winzigen Magnetfelder dazu neigen, sich in der Summe aufzuheben. Wenn das Material magnetisiert wird, entweder durch einen Elektromagneten oder die Nähe eines anderen Permanentmagneten, werden die Spins seiner Elektronen in eine Richtung ausgerichtet. Sie verstärken sich dann gegenseitig und erzeugen ein nachweisbares makroskopisches Magnetfeld. Solange dieses nicht gestört wird, bleibt die Anordnung der Elektronenspins bestehen, und man erhält einen Permanentmagneten.

Wird das Material jedoch erhitzt, bringt die Wärmeenergie die Elektronen allmählich in Bewegung, wobei einige Spins umklappen. Magnetfelder, die in verschiedene Richtungen ziehen, schwächen sich gegenseitig, sodass die Gesamtstärke des Magnetfelds sinkt. Das erklärt den Magnetismusverlust qualitativ, aber nicht, warum es einen so scharfen Phasenübergang gibt oder warum er immer bei einer bestimmten Temperatur stattfindet.

Hier kommt Lenz ins Spiel. Er entwickelte ein einfaches mathematisches Modell: eine Anordnung von Elektronen, die ihre jeweiligen Nachbarn entsprechend der relativen Ausrichtung ihrer Spins beeinflussen. Im Modell befindet sich jedes Elektron an einem festen Punkt im Raum, normalerweise an einem Punkt in einem regelmäßigen Gitter, wie die Quadrate eines großen Schachbretts. Jedes Modellelektron kann in einem von zwei Zuständen existieren: +1 (Spin-Up) oder −1 (Spin-Down). Zu jedem Zeitpunkt ist das Gitter mit einem Muster von ±1 bedeckt. In der Schachbrett-Analogie ist jedes Quadrat entweder schwarz (Spin-Up) oder weiß (Spin-Down). Jedes Muster aus schwarzen und weißen Quadraten kann zumindest im Prinzip auftreten, da Quantenzustände in gewissem Maße zufällig sind, aber einige Muster sind wahrscheinlicher als andere.

Doktoranden sind wirklich nützlich, um Berechnungen oder Experimente durchzuführen, die der Betreuer lieber meidet, also beauftragte Lenz Ising, das Modell zu lösen. Was das Wort «lösen» hier bedeutet, ist subtil. Es geht nicht um die Dynamik der Spins oder um individuelle Muster. Es bedeutet: Berechnen Sie die Wahrscheinlichkeitsverteilung aller möglichen Muster und wie diese Verteilung von der Temperatur und einem externen Magnetfeld abhängt. Eine Wahrscheinlichkeitsverteilung ist ein mathematisches Instrument – oft eine Formel –, die Ihnen in diesem Fall sagt, mit welcher Wahrscheinlichkeit ein gegebenes Muster vorkommt.

Der Betreuer hat gesprochen, und wenn man promoviert werden will, tut man, was er sagt. Oder zumindest gibt man sein Bestes, denn manchmal stellen die Betreuer den Schülern Aufgaben, die zu schwierig sind. Schließlich ist ja der Grund für die Aufforderung an den Studenten, das Problem zu lösen, dass der Betreuer *die Antwort nicht kennt* und oft bis auf ein vages Bauchgefühl keine Ahnung davon hat, wie schwer es sein wird, sie zu finden.

Also machte sich Ising an die Aufgabe, das Lenz'sche Modell zu lösen.

* * *

Es gibt einige Standardtricks, die Doktorandenbetreuer kennen und ihren Studierenden vorschlagen können. Wirklich kluge Studenten entdecken sie selbst und haben noch zusätzliche Ideen, die dem Betreuer nie eingefallen sind. Eine davon scheint kurios, ist aber grundsätzlich wahr: Will man mit einer sehr großen Zahl arbeiten, wird alles einfacher, wenn man es unendlich macht. Wenn Sie beispielsweise das Ising-Modell für ein großes, aber endliches Schachbrett verstehen möchten, das einen Klumpen ferromagnetischen Materials realistischer Größe darstellt, ist es mathematisch bequemer, mit einem unendlich großen Schachbrett zu arbeiten. Der Grund liegt darin, dass endliche Schachbretter Ränder haben und diese die Rechnungen erschweren, da sich die Quadrate am Rand von denen in der Mitte unterscheiden. Dadurch wird die Symmetrie der Elektronenanordnung zerstört, und Symmetrie erleichtert das Rechnen. Ein unendliches Schachbrett hat keine Ränder.

Das Schachbrettbild entspricht dem, was Mathematiker und Physiker ein zweidimensionales Gitter nennen. Das Wort «Gitter» bedeutet, dass die Grundeinheiten, die Felder des Schachbretts, sehr regelmäßig angeordnet sind – hier in Reihen und Spalten, alle perfekt auf ihre Nachbarn ausgerichtet. Mathematische Gitter können eine beliebige Anzahl von Dimensionen haben, während physikalische Gitter normalerweise die Dimension eins, zwei oder drei haben. Der relevanteste Fall für die Physik ist das dreidimensionale Gitter: eine unendliche Anordnung identischer Würfel, die wie identische Kisten in einem Lagerhaus ordentlich aufeinandergestapelt sind. In diesem Fall füllen die Elektronen einen Raumbereich, ganz so wie die Atome in einem Kristall mit kubischer Symmetrie, zum Beispiel einem Salz.

Mathematiker und mathematische Physiker fangen in der Regel lieber mit einem einfacheren, aber weniger realistischen Modell an: einem eindimensionalen Gitter, bei dem die Elektronenplätze in regelmäßigen Abständen auf einer Geraden angeordnet sind, wie die natürlichen Zahlen auf der Zahlengeraden. Das ist nicht sehr physikalisch, aber gut genug, um Ideen in der einfachsten relevanten Umgebung zu entwickeln. Mit der Dimension des Gitters nehmen dann auch die mathematischen Komplikationen zu. Zum Beispiel gibt es nur eine Art von Kristallgitter auf einer Geraden, aber schon 17 in der Ebene und volle 230 im dreidimensionalen Raum. Also stellte Lenz seinem Studenten das Problem herauszufinden, wie sich solche Modelle verhalten, und war vernünftig genug, ihm zu sagen, er solle sich auf das eindimensionale Gitter konzentrieren. Der Student kam so gut voran, dass heute alle derartigen Modelle Ising-Modelle heißen.

Obwohl es beim Ising-Modell um Magnetismus geht, gehören seine Anlage und die zugehörige Fragestellung zur Thermodynamik. Dieses Gebiet hat seinen Ursprung in der klassischen Physik und befasst sich mit Größen wie Temperatur und Druck in Gasen. Als Physiker um 1905 schließlich davon überzeugt waren, dass Atome existieren und sich zu Molekülen verbinden, erkannten sie, dass Variablen wie Temperatur und Druck statistische Mittelwerte sind. Es handelt sich um «makroskopische» Größen, die wir leicht messen können und die durch Ereignisse auf einer viel kleineren «mikroskopischen» Skala erzeugt werden. Im Mikroskop sind sie übrigens nicht wirklich sichtbar, obwohl es heute Mikroskope gibt, die einzelne Atome abbilden können. Diese funktionieren nur, wenn sich das Atom nicht bewegt. In einem Gas fliegen viele Moleküle herum, die gelegentlich kollidieren und aneinander abprallen. Diese Zusammenstöße machen ihre Bewegung zufällig.

Wärme ist eine Energieform, die durch die Bewegung der Moleküle entsteht: Je schneller sie sich bewegen, desto heißer wird das Gas, und die Temperatur steigt. Es gibt mathematische Beziehungen zwischen den Orten und Geschwindigkeiten der Moleküle und den thermodynamischen Mittelwerten. Diese Beziehungen sind Gegenstand eines Gebietes namens Statistische Mechanik, das versucht, makroskopische Variablen aus mikroskopischen zu berechnen, wobei ein spezieller Schwerpunkt auf Phasenübergängen liegt. Was ändert sich beispielsweise am Verhalten von Wassermolekülen, wenn Eis schmilzt? Und was hat die Temperatur des Materials damit zu tun?

* * *

Isings Problem war ähnlich, aber anstelle von H_2O-Molekülen und von Eis, das sich bei Erhitzung in Wasser verwandelt, analysierte er Elektronenspins und Magnete, die ihren Magnetismus verloren, wenn sie heißer wurden. Lenz hatte sein Modell, das wir heute Ising-Modell nennen, so einfach wie möglich angelegt. Wie in der Mathematik üblich, mag das Modell einfach sein, aber es zu lösen keineswegs.

Denken Sie daran, dass das «Lösen» des Ising-Modells bedeutet zu berechnen, wie sich die statistischen Merkmale der Anordnung winziger Magnete mit der Temperatur ändern. Dies läuft darauf hinaus, die Gesamtenergie des Systems zu ermitteln, und die hängt von der magnetischen Konfiguration ab – der Anzahl und Anordnung der Up- und Down-Spins, der schwarzen und weißen Felder des Schachbretts. Physikalische Systeme nehmen bevorzugt Zustände mit der kleinstmöglichen Energie ein. Deshalb fiel zum Beispiel Newtons legendärer Apfel: Seine potenzielle Gravitationsenergie wurde kleiner, als er in Richtung Boden fiel. Newtons Geniestreich bestand darin zu erkennen, dass die gleiche Argumentation auch für den Mond gilt, der ständig fällt, aber immer wieder den Boden verfehlt, weil er sich auch seitwärts bewegt. Mit den richtigen Berechnungen zeigte er, dass ein und dieselbe Gravitationskraft beide Bewegungen quantitativ erklärt.

Jedenfalls versuchen alle diese winzigen Magnete des Modells – die Elektronen mit ihren Spinrichtungen –, ihre Gesamtenergie so klein wie möglich zu halten. Aber wie sie das tun und welchen Zustand sie erreichen, hängt von der Temperatur des Materials ab. Auf mikroskopischer Ebene ist Wärme eine Form von Energie, die Moleküle und Elektronen dazu bringt, einander zufällig herumzustoßen. Je heißer das Material wird, desto mehr schubsen sie sich. In einem Magneten ändert sich das genaue Muster der Spins aufgrund des zufälligen Gedränges ständig, deshalb führt das «Lösen» des Modells zu einer statistischen Verteilung, nicht zu einem bestimmten Muster in der Ausrichtung der Spins. Die wahrscheinlichsten Konfigurationen sehen jedoch alle ziemlich ähnlich aus, sodass wir uns fragen können, wie ein typisches Muster bei einer bestimmten Temperatur aussieht.

Der entscheidende Teil des Ising-Modells ist eine mathematische Regel für die Wechselwirkung der Elektronen, woraus die Energie jeder Konfiguration hervorgeht. Das Modell geht vereinfachend davon aus, dass Elektronen nur mit ihren unmittelbaren Nachbarn wechselwirken. Bei einer ferromagnetischen Wechselwirkung ist dieser Energiebeitrag negativ, wenn die Nachbarelektronen den gleichen Spin haben, bei antiferromagnetischen Systemen ist er positiv, wenn die Nachbarelektronen den gleichen Spin haben. Es gibt noch einen weiteren Beitrag zur Energie, der durch die Wechselwirkung jedes Elektrons mit einem externen Magnetfeld entsteht. In vereinfachten Modellen sind alle Wechselwirkungsstärken zwischen benachbarten Elektronen gleich groß, und das äußere Magnetfeld wird null gesetzt.

Der Schlüssel zur Mathematik besteht darin zu verstehen, wie sich die Energie eines gegebenen Musters ändert, wenn die Farbe eines Quadrats (im Spielbrettbeispiel) von Schwarz zu Weiß oder umgekehrt geändert wird. Das heißt, ein einzelnes Elektron an einer beliebigen Stelle wechselt zwischen +1 (schwarz) und −1 (weiß). Einige dieser Flips erhöhen die Gesamtenergie, andere verringern sie. Flips, die die Gesamtenergie verringern, sind wahrscheinlicher; Flips, die sie erhöhen, sind jedoch aufgrund der zufälligen thermischen Bewegung nicht ganz ausgeschlossen. Intuitiv wäre zu erwarten, dass das Spinmuster zu einer Konfiguration mit der niedrigsten Energie konvergiert. In einem ferromagnetischen Material sollte dies dazu führen, dass alle Elektronen den gleichen Spin haben, aber in der Praxis würde es zu lange dauern, bis das passiert. Stattdessen treten bei gemäßigten Temperaturen deutliche Bereiche hervor, in denen die Spins fast perfekt ausgerichtet sind, wodurch ein wildes schwarz-weißes Muster entsteht. Bei höheren Temperaturen gewinnt die zufällige Schubserei die Oberhand über die Wechselwirkungen zwischen benachbarten Spins, und die Flecken werden so klein, dass es keine Beziehung zwischen dem Spin eines Elektrons und den Spins seiner Nachbarn mehr gibt. Das ergibt ein chaotisches Muster, das bis auf sehr feine schwarz-weiße Unterschiede im Detail grau aussieht. Bei niedrigen Temperaturen werden die geordneten Bereiche größer, was zu einem geordneteren Gesamtmuster führt. Solche Muster setzen sich aber nie vollständig durch, es kommt immer wieder zu zufälligen Änderungen. Die *statistischen* Merkmale der Konfiguration bleiben jedoch bei fester Temperatur dieselben.

Was Physiker am meisten interessiert, ist der Übergang von getrennten gleichfarbigen Bereichen, einem geordneten Zustand, in ein zufälliges chaotisches Grau. Dies ist ein Phasenübergang. Experimenten zum ferromagnetischen Phasenübergang, also von magnetisiert zu entmagnetisiert, zeigen «gescheckte» magnetische Muster unterhalb der Curie-Temperatur. Die Größe der Flecken (geordnete Bereiche) variiert untereinander, doch liegen sie alle um einen bestimmten typischen Durchmesser, eine bestimmte «Längenskala», die mit steigender Temperatur immer kleiner wird. Oberhalb der Curie-Temperatur gibt es überhaupt keine Flecken mehr: die beiden Spin-Werte sind vermischt. Was *an* der Curie-Temperatur passiert, finden Physiker aufregend. Jetzt gibt es Flecken in verschiedenen Größen, aber keine dominante Längenskala mehr. Die Bereiche bilden ein Fraktal, ein Muster mit ausgeprägter Struktur auf allen Skalen. Eine Nahaufnahme eines Musterausschnitts zeigt dieselben statistischen Merkmale wie das gesamte Muster, daher lässt sich aus dem Muster keine charakteristische Fleckengröße mehr ableiten. Es ist keine bestimmte Längenskala mehr ausgezeichnet. Die Geschwindigkeit, mit der sich das Muster während des Übergangs ändert, kann jedoch mit einem numerischen Maß, dem sogenannten kritischen Exponenten, angegeben werden. Experimente können den kritischen Exponenten sehr genau bestimmen und stellen daher einen empfindlichen Test für theoretische Modelle dar. Ein Hauptziel der Theoretiker ist die Entwicklung von Modellen, die den richtigen kritischen Exponenten liefern.

Computersimulationen können keine exakte «Lösung» für das Ising-Modell hervorbringen – sie können keine Formel für die statistischen Merkmale mit einem strengen mathematischen Beweis für ihre Richtigkeit liefern. Moderne Computeralgebra-Systeme könnten Forschern helfen, die Formel zu erraten, falls es eine gibt, aber dann fehlte immer noch ein Beweis. Traditionellere Computersimulationen können aber solide Beweise dafür oder dagegen liefern, dass Modell und Realität übereinstimmen. Der Heilige Gral für mathematische Physiker (und physikalisch interessierte Mathematiker, da das Hauptproblem rein mathematisch ist, wenn auch von der Physik motiviert) besteht darin, *exakte* Resultate für die statistischen Eigenschaften der Spinkonfigurationen im Ising-Modell zu erhalten, insbesondere wie sich diese Eigenschaften ändern, wenn die Temperatur durch den Curie-Punkt geht. Insbesondere suchen Forscher nach einem Beweis dafür, dass im Modell ein Phasenübergang auftritt, und ihr Ziel ist es, den kritischen Exponenten und die fraktalen Merkmale des wahrscheinlichsten Musters am Übergangspunkt zu charakterisieren.

* * *

Jetzt wird die Geschichte technischer, aber ich will versuchen, Ihnen die wichtigsten Ideen ohne übertriebene Detailversessenheit zu vermitteln. Lösen Sie sich von allen Zweifeln und lassen Sie sich vom Strom tragen.

Das wichtigste mathematische Werkzeug der Thermodynamik ist die «Zustandssumme». Diese erhält man, indem man einen bestimmten mathematischen Ausdruck, der vom Zustand des Systems und der Temperatur abhängt, über *alle* Zustände summiert. Um ganz präzise zu sein: Man erhält diesen mathematischen Ausdruck für jeden gegebenen Zustand, indem man die Energie dieses Zustands nimmt, ein Minuszeichen davorsetzt und durch die Temperatur dividiert. Dann nimmt man die Exponentialfunktion dieser Größe und addiert alle diese Ausdrücke für alle möglichen Zustände.[62] Die physikalische Idee dahinter ist, dass Zustände mit niedrigeren Energien mehr zu dieser Summe beitragen, sodass die Zustandssumme vom wahrscheinlichsten Zustand dominiert wird – sie dort also ein scharfes Maximum hat.

Alle üblichen thermodynamischen Variablen können durch geeignete Manipulationen aus der Zustandssumme abgeleitet werden, sodass der beste Weg, ein thermodynamisches Modell zu «lösen», darin besteht, die Zustandssumme zu berechnen. Ising fand seine Lösung, indem er eine Formel für die freie Energie[63] und eine für die Magnetisierung herleitete.[64] Die Formel sieht beeindruckend aus, muss aber für Ising eine große Enttäuschung gewesen sein, denn nach all den cleveren Berechnungen sagt sie uns, dass das Material in Abwesenheit eines äußeren Magnetfelds kein eigenes Magnetfeld besitzt. Schlimmer noch, gilt dies für jede beliebige Temperatur. Das Modell sagt also keinen Phasenübergang und keine spontane Magnetisierung des vermeintlich ferromagnetischen Materials voraus.

Man hatte sofort die Vermutung, das negative Ergebnis läge

an der Einfachheit des Modells. Tatsächlich fiel der Verdacht auf die Dimensionalität des Gitters. Grundsätzlich ist Dimension eins zu klein, um realistische Ergebnisse zu erhalten. Der nächste Schritt bestand natürlich darin, die Berechnungen für ein zweidimensionales Gitter erneut durchzuführen, aber das war wirklich schwierig. Isings Methoden erwiesen sich als unzureichend. Erst 1944, nach mehreren Durchbrüchen, die solche Berechnungen systematisierten und vereinfachten, löste Lars Onsager das zweidimensionale Ising-Problem. Dies war ein mathematischer Kraftakt mit einer komplizierten, aber klaren Antwort. Auch Onsager musste dazu auf ein äußeres Magnetfeld verzichten.

Die Formel zeigt, dass es nun einen Phasenübergang gibt, der zu einem von null verschiedenen inneren Magnetfeld unterhalb einer kritischen Temperatur von $2k_B^{-1}J/\log(1 + \sqrt{2})$ führt, wobei k_B die Boltzmann-Konstante aus der Thermodynamik und J die Stärke der Wechselwirkungen zwischen benachbarten Spins ist. Bei Temperaturen in der Nähe des kritischen Punktes wird die spezifische Wärme unendlich groß – ein Merkmal von Phasenübergängen –, sie verhält sich wie der Logarithmus der Differenz zwischen der tatsächlichen und der kritischen Temperatur.

* * *

Was hat das Herumspielen mit Elektronenspins und Magneten mit Schmelzteichen im arktischen Meereis zu tun? Schmelzendes Eis ist ein Phasenübergang, aber Eis ist kein Magnet, und beim Schmelzen geht es nicht darum, dass Spins umgedreht werden. Wie kann es zu einer nützlichen Verbindung kommen?

Wenn die Mathematik an der speziellen physikalischen Interpretation hinge, die sie hervorgebracht hat, würde die Antwort lauten: «Kann es nicht». Dem ist aber nicht so. Sicher nicht immer. Genau hier kommt das Geheimnis der verblüffenden Wirksamkeit der Mathematik ins Spiel und warum Leute, die argumentieren, die Inspiration durch die Natur würde die *Wirksamkeit* erklären, den irrationalen Bestandteil vergessen.

Oftmals ist der erste Hinweis auf eine solche Übertragbarkeit von einem Anwendungsbereich zu einem scheinbar nicht verwandten eine unerwartete Familienähnlichkeit in einer Formel, einer Kurve, einer Zahl oder einem Bild. Im Allgemeinen entpuppt sich diese Ähnlichkeit nur als visuelles Wortspiel, als Zufall, als Koinzidenz – mit viel Tamtam, aber nichts dahinter. Schließlich gibt es nur eine begrenzte Anzahl von Kurven oder Formen, die man durchgehen muss.

Ganz selten aber ist es wirklich ein Hinweis auf einen echten, tief liegenden Zusammenhang.

Und so begann auch die Forschung, zu der ich in diesem Kapitel endlich komme. Vor etwa zehn Jahren sah sich ein Mathematiker namens Kenneth Golden Fotos von Meereis in der Arktis an und bemerkte, dass sie eine unheimliche Ähnlichkeit mit Bildern von Elektronenspin-Clustern in der Nähe des Phasenübergangs am Curie-Punkt aufwiesen. Er fragte sich, ob das Ising-Modell umgemodelt werden könnte, um Aufschluss über die Entstehung und Ausbreitung von Schmelzteichen zu geben. Dem entsprechenden Modell für Eis liegt ein viel größerer Maßstab zugrunde, wobei das «Up» oder «Down» eines winzigen Elektronenspins durch die Zustände «gefroren» oder «geschmolzen» einer etwa einen Quadratmeter großen Region der Meereisoberfläche ersetzt wird.

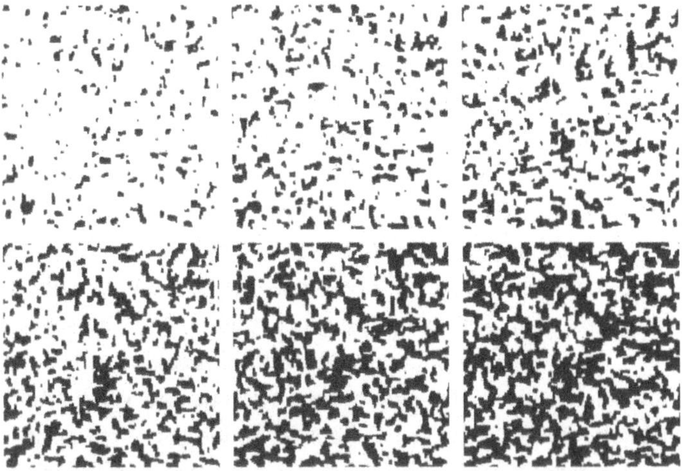

Abb. 43 Simulation der Schmelzteichentwicklung auf Basis des Ising-Modells.

Es dauerte eine Weile, bis dieser Gedanke sich in ernsthafte Mathematik verwandelte, aber dann führte es Golden zusammen mit dem Atmosphärenforscher Court Strong zu einem neuen Modell für die Auswirkungen des Klimawandels auf das Meereis. Er zeigte einem Kollegen, der sich auf die Analyse von Bildern von Schmelzteichen spezialisiert hatte, einige Ising-Modell-Simulationen, und der Kollege hielt es für Bilder von echten Teichen. Eine genauere Analyse statistischer Merkmale – wie der Beziehung zwischen Fläche und Umfang der Teiche, ein Maß für die Unregelmäßigkeit ihrer Ränder – zeigte, dass die Zahlen zwischen Modell und Wirklichkeit sehr gut übereinstimmen.

Die Geometrie von Schmelzteichen ist für die Klimaforschung von entscheidender Bedeutung, da sie wichtige Prozesse auf dem Meereis und den oberen Schichten des Ozeans beeinflusst. Dazu gehört, wie sich die Albedo des Eises – ein Maß für die Reflexion von Licht und Strahlungswärme – beim Schmelzen ändert, wie sich die Eisschollen auflösen und wie sich ihre Größe ändert. Dies wiederum beeinflusst das Hell-Dunkel-Muster unter dem Eis und damit die Fotosynthese von Algen und die Ökologie von Mikroorganismen.

Jedes akzeptable Modell muss mit zwei Hauptbeobachtungen übereinstimmen. 1998 maß die SHEBA-Expedition die Größe von Schmelzteichen fotografisch von Hubschraubern aus. Die beobachtete Wahrscheinlichkeitsverteilung der Teichgrößen folgt einem Potenzgesetz: Die Wahrscheinlichkeit, einen Teich der Fläche A zu finden, ist ungefähr proportional zu A^k, wobei die Konstante *k* für Teiche mit Flächen zwischen 10 und 100 Quadratmetern etwa −1,5 beträgt. Diese Art der Verteilung ist oft ein Hinweis auf fraktale Geometrie. Zusammen mit Beobachtungen der Healy-Oden Trans-Arctic-Expedition HOTRAX im Jahr 2005 zeigen diese Daten einen Phasenübergang in der fraktalen Geometrie von Schmelzteichen, während sie wachsen und verschmelzen und sich dabei von einfachen Formen zu selbstähnlichen Regionen entwickeln, deren Grenzen raumfüllenden Kurven ähneln. Die fraktale Dimension der Randkurven – das Verhältnis zwischen Fläche und Umfang – ändert sich bei einer kritischen Teichfläche von etwa 100 Quadratmetern von 1 auf etwa 2. Dies beeinflusst, wie sich Breite und Tiefe der Teiche ändern, was wiederum die Größe der Wasser-Eis-Grenzfläche beeinflusst, über die sich die Teiche ausdehnen, und unter dem Strich, wie schnell sie schmelzen.

Der beobachtete Wert des Exponenten *k* beträgt −1,58 ± 0,03, in guter Übereinstimmung mit dem SHEBA-Wert von −1,5. Die von HOTRAX beobachtete Änderung der fraktalen

Dimension kann theoretisch mit einem Perkolationsmodell berechnet werden, und die größere Dimension von ungefähr 2 ergibt sich für dieses Modell zu 91/48 = 1,896. Die numerische Simulation des Ising-Modells führt zu einer fraktalen Dimension, die ganz nah an diesem Wert liegt.[65]

Interessant an diesem Ansatz ist, dass das Modell mit sehr kleinen Längenskalen von wenigen Metern arbeitet. Die meisten Klimamodelle haben eine Längenskala von mehreren Kilometern. Diese Art der Modellierung ist also eine radikale Neuerung. Sie steckt noch in den Kinderschuhen, und das Modell muss weiterentwickelt werden, um noch mehr Physik des Schmelzeises, der Absorption und Abstrahlung von Sonnenlicht und sogar Wind einzubeziehen. Aber es eröffnet bereits neue Möglichkeiten, Beobachtungen mit mathematischen Modellen zu vergleichen, und erklärt ansatzweise, warum Schmelzteiche so komplizierte fraktale Formen bilden. Es ist auch das erste mathematische Modell der grundlegenden Physik von Schmelzteichen.

Der zu Anfang dieses Kapitels zitierte *Guardian*-Bericht zeichnete ein düsteres Bild. Die jüngste Beschleunigung des Eisverlusts in der Arktis, die aus Beobachtungen und nicht aus mathematischen Modellen abgeleitet wird, impliziert, dass der Anstieg des Meeresspiegels bis 2100 an die 70 cm betragen wird. Das sind sieben Zentimeter mehr, als der Weltklimarat (IPCC) zuvor prognostiziert hat. Etwa 400 Millionen Menschen werden jedes Jahr von Überschwemmungen bedroht sein; 10 Prozent mehr als die 360 Millionen, die der IPCC zuvor vorhergesagt hatte. Der Anstieg des Meeresspiegels verschlimmert auch Sturmfluten und verursacht weitere Schäden in den Küstenregionen. In den 1990er-Jahren verlor Grönland jedes Jahr 33 Milliarden Tonnen Eis. In den letzten zehn

Jahren sind es 254 Milliarden Tonnen pro Jahr. Seit 1992 sind insgesamt 3,8 Billionen Tonnen Eis verloren gegangen. Etwa die Hälfte dieses Verlusts wird dadurch verursacht, dass sich Gletscher schneller bewegen und zerbrechen, wenn sie den Ozean erreichen. Die andere Hälfte wird durch Schmelzen verursacht, das hauptsächlich von der Oberfläche ausgeht. Daher ist die Physik von Schmelzteichen inzwischen für uns alle von entscheidender Bedeutung.

Wenn die Analogie mit dem Ising-Modell weiter verfeinert werden kann, dann können all die leistungsfähigen Ideen des Ising-Modells, die durch mühevolle Anstrengung von Generationen mathematischer Physiker gewonnen wurden, bei Schmelzteichen zum Tragen kommen. Insbesondere die Verbindung zur fraktalen Geometrie eröffnet neue Einblicke in die komplexe Geometrie von Schmelzteichen. Vor allem die Geschichte von Ising und der Enteisung der Arktis ist ein wunderbares Beispiel für die verblüffende Wirksamkeit der Mathematik. Wer hätte vor einem Jahrhundert vorhersagen können, dass Lenz' Modell des ferromagnetischen Phasenübergangs etwas mit dem Klimawandel und dem fortschreitenden Verschwinden der Polkappen zu tun haben könnte?

KAPITEL 13

Rufen Sie einen Topologen

Topologische Eigenschaften sind robust. Die Anzahl der Komponenten oder Löcher sollte sich bei einem kleinen Messfehler nicht ändern. Dies ist für Anwendungen von entscheidender Bedeutung.

Robert Ghrist, Elementary Applied Topology

Topologie, eine Art flexible Geometrie, war ursprünglich ein sehr abstraktes Feld in der reinen Mathematik. Die meisten, die je davon gehört haben, denken das immer noch, aber allmählich ändert sich dieses Vorurteil. Dass so etwas wie «angewandte Topologie» existieren könnte, erscheint höchst unwahrscheinlich. Es wäre, als würde man einem Schwein das Singen beibringen: Bemerkenswert wäre nicht, dass das Tier gut singt, sondern dass es überhaupt singt. Für Schweine trifft das zu, bei der Topologie ist diese Einschätzung jedoch falsch. Im 21. Jahrhundert ist die angewandte Topologie auf dem Vormarsch und löst wichtige Probleme der realen Welt. Sie hat schon seit geraumer Zeit unbemerkt diesen Weg eingeschlagen und hat nun einen Punkt erreicht, an dem sie mit Sicherheit als neuer Zweig der angewandten Mathematik gelten kann. Und es geht dabei nicht nur um ein paar Anwendungen zufälliger Topologie-Happen: Die Anwendungen sind weit verbreitet, und die beteiligten topologischen Werkzeuge decken große Teile des Themas ab, auch die anspruchsvollsten und abstraktesten. Zöpfe. Vietoris-Rips-Komplexe. Vektorfelder. Homologie. Kohomologie. Homotopie. Morse-Theorie. Lifschitz-Index. Faserbündel. Garben. Kategorien. Colimits.

Dafür gibt es einen Grund: *Vereinheitlichung*. Die Topologie selbst hat sich in etwas mehr als einem Jahrhundert von einer Reihe kleiner Kuriositäten zu einem vollständig integrierten Forschungs- und Wissensbereich entwickelt. Sie ist heute einer der Hauptpfeiler, auf dem die gesamte Mathematik ruht. Und der reinen Mathematik folgt dann meist die angewandte Mathematik nach. Letztlich. (Es passiert auch umgekehrt.)

Die Topologie untersucht, wie sich Formen unter kontinuierlichen Transformationen verändern, und insbesondere, welche Merkmale bestehen bleiben. Bekannte Beispiele für topologische Strukturen sind das Möbiusband, eine Fläche mit nur einer Seite, und Knoten. Ungefähr achtzig Jahre lang studierten Mathematiker die Topologie aufgrund ihres intrinsischen Interesses, ohne dabei an Anwendungen zu denken. Das Thema wurde zunehmend abstrakt, und esoterische algebraische Strukturen, bekannt als Homologie und Kohomologie, wurden erdacht, um etwa Löcher in einer topologischen Form zu zählen. All das erschien sehr undurchsichtig, ohne praktischen Nutzen.

Unbeirrt arbeiteten Mathematiker wegen der zentralen Rolle der Topologie im fortschrittlichen mathematischen Denken weiter daran. Als Computer immer leistungsfähiger wurden, suchten Mathematiker nach Wegen, topologische Konzepte elektronisch zu implementieren, um sehr komplexe Formen zu untersuchen. Aber sie mussten ihren Ansatz ändern, um Computern die Berechnungen zu ermöglichen. Das Ergebnis, «persistente Homologie», ist ein digitales Verfahren zum Aufspüren von Löchern.

Auf den ersten Blick scheint das Aufspüren von Löchern mit der realen Welt wenig zu tun zu haben. Die Topologie erweist sich jedoch als ideal, um einige Netzwerkprobleme bei Sicherheitssensoren zu lösen. Stellen Sie sich eine hochsensible Regierungseinrichtung vor, die von Wald umgeben ist und die Aufmerksamkeit von Terroristen oder Dieben auf sich zieht. Um zu erkennen, dass sie sich nähern, platzieren Sie Bewegungssensoren im Wald. Was ist die effizienteste Lösung, und wie können Sie sicher sein, dass es keine Lücken in der Abdeckung des Gebiets gibt, wo die Bösen unbemerkt durchschlüpfen können?

Lücken, Löcher? Natürlich! Rufen Sie einen Topologen.

* * *

Wenn Sie zum ersten Mal mit Topologie in Kontakt kommen, werden Ihnen normalerweise einige grundlegende Formen erklärt. Sie scheinen sehr einfache, etwas merkwürdige Spielereien zu sein. Manche sind skurril, andere geradezu absurd. Aber die Skurrilität hat einen wichtigen Kern. Wie der große Mathematiker Hilbert einmal sagte: «Die Kunst der Mathematik besteht darin, diesen einen speziellen Fall zu finden, der alle Elemente der Verallgemeinerung enthält.» Mit der Wahl des richtigen Spielzeugs tun sich ganz neue Themen auf.

Die ersten beiden Spielzeuge in der Abbildung 44 können hergestellt werden, indem man einen Papierstreifen an seinen Enden zusammenfügt. Der offensichtliche Weg, dies zu tun, ergibt ein zylindrisches Band. Eine weniger offensichtliche Möglichkeit besteht darin, ein Ende um 180 Grad zu drehen, bevor man es verbindet. So ergibt sich ein Möbius-

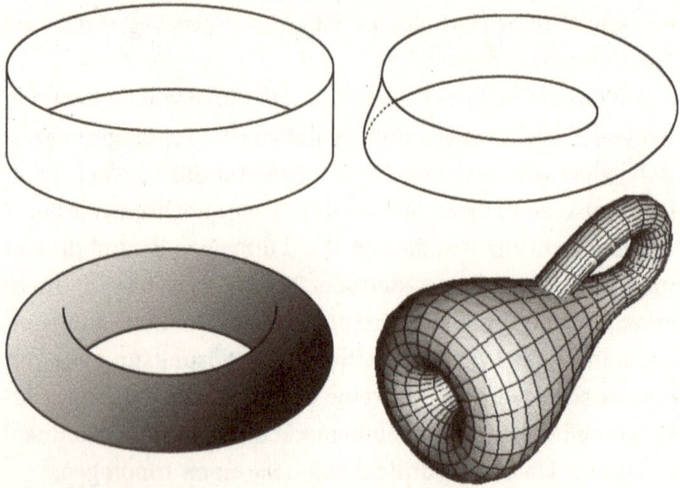

Abb. 44 Oben links: Zylinder. **Oben rechts:** Möbiusband. **Unten links:** Torus. **Unten rechts:** Kleinsche Flasche.

band, benannt nach August Möbius, der 1858 darauf stieß. Eigentlich war es schon vorher dem Gauß-Schüler Johann Listing aufgefallen. Es war Listing, der 1847 zum ersten Mal den Namen «Topologie» veröffentlichte, aber Gauß hatte ihn überhaupt erst auf dieses aufkeimende Thema gebracht.

Ein Zylinder hat zwei separate Kanten, jede formt einen Kreis, und er hat zwei unterschiedliche Flächen. Sie können die Innenfläche rot und die Außenfläche blau anmalen, und die beiden Farben werden nie aufeinandertreffen. In der Topologie zählen Eigenschaften von Formen, die erhalten bleiben, wenn Sie die Form kontinuierlich verändern. Sie können einzelne Teile dehnen, komprimieren, Dinge herumdrehen, aber nicht schneiden oder reißen, es sei denn, Sie fügen später alles wieder zusammen. Die gleichmäßige Breite des zylindrischen

Bandes im Bild ist keine topologische Eigenschaft: Sie können die Breite durch eine kontinuierliche Verformung ändern. Die Kreisförmigkeit der Kanten ist aus ähnlichen Gründen kein topologisches Merkmal. Aber eine Kante zu sein, zwei unterschiedliche Kanten zu haben und zwei unterschiedliche Seiten zu haben – das alles sind topologische Eigenschaften.

Gebilde, die verformt als gleich gelten, haben einen besonderen Namen: Sie heißen topologische Räume. Die eigentliche Definition ist sehr abstrakt und technisch, daher werde ich weniger formale Bilder verwenden. Alles, was ich sage, kann präzisiert und anständig bewiesen werden.

Man kann diese topologischen Eigenschaften verwenden, um zu beweisen, dass ein Zylinder nicht in ein Möbiusband umgewandelt werden kann. Obwohl beide durch Zusammenkleben der Enden eines Papierstreifens entstehen, handelt es sich um unterschiedliche topologische Räume. Der Grund ist, dass das Möbiusband nur eine Kante und nur eine Seite hat. Fährt man mit dem Finger an der Kante entlang, geht er zweimal herum, bevor er wieder an den Ausgangspunkt kommt, und wechselt wegen der 180°-Drehung von oben nach unten. Wenn Sie die Oberfläche rot anmalen, bemalen Sie irgendwann die Rückseite des Teils, das Sie bereits bemalt haben, wiederum wegen der 180°-Drehung. Das Möbiusband hat also andere topologische Eigenschaften als ein Zylinder.

Die Form unten links erinnert an einen Donut. Mathematiker nennen diese Form einen Torus, womit sie sich nur auf die Oberfläche beziehen, nicht auf den inneren Teil, in dem sich der Teig befinden würde. Darin gleicht er eher einem aufblasbaren Rettungsring. Er hat ein Loch. Sie können den Finger hindurchstecken oder bei einem Rettungsring den ganzen Körper. Aber das Loch befindet sich nicht in der Oberfläche selbst.

Wäre dies der Fall, würde sich der aufblasbare Rettungsring entleeren, und man würde damit versinken. Das Loch schafft es, an einer Stelle zu sein, an der die Oberfläche nicht ist. Fair genug: Ein Straßenarbeiter, der in einer Grube sitzt, befindet sich auch an einer Stelle, an der keine Oberfläche ist. Aber sein Loch hat Kanten, während der Torus es schafft, ein Loch zu haben, obwohl er keine Kanten hat. Wie der Zylinder hat er zwei Seiten: die auf dem Bild zu sehende und die «innere».

Die Form unten rechts in der Abbildung ist weniger bekannt. Sie heißt nach dem großen deutschen Mathematiker Felix Klein Kleinsche Flasche, weil sie zudem wie eine Flasche aussieht. Die Abbildung ist in einem Punkt irreführend: Die Oberfläche scheint sich selbst zu durchdringen. Die mathematische Kleinsche Flasche tut das nicht. Die Selbstüberschneidung entsteht, weil wir Bilder natürlich so zeichnen, als säße das Objekt im dreidimensionalen Raum. Um eine Kleinsche Flasche zu erhalten, die sich nicht selbst durchdringt, müssen Sie entweder in vier Dimensionen vordringen oder besser noch der topologischen Standardpraxis folgen, indem Sie die Notwendigkeit eines umgebenden Raums vollständig verwerfen. Dann können Sie eine Kleinsche Flasche als einen Zylinder betrachten, dessen zwei kreisförmige Enden zusammengefügt wurden, wobei jedoch ein Ende vor der Verbindung umgedreht wurde, bevor die Verbindung umgestülpt wurde. Um dies in drei Dimensionen zu tun, müssen Sie dieses Ende nach innen stecken und dann wieder öffnen, aber Sie können es auch konzeptionell tun, indem Sie einfach die Regel hinzufügen, dass Sie, wenn Sie von einem Ende fallen, auf dem anderen landen und die Richtung um den Kreis umkehren. Die Kleinsche Flasche hat wie ein Torus keine Kanten, aber sie gleicht einem Möbiusband, da sie nur eine Seite hat.

Es ist uns nun gelungen, diese vier topologischen Räume voneinander zu unterscheiden. Entweder haben sie eine unterschiedliche Anzahl Kanten oder eine unterschiedliche Anzahl Seiten bzw. Oberflächen. Oder verschiedene Arten von Löchern, wenn wir nur sagen könnten, was wir unter einem Loch verstehen. Diese Beobachtung eröffnet eine der grundlegenden Fragen der Topologie. Wie kann man zwei topologische Räume voneinander unterscheiden? Man kann nicht nur von der Gestalt ausgehen, denn diese kann verformt werden. Für einen Topologen, so sagt man, ist ein Donut gleichbedeutend mit einer Kaffeetasse. Sie müssen sich auf *topologische* Eigenschaften berufen, um die Räume zu unterscheiden.

Das kann schwierig sein.

* * *

Die Kleinsche Flasche sieht aus wie das archetypische Spielzeug des Mathematikers. Es ist schwer vorstellbar, wie sie jemals für die reale Welt relevant sein könnte. Wie Hilbert betonte, sind mathematische Spielzeuge natürlich nicht für sich selbst nützlich, sondern für die Theorien, die sie anregen, sodass die Kleinsche Flasche ihre Existenz nicht direkt rechtfertigen muss. Zufällig zeigt sich diese bizarre Oberfläche jedoch tatsächlich in der Natur. Sie kommt im visuellen System von Primaten vor – Tieraffen, Menschenaffen und natürlich uns.

Vor mehr als einem Jahrhundert entdeckte der Neurologe John Hughlings Jackson, dass die menschliche Großhirnrinde so etwas wie eine topografische Karte der motorischen Muskulatur enthält. Der Cortex ist die gewundene Oberfläche des Gehirns, daher tragen wir alle eine Karte unserer Muskulatur in unserem Kopf. Dies ist sinnvoll, denn das Gehirn steuert

Kontraktion und Entspannung der Muskeln, wodurch wir uns bewegen. Ein beträchtlicher Teil des Cortex, die Sehrinde, ist dem Sehen gewidmet, und wir wissen jetzt, dass dieser visuelle Teil ähnliche Karten enthält, die den visuellen Prozess steuern.

Sehen besteht nicht nur aus Augen, die wie eine Kamera Fotos ans Gehirn sendet. Sehen ist viel komplexer, weil das Gehirn das Bild sowohl empfangen als auch erkennen muss. Wie eine Kamera hat das Auge eine Linse, um das eingehende Bild zu fokussieren, und die Netzhaut verhält sich ein bisschen wie ein Sensor. Tatsächlich hat der Prozess sehr viel Ähnlichkeit mit der Art und Weise, wie Digitalkameras Bilder aufnehmen. Licht trifft auf viele Rezeptoren in der Netzhaut, die Stäbchen und Zapfen genannt werden, und Nervenbahnen übertragen die resultierenden Signale längs des Sehnervs – einem Bündel zahlreicher Nervenfasern – an den Cortex. Diese Signale werden schon auf dem Weg verarbeitet, aber der Cortex übernimmt den Großteil der Analyse.

Die Sehrinde kann man sich als eine Reihe von übereinander gestapelten Schichten vorstellen. Jede Schicht hat eine bestimmte Aufgabe. Die oberste Schicht, V1, erkennt Abgrenzungen zwischen verschiedenen Teilen des Bildes. Dies ist der erste Schritt zur Zerlegung des Signals in seine Bestandteile. Diese Informationen werden in tiefer gelegene Teile des Cortex übertragen, bei jedem Schritt auf die nächste Art von Strukturinformation analysiert und dann zur Übertragung an die nächste Schicht umgeformt. Natürlich ist diese Beschreibung eine Vereinfachung, und viele Signale laufen auch in umgekehrter Richtung. Das gesamte System erzeugt in unseren Köpfen eine mehrfarbige dreidimensionale Darstellung der Außenwelt, die so lebendig und detailliert ist, dass wir standardmäßig davon ausgehen, es handele sich tatsächlich um die Außenwelt. Was nicht ganz stimmt, wie verschiedene visuelle Täuschungen und Mehrdeutigkeiten zeigen. Auf jeden Fall zerlegt der Cortex das Bild schließlich in Teile, die wir als Katze oder Tante Vera oder was auch immer erkennen können. Und dann kann das Gehirn zusätzliche Informationen abrufen, wie den Namen der Katze oder Veras jüngsten Lottogewinn.

Die V1-Schicht erkennt Grenzen anhand von Nervenzellen, die auf Kanten reagieren, die in bestimmte Richtungen zeigen. Die folgende Abbildung zeigt einen Teil von V1 aus der Sehrinde eines Nachtaffen, die mit optischer Bildgebung gewonnen wurde. Verschiedene Graustufen (Farben im Originalpapier, also nenne ich sie so) entsprechen Neuronen, die feuern, wenn sie Daten empfangen, die eine Kante mit dieser Ausrichtung anzeigen. Die Farben gehen kontinuierlich von einem Farbton zum nächsten über, außer an bestimmten isolierten Stellen, an denen alle Farben in einer Art Windrad-Konfiguration zusammenkommen. Diese Punkte sind Singularitäten des Orientierungsfeldes.

Diese Anordnung wird durch topologische Eigenschaften des Orientierungsfeldes eingeschränkt. Es gibt nur zwei Möglichkeiten, die Farbreihen um eine Singularität so anzuordnen, dass sie sich stetig ändern: Entweder folgen die Farben der Reihenfolge im Uhrzeigersinn, oder sie tun dies im Gegenuhrzeigersinn. Das Bild zeigt Beispiele für beides. Das Vorhandensein von Singularitäten ist unvermeidlich, da der Cortex viele Windräder braucht, um eine vollständige Linie zu erkennen.

Nun fragen wir, wie das Gehirn diese Orientierungsinformationen mit den Informationen über die Bewegung einer Kante kombiniert. Richtungen sind durch einen Pfeil ausge-

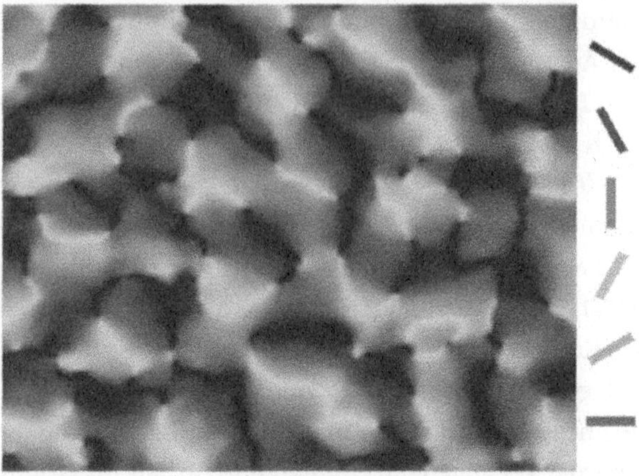

Abb. 45 Farben (hier Graustufen) zeigen die Orientierung an, die die höchste Aktivität in jeder Region des Cortex erzeugt. Die wahrgenommene Orientierung ändert sich stetig, außer an Singularitäten, wo sich alle Farben treffen.

zeichnet – ein Pfeil nach Norden zeigt entgegengesetzt zu dem nach Süden, obwohl beide auf der gleichen Geraden liegen –, und nach einer 180°-Drehung kehrt sich der Pfeil um. Man muss volle 360° durchlaufen, bevor eine Richtung wieder an ihren Ausgangspunkt zurückkehrt. Kanten haben keinen Pfeil und kehren nach 180° in die gleiche Position zurück. Irgendwie muss der Cortex dafür sorgen, dass beides zugleich funktioniert. Wenn Sie eine Schleife um eine Singularität ziehen, ändern sich die Orientierungen kontinuierlich längs der Schleife, aber das Richtungsfeld muss von einer gegebenen Richtung in die entgegengesetzte umspringen – sagen wir von Nord-Süd-Richtung in Süd-Nord-Richtung – und das mindestens einmal oder allgemeiner eine ungerade Anzahl oft. Diese Aussagen sind topologischer Natur und führten Shigeru

Tanaka zu dem Schluss, dass die rezeptiven Felder über die Topologie einer Kleinschen Flasche miteinander verbunden sind.[66] Diese Vorhersage ist inzwischen bei ganz unterschiedlichen Tieren experimentell nachgewiesen worden, darunter Nachtaffen, Katzen und Frettchen, was darauf schließen lässt, dass die Organisation des visuellen Cortex bei vielen verschiedenen Säugetierarten ähnlich sein könnte. Aus ethischen Gründen wurden keine Experimente am Menschen durchgeführt, aber wir sind ja Säugetiere, genauer gesagt Primaten. Es ist also plausibel, dass wir wie Nachtaffen Kleinsche Flaschen im Kopf haben, die uns bei der Bewegungswahrnehmung helfen.

Diese Ideen sind nicht nur für Biologen von Interesse. Im rasant wachsenden Bereich der Bionik nutzen Ingenieure Vorbilder aus der Natur, um Technologien zu verbessern, die zu neuen Materialien und neuen Maschinen führen. So spielte die kuriose Struktur des Hummerauges eine entscheidende Rolle bei der Erfindung des Röntgenteleskops.[67] Um einen Röntgenstrahl zu fokussieren, muss man seine Richtung ändern, aber die Strahlung ist so energiereich, dass ein geeigneter Spiegel den Strahl nur um einen sehr kleinen Winkel ablenken kann. Die Hummer-Evolution hat vor Millionen Jahren ein ähnliches Problem für sichtbares Licht gelöst, und die gleiche Geometrie funktioniert auch bei Röntgenstrahlen. Ein neues Verständnis der V1-Schicht des Cortex bei Säugetieren kann auf die Bilderkennungstechnologie übertragen werden; denkbar sind Anwendungen auf Dinge wie autonomes Fahren und die automatische Auswertung von Satellitenbildern für militärische oder zivile Zwecke.

* * *

Die zentrale Frage in der Topologie lautet: «Welche Form hat das?» Das heißt: «Welchen topologischen Raum betrachte ich hier?» Es mag nach einer banalen Frage klingen, aber die Mathematik hält topologische Räume auf unzählige Arten bereit – als Bilder, als Formeln, als Lösungen von Gleichungen –, daher ist es nicht immer leicht zu erkennen, womit man es zu tun hat. Siehe die Kleinsche Flasche in der V1-Schicht bei Nachtaffen. Wir sind dieses Problem schon angegangen, als wir bemerkten, dass topologische Eigenschaften die vier Räume in meinem ersten Bild unterscheiden: Zylinder, Möbiusband, Torus, Kleinsche Flasche. Gegen Ende des 19. Jahrhunderts und im frühen 20. Jahrhundert haben Mathematiker systematische Ansätze entwickelt, um dieses Problem anzugehen. Der Kerngedanke besteht darin, topologische Invarianten zu definieren: berechenbare Eigenschaften, die für topologisch äquivalente Räume gleich sind, sich aber zumindest für einige nicht äquivalente Räume unterscheiden. In der Regel sind solche Eigenschaften nicht empfindlich genug, um alle unterschiedlichen Räume zu unterscheiden, aber selbst eine teilweise Klassifizierung kann nützlich sein. Zwei Räume mit verschiedenen Invarianten haben definitiv unterschiedliche Topologien. Betrachtet man die vier gerade erwähnten Formen, dann sind Invarianten Dinge wie die Anzahl der Kanten oder Seitenflächen.

Im Laufe der Jahrzehnte haben sich einige Invarianten als nützlicher herausgestellt als andere, und es wurden einige grundlegend wichtige konstruiert. Diejenige, die ich jetzt diskutieren möchte, auch weil sie in letzter Zeit einige ernsthafte Anwendungen gefunden hat, heißt *Homologie*. Im Wesentlichen zählt sie, wie viele Löcher einer gegebenen Dimension ein Raum hat. Tatsächlich geht sie jedoch über bloßes Zählen hinaus: Sie kombiniert Löcher und Nicht-Löcher in einem einzigen algebraischen Objekt, einer sogenannten Homologiegruppe.

Ein sehr grundlegender topologischer Raum, den ich noch nicht erwähnt habe, ist die Kugeloberfläche oder Sphäre. Eine Kugeloberfläche hat keine Kanten wie der Torus und die Kleinsche Flasche. Wir können zeigen, dass sie sich topologisch von diesen beiden unterscheidet, indem wir die Löcher oder deren Abwesenheit betrachten.

Beginnen wir mit dem Torus. Augenfällig ist das kolossal große Loch in der Mitte. Kugeloberflächen sehen nicht im Entferntesten so aus. Aber wie definiert man ein Loch mathematisch, unabhängig von einem umgebenden Raum? Die Antwort findet man in geschlossenen Kurven auf der Oberfläche. Jede geschlossene Kurve auf einer Kugel umrandet ein Gebiet, das topologisch gesehen eine Scheibe ist – das Innere eines Kreises.[68] Das zu beweisen, ist ziemlich schwierig, aber es ist machbar, also nehmen wir es als gegeben an. Auf einem Torus bilden einige geschlossene Kurven auch Scheiben – andere jedoch nicht. Tatsächlich kann jede geschlossene Kurve, die durch das Loch «durch» geht, keine Scheibe umranden. Das zu beweisen, ist auch ziemlich knifflig, aber lassen Sie uns wieder mit dem Strom schwimmen und annehmen, dass es in Ordnung ist. Wir haben jetzt gezeigt, dass sich eine Kugel topologisch von einem Torus unterscheidet, weil «geschlossene Kurve» und «eine (topologische) Scheibe umranden» topologische Eigenschaften sind.

Sie können dieses Spiel in höheren Dimensionen fortsetzen. Zum Beispiel können Sie in drei Dimensionen «geschlossene Kurve» durch «(topologisch) sphärische Fläche» und «eine Scheibe umranden» durch «eine Kugeloberfläche umranden›

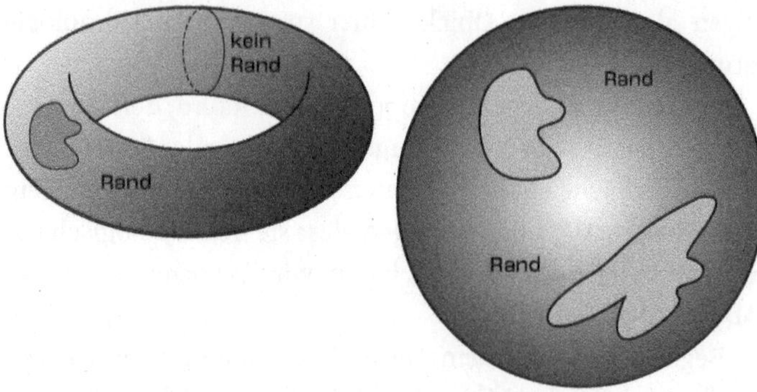

Abb. 46 Links: Manche geschlossenen Kurven auf einem Torus umranden ein Gebiet, andere nicht. **Rechts:** Auf einer Kugeloberfläche sind alle geschlossenen Kurven Ränder eines Gebiets.

ersetzen. Wenn Sie eine Kugeloberfläche finden, die keine Kugel umschließt, hat der Raum eine Art dreidimensionales Loch. Um noch weiter zu gehen und auch Löcher weiter zu unterscheiden, entdeckten die frühen Topologen, dass man geschlossene Kurven oder Kugeloberflächen addieren und subtrahieren kann. Ich werde nur erläutern, wie es mit Kurven auf Flächen geht; in höheren Dimensionen funktioniert es ähnlich, aber es wird unübersichtlich.

Grundsätzlich addiert man zwei geschlossene Kurven, indem man beide auf derselben Fläche zeichnet. Um eine ganze Kurvenmenge zu addieren, zeichnet man sie alle. Es gibt einige technische Feinheiten: Oft ist es nützlich, die Kurve mit einem Pfeil zu versehen, um ihre Umlaufrichtung festzulegen, und man kann dieselbe Kurve viele Male oder sogar eine negative Anzahl von Malen zeichnen. Dies ist fast dasselbe, als würde man die umgekehrte Kurve (die mit der entgegengesetzten Umlaufrichtung) positiv oft zeichnen.

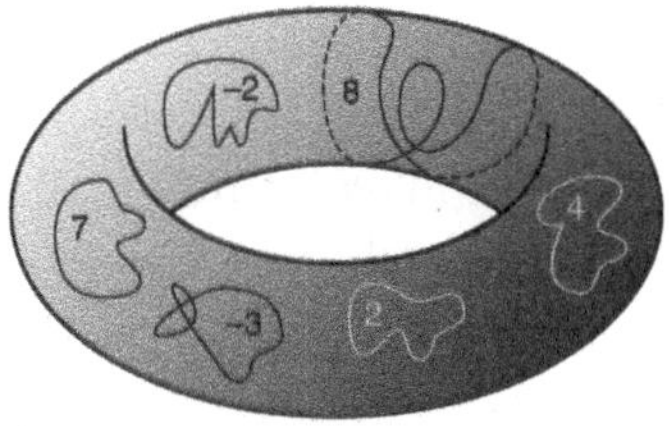

Abb. 47 Ein Zyklus auf einem Torus.

Eine Menge von Kurven, die mit Zahlen beschriftet sind, die angeben, wie oft sie gezeichnet werden müssen, wird als Zyklus bezeichnet. Es gibt unendlich viele mögliche Zyklen auf einer Fläche, aber topologisch gesehen sind viele einander gleich. Nun ist minus einem Zyklus der gleiche Zyklus, wobei nur alle Pfeile umgekehrt sind. Dies ist so nicht wahr, denn «gleich» bedeutet «identisch», und das sind sie nicht. Aber wir können sie gleich machen, indem wir eine topologische Version des Tricks nutzen, den Zahlentheoretiker in der modularen Arithmetik anwenden. Obwohl 0 und 5 verschieden sind, können wir so tun, als wären sie für gewisse Zwecke gleich und erhalten den Ring $\mathbb{Z}_5$ der ganzen Zahlen modulo 5. In der Homologietheorie machen wir dasselbe und behaupten, dass jede geschlossene Kurve, die eine Scheibe umrandet, der Nullkurve gleich ist – also derjenigen, von der man *keine* Zeichnung anfertigt. Man bezeichnet eine solche Kurve als Rand und nennt sie nullhomolog. Dieselbe Idee lässt sich auch auf Zyklen erweitern: Ein Zyklus ist nullhomolog, wenn er nur aus Rändern besteht.

Man kann Zyklen C, D addieren, um C + D zu erhalten, wie bereits beschrieben, und man kann sie subtrahieren, indem man den Pfeil auf D umkehrt, um C – D zu erhalten. Leider ist nun C – C nicht notwendig gleich 0. Das ist ärgerlich, aber es gibt einen Ausweg: Es ist immer null*homolog*. Wenn wir so tun, als ob alles, was nullhomolog ist, null *ist*, dann erhalten wir ein schönes algebraisches Objekt namens Homologiegruppe der Oberfläche. Tatsächlich führen wir algebraische Operationen auf Zyklen *modulo* (d. h. wir ignorieren) Ränder durch. Genauso wie wir modulo 5 rechnen, indem wir Vielfache von 5 ignorieren.

Das ist Homologie.

Die Homologiegruppe einer Kugeloberfläche ist trivial: Jeder Zyklus ist nullhomolog, und die Gruppe besteht allein aus 0. Die Homologiegruppe eines Torus ist nicht trivial: Einige Zyklen sind nicht nullhomolog. Vielmehr ist jeder Zyklus homolog zu einem ganzzahligen Vielfachen desjenigen, der in der Abbildung als «kein Rand» gekennzeichnet ist; der Torus ist mithin eine getarnte Form von $\mathbb{Z}$, den ganzen Zahlen. Ich werde es nicht ausrechnen und aufmalen, aber die Homologiegruppe der Kleinschen Flasche ist $\mathbb{Z}_2 \times \mathbb{Z}_2$, also Paare ($m$, n) von ganzen Zahlen modulo 2. Sie hat also eine Art Loch, aber es ist eine andere Art von Loch als das Loch eines Torus.

Ich habe Sie aus einem bestimmten Grund durch die ziemlich komplizierte Konstruktion der Homologiegruppe geführt: um Ihnen eine Vorstellung davon zu vermitteln, wie Topologen Invarianten konstruieren. Aber die einzige Botschaft, die Sie mitnehmen sollten, ist: Jeder Raum hat eine Homologiegruppe, sie ist eine topologische Invariante, und man kann sie verwenden, um eine Menge über die Form des Raums herauszufinden. Topologisch gesehen.

* * *

Die Homologiegruppe geht auf bahnbrechende Forschungen von Enrico Betti und Poincaré gegen Ende des 19. Jahrhunderts zurück. Ihr Ansatz bestand darin, topologische Merkmale wie Löcher zu *zählen*, aber er wurde Ende der 1920er-Jahre von Leopold Vietoris, Walther Mayer und Emmy Noether in eine gruppentheoretische Sprache umformuliert, und bald tauchten weitreichende Verallgemeinerungen auf. Was ich *die* Homologiegruppe genannt habe, ist nur die erste einer ganzen Reihe solcher Gruppen, die die algebraische Struktur von Löchern der Dimension 1, 2, 3 usw. definiert. Es gibt auch den dualen Begriff der Kohomologie und mit Homotopie einen verwandten Begriff, bei dem es darum geht, wie man Kurven stetig verformt und verbindet, und nicht um ihre Beziehung zu Rändern. Schon Poincaré wusste, dass diese Konstruktion eine Gruppe ergibt, die normalerweise nicht kommutativ ist. Die algebraische Topologie ist heute ein riesiges, sehr technisches Thema, und ständig werden neue topologische Invarianten entdeckt.

Es gibt ein weiteres rasant wachsendes Themenfeld, das als angewandte Topologie bekannt ist. Eine neue Generation von Mathematikern und Naturwissenschaftlern hatten Topologie mit der Muttermilch aufgesogen, und sie fanden sie weit weniger bizarr als die ältere Generation. Sie sprachen fließend «topologisch» und erkannten neue Möglichkeiten, die Topologie auf praktische Probleme anzuwenden. Die Kleinsche Flasche in der Wahrnehmung ist ein Beispiel von der Front biologischer Forschung. In den Materialwissenschaften und in der Elektrotechnik findet man Begriffe wie topologische Isolatoren: Materialien, deren elektrische Eigenschaften durch Änderung der Topologie von elektrisch leitend zu isolierend umgeschaltet werden können. Topologische Eigenschaften, die unter Verformungen erhalten bleiben, sind sehr stabil.

Eines der besonders vielversprechenden Konzepte in der angewandten Topologie entstand, als reine Mathematiker versuchten, Algorithmen zu schreiben, die einem Computer die Berechnung von Homologiegruppen ermöglichen. Es gelang ihnen, die Definition einer Homologiegruppe so umzuschreiben, dass sie für Computerberechnungen besser geeignet war. Diese Ideen stellten sich dann als leistungsstarke neue Methode zur Analyse von «Big Data» heraus. Dieser hochmoderne Ansatz für alle Bereiche der Wissenschaft verwendet Computer, um versteckte Muster in numerischen Daten zu suchen, und wie der Name schon sagt, funktionieren diese Methoden am besten mit sehr großen Datenmengen. Glücklicherweise sind heutige Sensoren und Elektronik erstaunlich gut darin, riesige Datenmengen zu erfassen, zu speichern und zu manipulieren. Leider wissen wir oft nicht, was wir mit den gesammelten Daten anfangen sollen, aber genau hier liegen die mathematischen Herausforderungen von Big Data.

Angenommen, Sie haben Millionen von Zahlen erfasst und zeichnen sie als eine Art Punktwolke in einem mehrdimensionalen Raum von Variablen auf. Um aussagekräftige Gesetzmäßigkeiten aus der Datenwolke zu extrahieren, müssen Sie die hervorstechenden Strukturmerkmale finden. An erster Stelle steht dabei die Form der Wolke. Es ist aber nicht möglich, die Punkte einfach auf einem Bildschirm darzustellen und sie zu beäugen; Sie könnten aus dem falschen Blickwinkel schauen, oder wichtige Punktebereiche könnten durch andere Punkte verdeckt werden, oder die Anzahl der Variablen könnte zu groß sein, als dass das visuelle System sie sinnvoll verarbeiten könnte. Nun, wie erwähnt, ist die Frage nach der Form eines Gebildes eine grundlegende Frage der Topologie. Daher scheint es vernünftig, topologische Methoden für nützlich zu halten; zum Beispiel, um eine in etwa kugelförmige Datenwolke von einer toroidalen mit einem Loch darin zu unterscheiden. Wir haben für das FRACMAT-Projekt (siehe Kapitel 8) genau dies in kleinerem Maßstab gemacht. Dabei war von Interesse, wie kompakt die Punktwolke war und ob sie eher rund oder zigarrenförmig war. Feinere topologische Details waren nicht von Bedeutung.

Bei Millionen Datenpunkten kann man Topologie nicht von Hand betreiben: Man muss einen Computer benutzen. Aber Computer sind nicht dafür gebaut, topologische Merkmale zu analysieren. Daher wurden die Methoden, die die reinen Mathematiker zur Computerberechnung von Homologiegruppen entwickelt hatten, in den Bereich Big Data übertragen. Und natürlich erledigten sie nicht auf Anhieb die Arbeit, die verlangt war, sie mussten erst an die neuen Anforderungen von Big Data angepasst werden. Das erste Problem war die Form einer Datenwolke: Sie ist keineswegs eindeutig. Es hängt insbesondere von der Skala ab, auf der man analysiert.

Stellen Sie sich zum Beispiel einen zu einer Spule gewickelten Schlauch vor. Aus mittlerer Entfernung betrachtet sieht ein Schlauchabschnitt wie eine Kurve aus, ein topologisch eindimensionales Objekt. Aus der Nähe sieht es aus wie eine lang gezogene zylindrische Fläche. Aus noch größerer Nähe bildet die Oberfläche auch eine gewisse Dicke aus; außerdem befindet sich in der Mitte des Zylinders ein Loch. Ziehen Sie sich zurück und betrachten Sie das Ganze aus der Ferne, aber mit einer Weitwinkelansicht, und der Schlauch stellt sich wie eine zusammengedrückte Feder dar. Nehmen Sie die Schärfe aus der Sicht, und die Spule verschwimmt zu einem Torus.

Dieser Effekt macht klar, dass die Form einer Datenwolke kein festes Konzept ist. Die Homologiegruppe ist also keine so gute Idee. Stattdessen fragten Mathematiker, wie sich die wahrgenommene Topologie der Datenwolke mit dem Beobachtungsmaßstab ändert.

Ausgehend von einer Wolke und einer ausgewählten Längenskala, können Sie etwas erstellen, was Topologen einen simplizialen Komplex nennen, indem Sie zwei Punkte durch eine Kante verbinden, wenn diese Punkte näher beieinanderliegen als die Längenskala. Dann umgeben dicht beieinanderliegende Kanten Dreiecke und dicht beieinanderliegende Dreiecke Tetraeder usw. ...

Ein mehrdimensionaler Tetraeder wird Simplex genannt, und eine Sammlung von Simplexen, die auf irgendeine Weise miteinander verbunden sind, ist ein simplizialer Komplex. Ein einfacherer Name, «Triangulation», ist hier ausreichend. Denken Sie daran, dass die Dreiecke jede beliebige Dimension haben können.

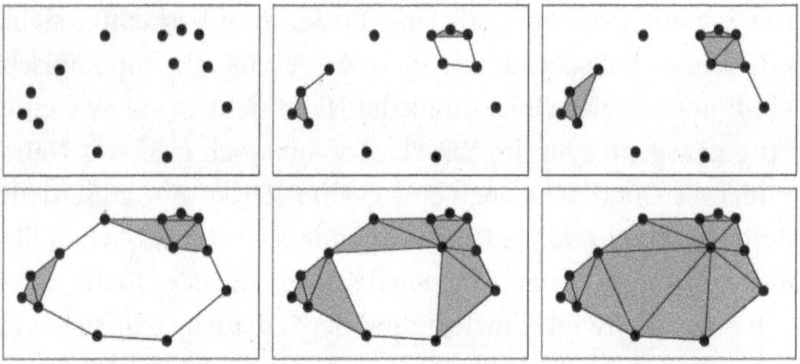

Abb. 48 Durch das Zusammenfügen von Datenpunkten, die verschiedene Abstände haben, entsteht eine Folge von Triangulationen, die Löcher unterschiedlicher Größe aufdecken. Die persistente Homologie weist diese Effekte nach.

Bei einer Triangulation gibt es mathematische Regeln für die Berechnung der Homologie. Allerdings hängt die Triangulation vom Beobachtungsmaßstab ab, und damit ebenso die Homologie. Die interessante Frage lautet dann: Wie ändert sich die Homologie der Triangulation, wenn sich der Maßstab ändert? Die wichtigsten Merkmale der Form sollten weniger anfällig für Veränderungen sein als die veränderlichen Merkmale, die empfindlich von der Skala abhängen. Wir können uns also auf die Aspekte der Homologie konzentrieren, die bestehen bleiben, wenn sich die Skala ändert. Das resultierende Instrument, nicht nur eine Homologiegruppe, sondern eine ganze Familie solcher Homologiegruppen, eine für jeden Größenmaßstab, wird als persistente Homologie bezeichnet.

In der Abbildung 48 sieht man in sechs Bildern, welche Punkte sich bei verschiedenen Maßstäben verbinden. Wenn die Längenskala zunimmt und wir gröbere Strukturen betrachten, beginnt eine anfängliche Wolke isolierter Punkte kleine Klumpen zu bilden, von denen einer ein kleines Loch hat. Dieses Loch füllt sich, und die Klumpen wachsen. Dann verbinden sich die Klumpen zu einem Ring mit einem großen Loch.

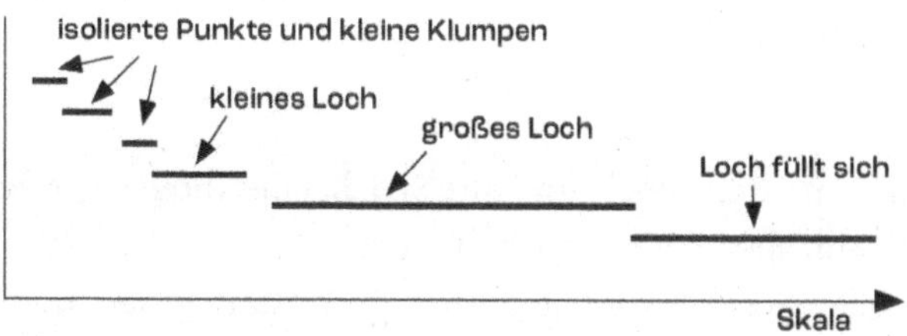

Abb. 49 Der Strichcode für die persistente Homologie zeigt, welche Strukturen auf welchen Skalen bestehen bleiben. (Schematisch.)

Dieses füllt sich allmählich, bleibt aber ein großes Loch, bis die Skala so groß wird, dass alles ausgefüllt ist. Dieses Bild ist schematisch, und Details, die ein Computer-Algorithmus hinzufügen würde, wurden der Klarheit halber unterdrückt. Das dominierende Merkmal, das bei den größten Längenskalen vorkommt, ist das große Loch in der Mitte.

Beachten Sie, dass diese Beschreibung sowohl Information über Abstände als auch topologische enthält. Vom technischen Standpunkt aus muss eine topologische Transformation keine Abstände enthalten, aber bei der Datenanalyse sind die tatsächlichen Werte der Daten ebenso wichtig wie die topologische Gesamtform. Aus diesem Grund beachtet die persistente Homologie sowohl metrische als auch topologische Informationen. Eine Möglichkeit, die von der persistenten Homologie bereitgestellten Informationen darzustellen, besteht darin, einen Strichcode zu konstruieren, der horizontale Linien verwendet, um den Skalenbereich darzustellen, über den bestimmte homologische Merkmale (wie Löcher) bestehen bleiben. Zum Beispiel könnte der Strichcode für die Punktwolke im Bild so ähnlich wie der in der obigen Abbildung aussehen. Der Strichcode ist eine schematische Zusammenfassung der Variation der Topologie mit der Skalierung.

* * *

Persistente Homologie und ihre Strichcodes mögen ja sehr elegant sein, aber sind sie auch nützlich?

Stellen Sie sich vor, Sie führen ein Unternehmen, und Ihre Büros befinden sich auf einer Lichtung im Wald. Einbrecher können sich über das Unterholz ungesehen nähern. Sie stellen also eine Reihe von Bewegungssensoren auf, die mit jeweils benachbarten Sensoren kommunizieren können. Die schalten Sie nachts ein. Wenn sich jemand nähert, autorisiert oder nicht, lösen die Sensoren Alarm aus, und Ihre Sicherheitskräfte können nachsehen. Oder stellen Sie sich vor, Sie sind Kommandeur einer Militärbasis in einem Gebiet, in dem terroristische Gruppen aktiv sind. Sie würden ähnlich vorgehen, nur bewaffnet.

Wie können Sie sicherstellen, dass die Sensorabdeckung ausreichend ist, keine Lücken hat, durch die sich Kriminelle oder Terroristen einschleichen könnten?

Bei einer kleinen Anzahl von Sensoren können Sie deren Verteilung kartieren und das Ergebnis per Augenschein begutachten. Bei größeren Stückzahlen oder variierenden Einschränkungen durch das Gelände wird dies weniger praktikabel. Sie brauchen also eine Möglichkeit, Löcher in der Sensorabdeckung zu erkennen ... Löcher erkennen? Das klingt nach einem Job für die persistente Homologie. Und tatsächlich ist dies eine der vielen Anwendungen, die sich jetzt dieser neuen Idee bedienen. Eine ähnliche Anwendung gibt es bei der Zugangskontrolle: Entscheiden Sie, ob eine Menge Sensoren ein wichtiges Gebäude oder einen Komplex vollständig umgibt. «Sweeping Coverage» befasst sich mit beweglichen Sensoren; für Roboterstaubsauger gibt es eine Version für den Haushalt oder den Handel. Werden sie den ganzen Boden absaugen?

Eine eher wissenschaftliche Anwendung findet in Verbindung mit der Gleitfenster-Methode zur Rekonstruktion dynamischer Attraktoren statt, die ich in Kapitel 8 erwähnt habe. Persistente Homologie kann erkennen, wenn sich die Topologie des Attraktors signifikant ändert. In der Theorie dynamischer Systeme wird dieser Effekt als Bifurkation bezeichnet, was eine große Änderung der Dynamik signalisiert. Eine wichtige Anwendung besteht darin herauszufinden, wie sich das Klima der Erde über Jahrmillionen von Warmzeiten über Eiszeiten bis hin zur «Schneeballerde», der Überdeckung der gesamten Erde mit Eis, verändert hat. Jesse Berwald und Kollegen haben gezeigt, dass die Strichcodes von Datenwolken mit Gleitfenstern hervorragend geeignet sind, Veränderungen des gesamten Klimaregimes zu erkennen.[69] Andere Fälle, in denen die gleiche Methode für verschiedene physikalische Systeme Anwendung findet, sind Vibrationen von Werkzeugmaschinen, die in der Fertigung eingesetzt werden; solche Vibrationen hinterlassen unerwünschte Spuren auf den Oberflächen der gefertigten Werkstücke. Firas Khasawneh und Elizabeth Munch haben gezeigt, dass Zeitreihenmessungen des Schneidwerkzeugs diese Art von Schwingung, die in der Fachwelt als «Chatter» bekannt ist, aufdecken können.[70] Es gibt auch Anwendungen in der medizinischen Bildgebung, wie zum Beispiel die Erkennung von Biphonationen (Doppeltönigkeit) in der Kehlkopf-Endoskopie von Christopher Tralie und Jose Perea.[71] Dieser Effekt tritt auf, wenn ein Stimmband gleichzeitig zwei Schallfrequenzen erzeugt, was auf Läsionen oder Lähmungen hinweisen kann. Unter Endoskopie versteht man das Einführen einer Kamera am Ende eines Glasfaserkabels, durch die Nase und den Rachen. Saba Emrani und andere[72] haben Strichcodes in Audiodaten angewandt, um Keuchen bei Patienten zu erkennen, ein anomal hohes Geräusch, das auf teilweise blockierte Atemwege oder Lungenerkrankungen wie Asthma, Lungenkrebs und Herzinsuffizienz hinweisen kann.

Haben Sie ein Problem mit Ihren Daten? Brauchen Sie dringend Hilfe?

Rufen Sie einen Topologen.

KAPITEL 14

Der Fuchs und der Igel

Der Fuchs weiß viele Sachen, aber der Igel weiß eine einzige große Sache.

Archilochos zugeschrieben, ca. 650 v. Chr.

Als ich nach Inspiration für dieses Buch suchte, stolperte ich über den Ausdruck Πόλλ᾽ οἶδ᾽ ἀλώπηξ, ἀλλ᾽ ἐχῖνος ἓν μέγα. Auf der Schule hatte ich Latein, kein Griechisch, doch Mathematiker kennen ihre griechischen Buchstaben. Selbst ich kann «echinos» und «mega» identifizieren und eine wohlbegründete Vermutung anstellen, dass es um einem großen Igel geht. Die Übersetzung lautet tatsächlich: «Der Fuchs weiß viele Sachen, aber der Igel weiß eine einzige große Sache.» Wahrscheinlich geht der Ausspruch auf den antiken griechischen Philosophen Archilochos zurück, aber das ist nicht sicher.

Sollte ich ein Fuchs oder ein Igel sein? Sollte ich versuchen, eine Auswahl der unzähligen erstaunlichen Entwicklungen in der Mathematik im Lauf der letzten 50 Jahre sowie ihre Verwendung zu beschreiben? Oder sollte ich mich auf *eine große Sache* beschränken?

Ich entschied mich für beides.

Sie haben sich durch den Fuchsteil gearbeitet, durch alle 13 Kapitel. Nun kommt der Igelteil, die Zusammenfassung des Ganzen.

Wenn ich auf die behandelten Themen schaue, staune ich über den Reichtum und die Vielfalt der verschiedenen mathematischen Gebiete, die sich inzwischen in den Systemen und Geräten wiederfinden, welche für unser Leben Anfang des 21. Jahrhunderts charakteristisch sind. Nicht nur für die Wohlbetuchten in einer westlichen Demokratie, auch wenn diese wahrscheinlich mehr als weniger begüterte Menschen profitieren, sondern für Milliarden Menschen weltweit. Das Mobiltelefon hat Entwicklungsländern moderne Kommunikation gebracht. Es ist inzwischen allgegenwärtig und hat alles verändert. Nicht immer zum Besseren, aber Wandel ist immer eine zweischneidige Sache. Ohne Mathematik und eine Menge Leute, die gelernt haben, sie auf hohem Niveau anzuwenden, gäbe es keine Mobiltelefone.

Ich bin mir auch der riesigen Zahl von Anwendungen bewusst, die ich aus Platzgründen nicht erwähnen konnte. Diejenigen, über die Sie gelesen haben, sind nicht unbedingt die besten, die wichtigsten, die eindrucksvollsten oder die wertvollsten Beispiele. Sie sind lediglich eine Sammlung von Anwendungen, die mir gefielen, weil sie gute und gewöhnlich neue Mathematik auf ein Gebiet anwenden, das überraschend ist, weil diese Art Mathematik überhaupt nicht zu diesem Zweck entwickelt wurde. Mir lag auch an Vielfalt – meiner Ansicht nach hätte es keinen Sinn ergeben, sich in 90 Prozent des Buches mit der Anwendung von, sagen wir, partiellen Differentialgleichungen zu beschäftigen, auch wenn es leicht gewesen wäre, genug Material zu finden und ihre Bedeutung zu rechtfertigen. Ich wollte Ihnen die Vielfalt und die große Bandbreite zeigen, in der Mathematik heute eingesetzt wird, und darüber hinaus ihre Bedeutung für die Menschheit insgesamt aufzeigen.

Um mein Gewissen zu beruhigen, möchte ich gern kurz einige der vielen Hundert anderen Anwendungen erwähnen, die ich Ihnen stattdessen hätte vorstellen können. Und selbst das ist nur die Spitze des Eisbergs. Während meiner Recherche für dieses Buch stellte ich einen Ordner zusammen, aus dem diese Beispiele stammen. Sie haben keine besondere Ordnung.

- Vorhersage von Hochwasserständen.
- Umfangreiche Datenanalysen und Lyme-Krankheit.
- Wie oft muss man schütteln, um Ketchup aus der Flasche zu bekommen?
- Wie optimiert man die Nutzung von Holz in Sägewerken?
- Wie isoliert man ein Haus oder ein Rohr am besten?
- Aufdeckung von Vorurteilen (Rasse, Geschlecht) in Algorithmen.
- Biegefestigkeit von technischen Konstruktionen, beispielsweise für Gebäude.
- Erkennen von Krebszellen per Computer.
- Verbesserung der Dickenkonstanz bei der Herstellung von Glasscheiben.
- Produktion von Kohlendioxyd, wenn Beton abbindet.
- Entwurf von Master-Key-Systemen für Bürogebäude.
- Computermodellierung eines virtuellen Herzens.
- Entwurf von Gebäuden, die einem Hurrikan widerstehen können.
- Aufspüren stammesgeschichtlicher Beziehungen zwischen Spezies.
- Planung der Bewegungen von Industrierobotern.
- Epidemiologie von Rinderkrankheiten.
- Verkehrsstaus.
- Konstruktion eines Wetter-smarten Stromnetzes.

- Verbesserung der Resistenz von Gemeinden gegenüber Sturmfluten im Gefolge von Wirbelstürmen.
- Unterseeische Fernmeldekabel.
- Aufspüren von Landminen in Ländern, in denen der Krieg zu Ende ist.
- Vorhersage der Bewegung von Vulkanasche zur Unterstützung des Flugverkehrs.
- Verringerung von Spannungsschwankungen in Stromnetzen.
- Verbesserung der Effizienz von Virentests in der COVID-19-Pademie.

Jedes dieser Themen hätte sein eigenes Kapitel verdient. Sie sind weitere Beispiele für die schiere Vielfalt von Möglichkeiten, die Mathematik zum Nutzen aller auf diesem Planeten einzusetzen.

* * *

Wie diese Beispiele und die anderen, die ich ausführlicher diskutiert habe, deutlich machen, ist die schiere Mannigfaltigkeit von mathematischen Anwendungen atemberaubend – vor allem, wenn man sich klarmacht, dass ein großer Teil ursprünglich mit einem anderen Ziel entwickelt wurde oder weil irgendein Mathematiker irgendwo zu irgendeiner Zeit dachte, es sei interessant, einmal einen Blick darauf zu werfen. Dies wirft erneut die tiefe philosophische Frage auf, die Wigner 1959 so verblüffte. Und sie ist – für mich, jedenfalls – heute genauso verblüffend, wie sie es damals war. Wenn überhaupt, dann noch mehr. Wigner konzentrierte sich hauptsächlich auf die verblüffende Nützlichkeit der Mathematik in der theoretischen Physik, doch inzwischen stellen wir fest, dass sich Mathematik für ein viel breiteres und unmittelbareres Spektrum menschlicher Aktivitäten als erstaunlich nützlich erweist. Viele haben kaum Bezug zu etwas Mathematischem.

Wie Wigner bin ich nicht überzeugt von der Erklärung, die viele Leute vorbringen: Mathematik kommt aus der realen Welt und muss daher für die reale Welt von Nutzen sein. Wie bereits bemerkt, trifft dies meines Erachtens nicht den eigentlichen Punkt, auch wenn es *plausible* Nützlichkeit durchaus erklärt. Die Geschichten, die ich Ihnen in diesem Buch erzählt habe, illustrieren einige der Merkmale, die Mathematik auf einigen Gebieten nützlich macht, welche offensichtlich in keiner Beziehung zu ihren Ursprüngen stehen. Der Mathematiker und Philosoph Benjamin Peirce definierte Mathematik als «die Wissenschaft, die notwendige Schlussfolgerungen zieht». Wenn *dieses* und *jenes* gegeben ist, was passiert dann? Das ist eine sehr allgemeine Formulierung und passt auf die meisten Probleme, die in der Außenwelt auftreten. Da Mathematik heutzutage weit verbreitet ist, bietet sie eine Sammlung höchst nützlicher Werkzeuge, um solche Fragen zu beantworten – Antworten, die nur abgerufen werden müssen. Man muss sich nicht sämtliche Einsatzmöglichkeiten für einen Hammer vorstellen, um zu dem Schluss zu kommen, dass der Besitz eines Hammers wahrscheinlich lohnend ist. In der Lage zu sein, Nägel einzuschlagen oder Dinge zu zertrümmern, ist eine allgemeine Technik mit einem breiten Anwendungsbereich. Ein Hammer funktioniert bei *einer* Aufgabe, daher wahrscheinlich auch bei einer anderen. Eine mathematische Methode, die bei *einer* Anwendung perfektioniert worden ist, kann häufig, geeignet abgewandelt, auch auf andere Anwendungen übertragen werden.

Eine andere Definition von Mathematik, die mir gefällt, ist Arthur Steens «die Wissenschaft der signifikanten Form». In der Mathematik geht es um *Struktur*. Es geht darum, Struktur als Hebel zu benutzen, um ein Problem zu verstehen. Dieser Standpunkt zeichnet sich ebenfalls durch eine beträchtliche Allgemeingültigkeit aus, und die Erfahrung zeigt, dass er bis zum Kern der Sache vordringen kann.

Eine dritte Definition, voller Verzweiflung vorgeschlagen, lautet: «Mathematik ist das, was Mathematiker tun.» Was sich ergänzen lässt durch die Aussage, dass ein Mathematiker «jemand ist, der Mathematik betreibt». Ich denke, wir können eine bessere Definition finden als diese Tautologie. Ist Geschäft das, «was Geschäftsleute tun», und ein Geschäftsmann «jemand, der Geschäfte macht»? Ja, aber es lässt sich mehr dazu sagen. Was jemanden zu einem erfolgreichen Unternehmer macht, ist nicht das Geschäftemachen an sich: Es ist der Blick für eine *Gelegenheit*, Geschäfte zu machen, die andere übersehen haben. Ebenso ist ein Mathematiker jemand, der eine Gelegenheit entdeckt, Mathematik zu machen, die andere übersehen haben.

Um das zu tun, muss man mathematisch denken.

Über Jahrhunderte haben Mathematiker reflexartige Denkweisen entwickelt, die sie zum Kern des Problems führen. Was ist der natürliche Kontext des Problems? Welches ist der Möglichkeitsraum? Was ist die natürliche Struktur, in der sich die relevanten Eigenschaften ausdrücken lassen? Welche Merkmale sind wesentlich, und bei welchen handelt es sich um unwichtige oder ablenkende Details, die man eliminieren kann? Wie eliminiert man sie? Was ist die natürliche Struktur dessen, was übrig bleibt? Die mathematische Gemeinschaft hat diese Methoden an zahllosen schwierigen Problemen feingeschliffen, sie in elegante und leistungsfähige Theorien gefasst und an Problemen in der wirklichen Welt getestet. Sie sind zunehmend allgemeiner geworden, miteinander verknüpft, leistungsstark und übertragbar.

Vielleicht ist die Wirksamkeit der Mathematik gar nicht so unplausibel.

Vielleicht ist sie gar kein Rätsel.

* * *

Stellen Sie sich eine Welt ohne Mathematik vor.

Ich höre eine Menge Leute begeistert applaudieren, und sie haben meine Sympathie, denn warum sollte etwas, das mir gefällt, Ihnen genauso gefallen? Aber mir geht es nicht darum, wie Sie persönlich vermeiden, sich mit dem Thema Mathematik zu beschäftigen. Es geht nicht nur um Sie.

Stellen wir uns vor, dass es irgendwo in diesem riesigen Universum eine außerirdische Zivilisation gibt, die enorme Mengen an Mathematik konsumiert. Ich meine dies im buchstäblichen Sinne des Wortes. Einige Physiker argumentieren, dass Mathematik so verblüffend erfolgreich darin ist, das Universum zu erklären, weil das Universum aus Mathematik *bestehe*. Mathematik sei keine menschliche Erfindung, um Dinge zu verstehen: Sie sei real, irgendeine ätherische Substanz, die in alles Existierende eingebaut ist.

Ich persönlich halte diese Sichtweise für abgedreht, und sie trivialisiert das philosophische Rätsel, doch die Außerirdischen wissen, dass ich falschliege. Sie entdeckten vor einer Milliarde Jahren, dass das Universum tatsächlich aus Mathematik besteht. Und ihre Zivilisation verzehrt diese Mathematik in riesigen Mengen, genauso, wie wir viele irdische Ressourcen ausbeuten. Tatsächlich haben die Aliens so viel Mathematik verbraucht, dass sie diese Ressource seit Langem erschöpft hätten, gäbe es nicht eine einfache Lösung. Ihre Technologie ist außerordentlich weit fortgeschritten, und ihre Haltung ist außerordentlich aggressiv, daher senden sie zwischen den Sternen gigantische, bis an die Zähne bewaffnete Raumflotten aus, die neues intelligentes Leben suchen und sich an dessen Mathematik bedienen.

Die Mathefresser kommen.

Wenn sie auf einer neuen Welt landen, *fressen* sie die gesamte dortige Mathematik. Nicht nur die Ideen, sondern die ätherische Substanz selbst. Die Mathefresser bevorzugen die raffinierten Zubereitungen, daher beginnen sie mit der wirklich fortgeschrittenen Mathematik und arbeiten sich anschließend zum prosaischeren Teil vor. Sie verlassen die Welt meist wieder, wenn sie an lange Multiplikationen kommen, weil sie grundlegende Arithmetik nicht besonders schmackhaft finden; daher bricht die Zivilisation auf der Welt, die sie besetzt haben, nicht vollständig zusammen. Ihr bleibt jedoch nur noch ein schwacher Abglanz ihrer früheren Pracht, und die Galaxie ist voller Planeten, deren Bewohner ohne Hoffnung auf Entkommen ins Mittelalter zurückgeworfen wurden.

Wenn die Mathefresser morgen auf der Erde landen würden, was würden *wir* verlieren?

Wir würden vielleicht gar nicht bemerken, wenn die reine Mathematik an vorderster Front der Forschung verschwände. Auch wenn einiges davon in hundert Jahren wahrscheinlich sehr wichtig werden würde, ist es heute nicht essenziell. Aber während sich die Mathefresser aus den Elfenbeintürmen immer weiter nach unten arbeiten, beginnen wichtige Dinge zu verschwinden. Als Erstes verschwinden Computer, Mobiltelefone und das Internet, die mathematisch raffiniertesten Produkte auf dem Planeten. Als Nächstes ist alles an der Reihe, was mit Raumflug zu tun hat: Wettersatelliten, Umweltsatelliten, Kommunikationssatelliten, Navis, Flugzeugnavigation, Satelliten-TV, Sonneneruptionsobservatorien. Elektrizitätswerke hören auf zu funktionieren. Industrieroboter kommen knirschend zum Stillstand, die Fertigungsindustrien sterben, und wir greifen wieder zum Besen statt zum Staubsauger. Keine Düsenflugzeuge: Ohne Computer können wir sie nicht mehr entwerfen, und wir brauchen Aerodynamik, um zu berechnen, wie wir sie in der Luft halten. Radio und TV verschwinden in einer außerirdischen Staubwolke, denn diese Technologien basieren auf Maxwells Gleichungen für elektromagnetische Strahlung – Radiowellen. Alle großen Gebäude brechen zusammen, denn ihr Entwurf und ihr Bau stützen sich maßgeblich auf Computerberechnungen und die Elastizitätstheorie, um die strukturelle Integrität sicherzustellen. Keine Wolkenkratzer, keine großen Krankenhäuser, keine Sportstadien.

Die Geschichte läuft im Rückwärtsgang. Wir sind bereits an der Stelle angekommen, wo das Leben vor hundert Jahren war, und die Mathefresser haben gerade erst begonnen.

Einige Verluste sind zweifellos eine gute Sache: Kernwaffen, zum Beispiel, und andere militärische Anwendungen der Mathematik, auch wenn wir dadurch die Möglichkeit verlieren, uns zu verteidigen. Das Objekt selbst ist neutral: Ob etwas gut oder schlecht ist, hängt davon ab, was man damit macht. Einige Verluste sind nicht eindeutig gut oder schlecht: Die Banken beenden alle Börseninvestitionen, weil sie die Fähigkeit verlieren vorherzusagen, wie die Börse sich entwickeln wird, um ihr finanzielles Risiko zu senken. Banker mögen keine Risiken, mit Ausnahme solcher, derer sie sich nicht bewusst sind, bis das Finanzsystem kollabiert. Das verringert unsere selbstzerstörerische Besessenheit mit Geld, verhindert aber auch die Finanzierung einer Menge nützlicher Projekte.

Die meisten Verluste sind schlecht. Wettervorhersage heißt wieder, den Finger zu lecken und hochzuhalten, um herauszufinden, aus welcher Richtung der Wind weht. Die Medizin verliert ihre Scanner und die Fähigkeit, die Ausbreitung von Epidemien zu modellieren, auch wenn ihr Betäubungsmittel und Röntgenstrahlen bleiben. Die Landwirtschaft verliert die Fähigkeit, neue Pflanzensorten und Tierrassen zu züchten. Die Fertigungsindustrien können keine effektiven Qualitätskontrollen mehr durchführen, daher ist allem, was Sie – aus der eingeschränkten Palette von Produkten, die noch verfügbar sind – kaufen, nicht zu trauen. Regierungen verlieren die Fähigkeit, zukünftige Trends und Bedarfsentwicklungen vorherzusagen. Vielleicht waren sie in dieser Disziplin bislang sowieso nicht besonders gut, aber nun werden sie noch viel schlechter. Unsere Kommunikationssysteme kehren in einen primitiven Zustand zurück; es gibt nicht einmal mehr Telegrafen. Einen Brief per Pferdekurier zu schicken, ist die schnellste Kommunikationsmöglichkeit, die wir haben.

An dieser Stelle ist es unmöglich geworden, die gegenwärtige menschliche Bevölkerung von 8 Milliarden Menschen zu ernähren. Keiner der cleveren Tricks, die wir eingesetzt haben, um mehr Nahrung zu produzieren und Güter übers Meer zu transportieren, funktioniert noch. Wir müssen auf Segelschiffe zurückgreifen. Millionen verhungern, und Krankheiten richten schreckliche Verwüstungen an. Die Endzeit ist angebrochen, und Armageddon erwartet die wenigen Überlebenden, die um das wenige kämpfen, was von unserer Zivilisation übrig geblieben ist.

* * *

Vielleicht halten Sie mein düsteres Szenario für eine Übertreibung. Ich behaupte hingegen steif und fest, dass die einzige Sache, bei der ich von der Realität abgewichen bin, die Metapher von Mathematik als essbarer Substanz ist. Wir hängen tatsächlich bei fast allem, was unseren Planeten am Laufen hält, von Mathematik ab. Der Alltag von Menschen, die Mathematik für nutzlos halten, basiert, ohne dass sie sich dessen bewusst sind, auf den Aktivitäten derjenigen, die wissen, dass das nicht stimmt. Das ist nicht einmal ihr Fehler: Diese Aktivitäten finden hinter der Bühne statt, wo wahrscheinlich niemand außer einem Spezialisten sie bemerkt.

Ich sage nicht «Ohne Mathematik würden wir noch immer auf den Bäumen hocken», denn ich bin mir sicher, dass wir ohne Mathematik andere Wege gefunden hätten, um Fortschritte zu machen. Und ich behaupte keinesfalls, dass man der Mathematik *allein* Anerkennung für die Fortschritte zollen sollte, die wir gemacht haben. Mathematik ist am nützlichsten in Verbindung mit allem Übrigen, was die Menschheit zu den Problemen, denen sie gegenübersteht, und den Zielen, die sie ins Auge fasst, hervorbringen kann. Aber wir stehen dort, wo wir heute stehen, weil uns Mathematik zusammen mit all den anderen Dingen dorthin gebracht hat. Inzwischen haben wir Mathematik so tief in unsere technologischen und sozialen Strukturen eingebettet, dass wir ohne sie in eine schreckliche Krise geraten würden.

Im ersten Kapitel habe ich sechs Merkmale der Mathematik

aufgezählt: Anwendbarkeit, Schönheit, Verallgemeinerbarkeit, Übertragbarkeit, Einheit und Vielfalt. Dies gemeinsam, so habe ich behauptet, führt zu Nützlichkeit. Wie stehen diese Merkmale nun da, nachdem Sie Kapitel 1–13 gelesen haben?

Viele der mathematischen Ideen, die wir besprochen haben, stammen aus der realen Welt. Zahlen, Differentialgleichungen, das Problem des Handlungsreisenden, die Graphentheorie, die Fourier-Transformation, das Ising-Modell. Die Mathematik lässt sich von der Natur inspirieren, und das ist gut so.

Andere Stränge des Themas entwickelten sich weitgehend aufgrund des Schönheitssinnes derjenigen, die reine Mathematik betreiben. Komplexe Zahlen wurden erfunden, weil es hässlich ist, wenn einige Zahlen zwei Quadratwurzeln haben, andere hingegen keine. Modulare Arithmetik, elliptische Kurven und andere Bereiche der Zahlentheorie, weil es Leuten Spaß machte, nach numerischen Mustern Ausschau zu halten. Die Radon-Transformation, eine interessante geometrische Frage. Die Topologie, die ein Jahrhundert lang wenig Kontakt zur Realität hatte, aber zentral ist für den Aufbau der Mathematik, denn es geht dabei um Kontinuität, also etwas Grundsätzliches.

Der Drang zur Verallgemeinerung ist überall sichtbar. Euler löste nicht nur das Problem der Königsberger Brücken, sondern jedes Problem dieser Art, und schuf ein neues Gebiet der Mathematik: die Graphentheorie. Auf modularer Arithmetik basierende Codes führten zu Fragen rechnerischer Komplexität – und ob P = NP ist. Komplexe Zahlen inspirierten Hamiltons Quaternionen. Die Analysis wurde zur funktionalen Analysis verallgemeinert und ersetzte endlichdimensionale Räume durch unendlichdimensionale Funktionenräume und Funktionen durch Funktionale und Operatoren. Mathematiker erfanden die Hilberträume der Quantentheorie, lange bevor Physiker eine Anwendung dafür fanden. Die Topologie begann mit Spielzeug wie Möbiusbändern und entwickelte sich zu einem der tiefgründigsten und abstraktesten Gebiete menschlichen Denkens. Allmählich zahlt sie sich auch im Alltagsleben aus.

Viele der Methoden, die wir besprochen haben, sind übertragbar; daher werden sie überall eingesetzt, ganz gleich, wozu sie ursprünglich entwickelt wurden. Die Graphentheorie taucht bei medizinischen Problemen über Nierentransplantationen auf, beim Problem des Handlungsreisenden, in Quantencodes (Expander-Graphen), die unsere Computer vor Angriffen eines Quantencomputers schützen können, und verleihen Navis die Fähigkeit, eine vernünftige Route zu finden. Die Fourier-Transformation wurde ursprünglich entwickelt, um den Wärmefluss zu untersuchen, doch zu seinen Vettern gehört die Radon-Transformation, die in medizinischen Scannern verwendet wird, die diskrete Cosinustransformation in der JPEG-Bildkompression und die Wavelets, die das FBI benutzt, um Fingerabdrücke effizient zu speichern.

Die Einheit der Mathematik ist ebenfalls ein roter Faden, der sich durch meine Geschichten zieht. Die Graphentheorie geht in die Topologie über. Komplexe Zahlen tauchen bei zahlentheoretischen Problemen auf. Modulare Arithmetik inspiriert die Konstruktion von homologen Gruppen. Navis verbinden wenigsten fünf verschiedene Zweige der Mathematik in einer einzigen Anwendung, von Pseudozufallszahlen bis zur Relativitätstheorie. Die Dynamik trägt dazu bei, Satelliten auf ihre Umlaufbahn zu bringen, und suggeriert neue Methoden zur Qualitätskontrolle von Federdraht.

Vielfalt? Die Kapitel dieses Buches illustrieren Dutzende

verschiedener Gebiete der Mathematik, und zwar gewöhnlich in Kombination. Sie reichen vom Numerischen bis zum Geometrischen, von irrationalen Zahlen bis zur Kleinschen Flasche, vom fairen Kuchenteilen bis zu Klimamodellen. Wahrscheinlichkeitsrechnung (Markow-Ketten), Graphen und Unternehmensforschung (Monte-Carlo-Verfahren) vereinen ihre Kräfte, um die Chance von Patienten auf ein Nierentransplantat zu erhöhen.

Und was Nützlichkeit angeht: Die Palette der Anwendungen ist, wenn überhaupt, noch vielfältiger, von der Filmanimation bis zur Medizin, von der Herstellung technischer Federn bis zur Fotografie, vom Internethandel bis zu Flugrouten, von Mobiltelefonen bis zu Sicherheitstechnik. Mathematik ist überall. Und ich habe Ihnen nur einen winzigen Teil von dem gezeigt, was es «dort draußen» gibt, was die Welt in Schwung hält, ungesehen und ungepriesen. Viele der besten Ideen sind ohnehin Geschäftsgeheimnisse.

Wenn es zur Krise kommt, dann brauchen wir möglichst viele Menschen, die sich möglichst gut mit Mathematik auskennen. Nicht nur um unseres persönlichen Vorteils willen; ich akzeptiere, dass für die meisten von uns ein Großteil der Mathematik nicht direkt von Nutzen ist. Aber das gilt für alles andere ebenso. Ich habe auf der Schule Geschichte gelernt, und das gab mir zweifellos ein besseres Gefühl für die Kultur, in der ich lebe, wie es mich auch mit kolonialistischer Propaganda fütterte, die heute zunehmend tendenziös erscheint. Aber ich *benutze* Geschichte nicht in meiner Arbeit oder in meinem Leben. Ich finde sie interessant (umso mehr, je älter ich werde); ich freue mich, dass es Historiker gibt, die tatsächlich damit arbeiten, und ich würde nicht im Traum daran denken zu empfehlen, dass sie nicht unterrichtet wird. Aber die Beweislage ist eindeutig: Mathematik ist für den heutigen Lebensstil *unverzichtbar*. Überdies lässt sich nur schwer vorhersagen, welche Teile uns morgen nützlich sein können. Spencer, der Handwerker, der mein Badezimmer gekachelt hat, dachte nicht, dass π einen Nutzen hätte, bis er es brauchte.

Wenn man Mathematik als das reiche und kreative Thema versteht, das es tatsächlich ist, und nicht als die minderwertige Karikatur, die so viele im Kopf haben, so gehört sie zweifellos zu den größten Errungenschaften der Menschheit. Nicht nur intellektuell, sondern auch praktisch. Dennoch verstecken wir sie im Dunkeln. Es ist an der Zeit, sie ans Licht zu holen, bevor Realwelt-Pendants meiner Science-Fiction-Mathefresser versuchen, sie uns wegzunehmen.

Ja, der Fuchs weiß viele Dinge, doch Mathematiker wissen *eine große Sache*. Sie nennt sich Mathematik, und sie ist dabei, unsere Welt andauernd umzugestalten.

Anmerkungen

1 Im Jahr 2012 fertigte der internationale Finanzberater Deloitte eine Studie mit dem Titel *Measuring the Economic Benefits of Mathematical Science Research in the UK* (etwa: Bestimmung des wirtschaftlichen Nutzens der mathematischen Forschung in Großbritannien) an. Damals gingen 2,8 Millionen Menschen einer mathematischen Beschäftigung nach: in der reinen und der angewandten Mathematik, in der Statistik und den Computerwissenschaften. Die mathematischen Wissenschaften trugen in jenem Jahr 208 Milliarden Pfund (brutto) zur britischen Wirtschaft bei – auf 2020 bezogen, entspräche das etwas weniger als 250 Milliarden Pfund, etwa 290 Milliarden Euro. Diese 2,8 Millionen Menschen machten 10 Prozent der britischen Arbeitskräfte aus und trugen 16 Prozent zur Wirtschaft bei. Die wichtigsten Einsatzgebiete waren Bankgeschäfte, Industrieforschung und -entwicklung, Computerdienstleistungen, Luftfahrt, Arzneimittelherstellung, Architektur und Bauwesen. Als Beispiele nannte der Bericht Smartphones, Wettervorhersage, Gesundheitswesen, Spezialeffekte in der Filmindustrie, Verbesserung sportlicher Leistungen, nationale Sicherheit, Management von Epidemien, Sicherheit von Internetdaten und die Optimierung von Herstellungsprozessen.

2 https://www.maths.ed.ac.uk/~v1ranick/papers/wigner.pdf

3 Die Formel lautet

$$\frac{1}{\sigma\sqrt{2\pi}}e^{-\frac{1}{2}\left(\frac{x-\mu}{\sigma}\right)^2},$$

wobei x der Wert der Zufallsvariablen, μ der Mittelwert und σ die Standardabweichung ist.

4 Vito Volterra war ein Mathematiker und Physiker. Im Jahr 1926 warb seine Tochter um Umberto D'Ancona, einen Meeresbiologen, und später heirateten die beiden. D'Ancona hatte entdeckt, dass der Anteil der Raubfische (Haie, Rochen, Schwertfische), die Fischer während des Ersten Weltkriegs in der Adria fingen, anstieg, obwohl insgesamt weniger gefischt wurde. Volterra entwickelte ein simples, auf Differentialrechnung basierendes Modell, das erklärte, wie sich die Populationen von Räubern und Beute im Lauf der Zeit verändern, und zeigte, dass das System immer wieder Zyklen durchlief, bei denen auf einen rasanten Anstieg der Räuberpopulation ein Zusammenbruch der Beutepopulation folgte, der wiederum einen Zusammen-

bruch der Räuberpopulation nach sich zog. Entscheidend ist, dass sich die Anzahl der Räuber im Mittel proportional stärker erhöht als die Anzahl der Beutetiere.

5 Zweifellos nutzte Newton daneben auch seine physikalische Intuition, und von Historikern wissen wir, dass er die Idee wahrscheinlich von Robert Hooke geklaut hatte, doch man sollte eben mehr als nur einen einzigen Trick auf Lager haben.

6 www.theguardian.com/commentisfree/2014/oct/09/virginiagerrymandering-voting-rights-act-black-voters

7 Zeit war nicht das einzige Problem. Bei der verfassungsgebenden Versammlung von 1787, die zum System des Wahlmännergremiums führte (wenn es auch damals noch nicht so hieß), kamen James Wilson, James Madison und andere zu dem Schluss, dass eine direkte Stimmabgabe («Volksabstimmung») das Beste wäre. Praktische Probleme traten jedoch bei der Frage auf, wer denn wahlberechtigt sei, wobei die Meinungen bei Nord- und Südstaaten weit auseinandergingen.

8 Im Jahr 1927 benutzte E. P. Cox dieselbe Größe in der Paläontologie, um zu bewerten, wie rund Sandkörner sind, was die Unterscheidung zwischen von Wind verwehtem Sand und von Wasser angeschwemmtem Sand erleichtert und Hinweise auf Umweltbedingungen zu prähistorischen Zeiten liefert. Siehe E. P. Cox, *«A Method of Assigning Numerical and Percentage Values to the Degree of Roundness of Sand Grains»*, *Journal of Paleontology* 1 (1927), 179–183. Im Jahr 1966 schlug Joseph Schwartzberg vor, das Verhältnis zwischen dem Durchmesser eines Wahlbezirks und dem Umfang eines Kreises derselben Fläche zu benutzen. Das entspricht dem Kehrwert der Quadratwurzel des Polsby-Popper-Maßes, daher ordnet diese Methode die Wahlbezirke in derselben Weise an, wenn auch mit anderen Zahlen. Siehe J. E. Schwartzberg, «Reappointment, gerrymanders, and the notion of ‹compactness›», *Minnesota Law Review* 50 (1966), 443–452.

9 Dadurch, dass sie einen Hügel mit der Haut einschloss, also eine gekrümmte Oberfläche, packte sie eine noch größere Fläche in ihren Kreis.

10 V. Blåsjö, «The isoperimetric problem», *American Mathematical Monthly* 112 (2005) 526–566.

11 Für einen Kreis mit dem Radius r gilt:
Umfang $= 2\pi r$
Fläche $= \pi r^2$
Umfang$^2 = (2\pi r)^2 = 4\pi^2 r^2 =$
$4\pi(\pi r^2) = 4\pi \times$ Fläche

12 N. Stephanopoulos und E. McGhee, «Partisan gerrymandering and the efficiency gap», *University of Chicago Law Review* 82 (2015), 831–900.

13 M. Bernstein und M. Duchin,

«A formula goes to court: Partisan gerrymandering and the efficiency gap», *Notices of the American Mathematical Society* 64 (2017), 1020–1024.

14 J .T. Barton, «Improving the efficiency gap», *Math Horizons* 26.1 (2018), 18–21.

15 Anfang der 1960er-Jahre entdeckten John Selfridge und John Horton Conway unabhängig voneinander eine neidfreie Methode, um einen Kuchen unter drei Spielern zu teilen:

- Alice teilt den Kuchen in drei aus ihrer Sicht gleichwertige Teile.
- Entweder tut Bob gar nichts – nämlich dann, wenn er zwei oder mehr Stücke für gleichwertig hält –, oder er schneidet von dem Stück, das ihm am größten erscheint, so viel ab, dass es dem aus seiner Sicht zweitgrößten Stück gleichwertig wird. Das «Abgeschnittene» wird als «Reststück» bezeichnet und beiseitegestellt.
- Charly, Bob und Alice suchen sich – in dieser Reihenfolge – ein Stück aus, das sie für das größte oder gleichwertig groß halten. Wenn Bob Schritt 2 nicht ausgelassen hat, muss er das zurechtgeschnittene Stück nehmen, es sei denn, Charly wählt es als Erster.
- Wenn Bob Schritt 2 ausgelassen hat, gibt es kein Reststück, und die ganze Sache ist erledigt. Wenn nicht, dann hat entweder Bob oder Charly das zurechtgeschnittene Stück genommen. Nennen wir diese beiden die «nichtschneidende» und die «schneidende» Person. Die schneidende Person teilt das Reststück in drei Teile, die ihr gleich groß erscheinen.
- Die Spieler wählen eines dieser drei Stücke in der Reihenfolge nichtschneidende Person, Alice, schneidende Person. Keiner der drei Spieler hat Grund, einen der anderen beiden zu beneiden: Wenn sie's doch tun, haben sie die falsche Taktik angewandt und hätten anders wählen sollen. Ein Beweis findet sich unter en.wikipedia.org/wiki/Selfridge-Conway_procedure

16 S. J. Brams und A. D. Taylor, *The Win-Win Solution: Guaranteeing Fair Shares to Everybody*, Norton, New York (1999).

17 Z. Landau, O. Reid und I. Yershov, «A fair division solution to the problem of redistricting», *Social Choice and Welfare* 32 (2009), 479–492.

18 B. Alexeev und D. G. Mixon, «An impossibility theorem for gerrymandering», *American Mathematical Monthly* 125 (2018) 878–884.

19 B. Gibson, M. Wilkinson, und D. Kelly. «Let the pigeon drive the bus: pigeons can plan future routes in a room», *Animal Cognition* 15 (2012) 379–391.

20 Mein Lieblingsbeispiel ist ein Politiker, der sich einmal groß über die Geldausgaben für die sogenannte «Lügen»-Theorie aufregte. Dabei

hatte er in dem englischen «Lie theory» das «Lie» als das Wort für «Lüge» identifiziert (Aussprache: ‹lai›). Fälschlicherweise. Sophus Lie (Aussprache: ‹li›) war ein norwegischer Mathematiker, dessen Arbeiten über kontinuierliche Symmetriegruppen (Lie-Gruppen) und die zugehörigen Algebren (die wohl wie heißen?) grundlegend für die Mathematik und mehr noch die Physik sind. Das Missverständnis des Politikers war schnell aufgeklärt, aber er machte einfach weiter, *als wäre nichts gewesen.*

21 Beweistechnisch führt mein Vergleich mit dem Puzzle nicht weiter. Aber wenn doch, dann wäre ich der Erste.

22 M. R. Garey und D. S. Johnson. *Computers and Intractability: A Guide to the Theory of NP-Completeness*, Freeman, San Francisco (1979).

23 G. Peano. «Sur une courbe qui remplit toute une aire plane», *Mathematische Annalen* 36 (1890) 157–160.

24 Besondere Sorgfalt ist vonnöten, weil manche reelle Zahlen keine eindeutige Dezimaldarstellung haben – zum Beispiel 0,500000... = 0,499999.... Doch das bekommt man leicht in den Griff.

25 E. Netto. «Beitrag zur Mannigfaltigkeitslehre», *Journal für die Reine und Angewandte Mathematik* 86 (1879) 263–268.

26 H. Sagan. «Some reflections on the emergence of space-filling curves: the way it could have happened and should have happened, but did not happen», *Journal of the Franklin Institute* 328 (1991) 419–430. Zur Erklärung siehe: A. Jaffer. «Peano space-filling curves», http://people.csail.mit.edu/jaffer/Geometry/PSFC

27 J. Lawder. «The application of space-filling curves to the storage and retrieval of multi-dimensional data», PhD Thesis, Birkbeck College, London (1999).

28 J. Bartholdi. «Some combinatorial applications of spacefilling», www2.isye.gatech.edu/~jjb/research/mow/mow.html

29 H. Hahn. «Über die allgemeinste ebene Punktmenge, die stetiges Bild einer Strecke ist», *Jahresbericht der Deutschen Mathematiker-Vereinigung*, 23 (1914) 318–322. H. Hahn. «Mengentheoretische Charakterisierung der stetigen Kurven», *Sitzungsberichte der Kaiserlichen Akademie der Wissenschaften Wien* 123 (1914) 2433–2489. S. Mazurkiewicz. «O aritmetzacji kontinuów», *Comptes Rendus de la Société Scientifique de Varsovie* 6 (1913) 305–311 und 941–945.

30 Veröffentlicht in 1998: S. Arora, M. Sudan, R. Motwani, C. Lund, and M. Szegedy. «Proof verification and the hardness of approximation problems», *Journal of the Association for Computing Machinery* 45 (1998) 501–555.

31 L. Babai. «Transparent proofs and limits to approximation», in: *First European Congress of Mathematics. Progress in Mathematics* 3 (Hrsg.

A. Joseph, F. Mignot, F. Murat, B. Prum und R. Rentschler) 31–91, Birkhäuser, Basel (1994).

32 C. Szegedy, W. Zaremba, I. Sutskever, J. Bruna, D. Erhan, I. Goodfellow und R. Fergus. «Intriguing properties of neural networks», arXiv:1312.6199 (2013).

33 A. Shamir, I. Safran, E. Ronen und O. Dunkelman. «A simple explanation for the existence of adversarial examples with small hamming distance», arXiv:1901.10861v1 [cs.LG] (2019).

34 Nicht zu verwechseln mit dem Graph einer Funktion, bei dem es sich um eine Kurve handelt, die eine Variable x zu dem Wert $f(x)$ der Funktion in Beziehung setzt. Wie bei der Parabelfunktion $f(x) = x^2$.

35 Mein Dank gilt Robin Wilson, der mich freundlicherweise darauf hinwies, als ich dies in einem meiner Bücher falsch dargestellt habe.

36 Vorausgesetzt, man weiß, von welcher Region aus man startet, reicht es, nur die Brückensymbole aufzulisten, und zwar in der Reihenfolge, in der sie überquert werden. Aufeinanderfolgende Brücken bestimmen eine gemeinsame Region, mit der sie beide verbunden sind.

37 Das lässt sich recht einfach beweisen, wenn man sich auf Eulers Charakterisierung offener Wege stützt. Die Hauptidee besteht darin, einen hypothetischen geschlossenen Weg aufzubrechen, indem man eine Brücke herausschneidet. Nun haben wir einen offenen Weg, und die betroffene Brücke verband ursprünglich beide Enden.

38 Der Rest dieses Kapitels basiert auf: D. Manlove. «Algorithms for kidney donation», *London Mathematical Society Newsletter* 475 (März 2018) 19–24.

39 Wann Fermat seinen «letzten Satz» formuliert hat, ist nicht genau bekannt. Häufig nimmt man das Jahr 1637 an.

40 Dasselbe lässt sich über eine Menge aktueller «angewandter» Mathematik sagen. Allerdings gibt es einen Unterschied: die Haltung des Mathematikers. Die reine Mathematik wird von der inneren Logik des Fachs angetrieben: nicht nur durch ungezielte Neugier, sondern durch ein Gespür für Struktur und ein Gefühl dafür, wo unser Verständnis erhebliche Lücken hat. Angewandte Mathematik wird hauptsächlich von Problemen angetrieben, die in der «realen» Welt auftreten, aber sie findet sich bei der Suche nach Lösungen eher mit ungerechtfertigten Abkürzungen und Näherungen ab, und ihre Ergebnisse können praktische Auswirkungen haben oder auch nicht. Wie dieses Kapitel aber veranschaulicht, kann ein Thema, das seinerzeit völlig nutzlos erschien, ganz plötzlich lebenswichtig für praktische Fragen werden, wenn Kultur oder Technologie sich wandeln. Außerdem ist Mathematik ein verbundenes Ganzes; sogar die Unterscheidung rein / angewandt

ist eine künstliche. Ein Theorem, das für sich genommen, nutzlos erscheint, kann Ergebnisse von großem Nutzen anregen oder sogar beinhalten.

41 Die richtige Antwort lautet:
p = 12 277 385 900 723 407 383 112 254 544 721 901 362 713 421 995 519
q = 97 117 113 276 287 886 345 399 101 127 363 740 261 423 928 273 451
Ich habe die beiden Primzahlen durch Rumprobieren gefunden und sie dann mithilfe eines Computerprogramms multipliziert. Das Ganze hat einige Minuten gedauert, die meiste Zeit dadurch, dass ich zufällig Ziffern austauschte, bis ich auf eine Primzahl stieß. Dann ließ ich den Computer die Primfaktoren ermitteln, und er rechnete ewig lange ohne Ergebnis.

42 Falls *n* eine Primzahlpotenz ist, gilt $\varphi(n) = p^k - p^{k-1}$. Hat man ein Produkt von Primzahlpotenzen für *n*, multipliziere man diese Differenz für alle verschiedenen Primzahlpotenzen in der Primzahlzerlegung von *n*. Um zum Beispiel $\varphi(675)$ zu finden, schreibt man zunächst $675 = 3^3 5^2$. Dann ist $\varphi(675) = (3^3 - 3^2)(5^2 - 5) = (18)(20) = 360$.

43 Zu weiteren Details in dieser Sache: Ian Stewart, *Wetter, Viren und Wahrscheinlichkeit. Wie wir die Ungewissheiten des Lebens berechenbar machen*. Hamburg 2022 (Rowohlt Verlag).

44 L. M. K. Vandersypen, M. Steffen, G. Breyta, C.s. Yannoni, M. H. Sherwood und I. L. Chuang. «Experimental realization of Shor's quantum factoring algorithm using nuclear magnetic resonance», *Nature* 414 (2001) 883–887.

45 F. Arute und andere. «Quantum supremacy using a programmable superconducting processor», *Nature* 574 (2019) 505–510.

46 J. Proos und C. Zalka. «Shor's discrete logarithm quantum algorithm for elliptic curves», *Quantum Information and Computation 3* (2003).

47 M. Roetteler, M. Naehrig, K. Svore und K. Lauter. «Quantum resource estimates for computing elliptic curve discrete logarithms», in: *ASIACRYPT* 2017: *Advances in Cryptology*, Springer, New York (2017), 214–270.

48 Beispielsweise hat −25 eine Quadratwurzel 5i, denn
$(5i)^2 = 5i \cdot 5i = 5 \cdot 5 \cdot i \cdot i = 25i^2 = 25(-1) = -25$
Tatsächlich hat −25 eine zweite Quadratwurzel, −5i, und zwar aus ähnlichen Gründen.

49 Algebraiker vereinheitlichen die Situation, indem sie sagen, dass die Quadratwurzel aus null gleich null ist, mit *Multiplizität* 2. Das heißt, dass derselbe Wert in einem bedeutsamen, aber technischen Sinne zweimal auftritt. Ein Ausdruck wie $x^2 - 4$ hat zwei Faktoren, $x + 2$ mal $x - 2$, was für die Gleichung $x^2 - 4 = 0$ zu den beiden Lösungen $x = -2$ und $x = +2$ führt.

Genauso hat der Ausdruck x^2 zwei Faktoren, x mal x. Die beiden sind nur zufällig identisch.

50 Für ein reelles c gehorcht die Funktion $z(t) = e^{ct}$ der Differentialgleichung $dz / dt = cz$, mit der Anfangsbedingung $z(0) = 1$. Wenn wir die Exponentialfunktion für ein komplexes c so definieren, dass dieselbe Gleichung gilt, was vernünftig ist, und $c = i$ setzen, dann gilt $dz / dt = iz$. Da die Multiplikation mit i einer Rotation der komplexen Zahlen um 90° entspricht, bildet die Tangente an $z(t)$ bei variierendem t einen rechten Winkel mit $z(t)$, sodass der Punkt $z(t)$ einen Kreis mit dem Radius 1 um den Koordinatenursprung beschreibt. Er rotiert mit einer konstanten Geschwindigkeit von 1 Radiant (Einheitenzeichen rad) pro Zeiteinheit; daher befindet er sich zum Zeitpunkt t bei Winkel t rad. Trigonometrisch entspricht dieser Punkt $\cos t + i \sin t$.

51 Genauer gesagt, muss es ein «Skalarprodukt» geben, das Abstände und Winkel bestimmt.

52 Im Jahr 1988 war die Cray Y-MP der schnellste Supercomputer. Sie kostete 20 Millionen Dollar (das sind mehr als 50 Millionen nach heutigem Geldwert). Auf diesem Supercomputer würde heute nur mit Mühe ein Windows-Betriebssystem laufen.

53 K. Shoemake. «Animating rotation with quaternion curves», *Computer Graphics* 19 (1985) 245–254.

54 L. Euler. «Découverte d'un nouveau principe de mécanique» (1752), *Opera Omnia, Series Secunda 5*, Orel Fusili Turici, Lausanne (1957), 81–108.

55 Der halbe Winkel spielt in der Quantenmechanik eine wichtige Rolle, weil es dort eine Formulierung für den Quantenspin auf Basis von Quaternionen gibt. Wenn man die Wellenfunktion eines Fermions (das ist eine Sorte Elementarteilchen) um 360° dreht, kehrt der Spin seine Richtung um. (Das ist von einer Drehung des Teilchens selbst zu unterscheiden.) Die Wellenfunktion muss sich um 720° drehen, damit der Spin seinen ursprünglichen Wert annimmt. Die Einheitsquaternionen bilden eine «2:1-Überlagerung» der Rotationen.

56 C. Brandt, C. von Tycowicz und K. Hildebrandt. «Geometric flows of curves in shape space for processing motion of deformable objects», *Computer Graphics Forum* 35 (2016) 295–305.

57 www.syfy.com/syfywire/it-took-more-cgi-than-you-think-to-bring-carrie-fisher-into-the-rise-of-skywalker

58 T. Takagi und M. Sugeno. «Fuzzy identification of systems and its application to modeling and control», *IEEE Transactions on Systems, Man, and Cybernetics* 15 (1985) 116–132.

59 Es gibt die JFIF-Codierung, die im Internet verwendet wird, während die EXIF-Codierung für Kameras, die auch «Metadaten» umfasst,

die Kameraeinstellungen wie Datum, Verschlusszeit und Blende enthalten.

60 A. Jain und S. Pankanti. «Automated fingerprint identification and imaging systems», in: *Advances in Fingerprint Technology* , CRC Press, (2001) 275–326.

61 N. Ashby. «Relativity in the Global Positioning System», *Living Reviews in Relativity* 6 (2003) 1; doi: 10.12942/lrr-2003-1

62 Genau genommen gilt: $Z = \sum \exp(-ßH)$, wobei die Summe über alle Konfigurationen der Spinvariablen gebildet wird; H steht für die Energie der jeweiligen Spinkonfiguration.

63 Mit $ß = 1/k_B T$, wobei k_B die Boltzmann-Konstante ist, lautet die Formel:

$$g(T, H) = -\frac{1}{ß}\log[e^{ßJ}\cosh(ßH) + \sqrt{e^{2ßJ}\cosh^2(ßH) - 2\sinh(2ßJ)}]$$

64 Die Formel lautet:

$$\frac{\sinh(ßH)}{\sqrt{\sinh^2(ßH) + \exp(-4ßJ)}}$$

Dabei ist H die Stärke des äußeren Magnetfelds und J die Wechselwirkungskonstante zwischen den Spins. In Abwesenheit eines externen Feldes ist $H = 0$, also auch $\sinh(ßH) = 0$, und damit verschwindet der ganze Ausdruck.

65 Y.-P. Ma, I. Sudakov, C. Strong und K. M. Golden. «Ising model for melt ponds on Arctic sea ice», *New Journal of Physics* 21 (2019) 063029.

66 S. Tanaka. «Topological analysis of point singularities in stimulus preference maps of the primary visual cortex», *Proceedings of the Royal Society of London* B 261 (1995) 81–88.

67 «Lobster telescope has an eye for X-rays», https://www.sciencedaily.com/releases/2006/04/060404194138.htm

68 Technisch gesehen ist die Kurve das *Bild* des Randes einer Scheibe unter einer Abbildung von der Scheibe auf die Kugeloberfläche. Die Kurve kann sich überkreuzen, und die Scheibe kann zusammengeknüllt werden.

69 J. J. Berwald, M. Gidea und M. Vejdemo-Johansson. «Automatic recognition and tagging of topologically different regimes in dynamical systems», *Discontinuity, Nonlinearity, and Complexity* 3 (2014) 413–426.

70 F. A. Khasawneh und E. Munch. «Chatter detection in turning using persistent homology», *Mechanical Systems and Signal Processing* 70 (2016) 527–541.

71 C. J. Tralie und J. A. Perea. «(Quasi) periodicity quantif i cation in video data, using topology», *SIAM Journal on Imaging Science* 11 (2018) 1049–1077.

72 S. Emrani, T. Gentimis und H. Krim. «Persistent homology of delay embeddings and its application to wheeze detection», *IEEE Signal Processing Letters* 21 (2014) 459–463.

Register

A

B

C

D

E

F

G

H

I

J

K

L

M

N

O

P

Q

R

S

T

U

V

W

Y

Z

Bildnachweis

Abb. 17: Tommy Muggleton (für das Buch überarbeitet).

Abb. 34: Jen Beatty. «The Radon Transform and the Mathematics of Medical Imaging» (2012). *Honors Theses*. Paper 646. https://digitalcommons.colby.edu/honorstheses/646

Abb. 41: Wikipedia.

Abb. 43: Yi-Ping Ma.

Abb. 45: G. G. Blasdel. «Orientation selectivity, preference, and continuity in monkey striate cortex». *Journal of Neuroscience* 12, (1992) 3139–3161.